深入浅出数据科学
Python 编程

Dive into Data Science:Use Python to Tackle Your Toughest Business Challenges

[美] 布拉德福德·塔克菲尔德（Bradford Tuckfield）著　　殷海英 译

人 民 邮 电 出 版 社

北 京

图书在版编目（ＣＩＰ）数据

深入浅出数据科学. Python编程 / （美）布拉德福德·
塔克菲尔德（Bradford Tuckfield）著；殷海英译. --
北京：人民邮电出版社，2025.6
ISBN 978-7-115-63622-5

Ⅰ. ①深… Ⅱ. ①布… ②殷… Ⅲ. ①数据处理②软
件工具－程序设计 Ⅳ. ①TP274②TP311.561

中国国家版本馆CIP数据核字(2024)第021369号

版 权 声 明

♦ 著 ［美］布拉德福德·塔克菲尔德（Bradford Tuckfield）

译 殷海英

责任编辑 李 瑾

责任印制 王 郁 焦志炜

♦ 人民邮电出版社出版发行 北京市丰台区成寿寺路 11 号

邮编 100164 电子邮件 315@ptpress.com.cn

网址 https://www.ptpress.com.cn

三河市君旺印务有限公司印刷

♦ 开本：800×1000 1/16

印张：13.25 2025 年 6 月第 1 版

字数：295 千字 2025 年 6 月河北第 1 次印刷

著作权合同登记号 图字：01-2023-3331 号

定价：79.80 元

读者服务热线：(010)81055410 印装质量热线：(010)81055316
反盗版热线：(010)81055315

内容提要

　　本书通过对数据科学技术基本技能和丰富实用的示例的介绍，展示如何获取、分析和可视化数据，利用数据应对常见的业务挑战。通过优化共享单车公司的业务运营、从网站上提取数据并创建推荐系统等示例，你将学会如何找到数据驱动的解决方案并使用这些方案做出商业决策。本书所涵盖的内容包括进行探索性数据分析、运行 A/B 测试、使用逻辑回归模型进行二分类及使用机器学习算法等。通过本书，你还将学习如何预测客户需求、优化营销活动、减少客户流失、预测网站流量，以及构建推荐系统等。

　　只要对 Python 和高中数学有基本了解，你就可以毫不费力地阅读本书，并在日常工作中应用数据科学。本书适合有志成为数据科学家的人、数据科学相关的专业人士和数据科学爱好者阅读，也适合作为本科阶段数据科学入门课程的教材。

作者简介

布拉德福德·塔克菲尔德（Bradford Tuckfield）是一位数据科学家、数据科学顾问和作家。他毕业于美国宾夕法尼亚大学沃顿商学院，获得运营与信息管理博士学位，并在杨百翰大学获得数学学士学位。他是 *Dive Into Algorithms*（No Starch 出版社，2021 年）的作者，也是 *Applied Unsupervised Learning with R*（Packt 出版社，2019 年）的合著者。除了在知名金融公司和初创企业担任数据科学家和技术经理，他还在数学、商业管理和医学等领域的学术期刊上发表过他的研究成果。

技术评审简介

作为加拿大统计局的首席数据科学家，Christian Ritter 在从零开始建立该机构的数据科学部门方面提供了关键支持，包括开发数据分析平台。他领导了多个项目，利用自然语言处理、计算机视觉和推荐系统为不同的客户提供服务。Christian 目前负责领导该机构对 MLOps 进行整合。此外，他还是 OptimizeAI Consulting 的创始人，并兼任独立数据科学顾问。在不进行数据科学项目时，他作为数据科学项目的研究生导师指导学生工作和学习。Christian 拥有计算天体物理学博士学位。

致谢

许多人为本书的创作贡献了宝贵的力量。专业的导师和同事们在我学习 Python、数据科学、商业知识，以及如何将它们结合起来的过程中给予了我帮助，他们包括 Seshu Edala 和 Sundaram Narayanan 博士等。在写作过程中，我的朋友们，如 Sheng Lee、Ben Brown、Ee Chien Chua 和 Drew Durtschi 等，给予了我宝贵的建议并且鼓励我。No Starch 出版社的 Alex Freed 在本书的整个创作过程中为我提供了大力的支持。作为技术审稿人，Christian Ritter 为本书提供了非常好的建议和修正意见。在编辑过程中，Emma Tuckfield 也提供了极佳的帮助。第 8 章的大部分代码和数据得益于 Jayesh Thorat 的协助。我深爱的祖母 Virgie Day 博士在我成长的整个过程中都给予了我鼓励，她还为第 4 章的一些思想提供了灵感，因此，我特别将这一章献给她。最后，我将本书献给 Leah，一直以来她都是我最重要的支柱和动力来源。

前言

几年前，谷歌的首席经济学家哈尔·瓦里安（Hal Varian）信心满满地宣称："未来10年最炫酷的职业将是统计学家。"在他提出这一观点后的几年里，发生了两件事。第一，我们开始将统计学家称为数据科学家。第二，市场上对成熟的数据科学家的需求和其薪资水平都出现了巨大的增长。

然而，当今成熟的数据科学家的数量远远无法满足市场需求。因此，本书的目标是通过介绍当今世界知名公司使用的主流数据科学技术，来缓解这个问题。本书将详细解释每个示例代码，并阐述如何应用各种数据科学方法，以及如何为具有挑战性的解决方案提供创造性的思路和想法。本书旨在让所有读者具备成为数据科学家所需的技能，让读者轻松应对当今企业面临的最困难但也最令人兴奋的挑战。

数据科学不仅仅是一种职业技能，还是一个涵盖统计学、软件开发、数学、经济学和计算机科学等多个领域的广泛学科。通过数据科学，你可以分析数据、检测群体之间的差异、研究出现神秘现象的原因、对物种进行分类并进行实验。也就是说，数据科学可以帮助你进行许多科学研究。如果你对探索某些难以理解的事实真相感兴趣，或想更好地了解这个世界，那么你一定会对数据科学的这种能力感到兴奋。

简而言之，数据科学可以为几乎所有人提供一些价值。它可以帮助你解决业务问题，使你的业务完成得更加优秀。它可以让你更像一名科学家，让你能够更好地观察和清楚地了解你周围的世界。它还可以提高你的分析能力和编码技能。更重要的是，它非常有趣。成为一名数据科学家意味着你进入了一个不断增长和扩展的领域，意味着你每天都需要不断拓展自己的知识和技能。如果你认为学习一系列具有挑战性的新技能可以帮助你更好地工作、更好地思考，并获得一份"炫酷"的工作，那么请继续阅读本书。

本书的目标读者

虽然我们会用通俗易懂的语言来解释每个代码片段，以确保没有Python编程经验或编程经验较少的读者也能理解本书的内容，但你至少需要对编程的基础知识有一定的了解，例如变量赋值、for循环、if语句和函数调用等，这样才能更好地从本书中获益。

本书主要面向以下几类读者。

有志成为数据科学家的人

如今，似乎很多人想成为数据科学家，很多公司想聘用数据科学家。本书旨在帮助那些刚进入就业市场的求职者获得在数据科学领域工作所需的技能。同时，本书也可以帮助那些已经有其他工作，但想要"转换赛道"成为数据科学家，或者开始在当前职位上从事更多的数据科学工作的人。

专业人士

许多专业人士，例如项目经理、高级管理人员、开发人员和一般的业务人员等，都可以从了解数据科学家的日常工作中受益。本书介绍的技能和知识可以帮助他们更加有效地与数据科学家合作。因此，本书对这些专业人士也是很有用的。

数据科学爱好者

如今，我们生活在一个由数据组成的世界中，而数据科学是一个令人兴奋的领域，相信数据科学爱好者都会觉得本书极具魅力，并且具有很强的启发性。

学生

本书适合作为本科阶段数据科学入门课程的教材，也适合对数据科学感兴趣的学生阅读。

本书内容介绍

本书讲述了世界知名公司的数据科学家经常使用的各种技术，还介绍了如何应用这些技术创造性地解决不同行业中的问题。下面简单介绍各章的内容。

第 1 章——探索性数据分析：解决数据科学问题的第一步是数据探索，包括在 Python 中读取数据、计算汇总统计信息、对数据进行可视化，以及发现一些常识性的见解等。

第 2 章——预测：主要介绍线性回归，线性回归是统计学中的一种常用技术，可以用来确定定量、变量之间的关系，甚至可以用来预测未来。

第 3 章——分组比较：主要介绍假设检验的探索和比较分组测量的标准统计方法。

第 4 章——A/B 测试：讨论如何使用实验来确定哪种业务实践最有效。

第 5 章——二分类算法：介绍逻辑回归和线性概率模型等内容。

第 6 章——监督学习：深入探讨几种用于预测的机器学习方法，包括 kNN、决策树、随机森林和神经网络等。

第 7 章——无监督学习：介绍无监督学习的基本知识及 EM 聚类，以及其他聚类方法与无监督学习的关系。

第 8 章——网络爬取：介绍从公开网站自动下载数据的方法以及正则表达式和 Beautiful Soup 等。

第 9 章——推荐系统：讨论如何建立一个自动向客户推荐商品的系统。

第 10 章——自然语言处理：探索一种将文本转换为可用于各种数据科学分析的定量向量的高级方法。

第 11 章——其他语言中的数据科学：介绍 SQL 和 R 这两种经常用于数据科学的语言。

设置环境

我们会使用 Python 语言实现本书中介绍的算法。Python 是一种免费、开源的语言，可以在所有主流平台上运行。如果你使用的是 Windows、macOS 或 Linux 系统，可以按照以下步骤来安装 Python。

Windows

要在 Windows 系统中安装 Python，请执行如下操作。

（1）打开针对 Windows 系统的 Python 最新版本专用页面：https://www.python.org/downloads/windows/（请确保包含最后一个正斜线）。

（2）单击要下载的 Python 版本的链接。要下载最新版本，请单击 **Latest Python 3 Release - Python 3.X.Y** 链接，其中 3.X.Y 是最新的版本号，例如 3.10.4。本书中的代码已经在 Python 3.8 上进行了测试，应该可以在更高版本中使用。如果需要下载旧版本，请将页面向下滚动到 Stable Releases，找到你需要的版本即可。

（3）在第 2 步中单击链接会进入所选 Python 版本的专属页面。在文件列表中，单击 Windows **installer (64-bit)** 链接。

（4）单击第 3 步中的链接后将 .exe 文件下载到计算机中。该文件是一个安装程序文件，可通过双击来打开，它将自动执行安装过程。选中 **Add Python 3.X to PATH**，其中的 X 是你下载的安装程序的版本号，比如 10。之后，单击 **Install** 并选择默认选项。

（5）当你看到 "Setup was successful" 消息时，单击 **Close** 以完成安装过程。

现在，你的计算机上已经有了一个新的应用程序，它叫作 Python 3.X。在 Windows 系统的搜索框中输入 **Python**，然后单击出现的应用程序，将会打开一个 Python 控制台，你可以在 Python 控制台中输入 Python 命令，这些命令将在 Python 控制台中执行。

macOS

要在 macOS 中安装 Python，请执行以下操作。

（1）打开针对 macOS 的 Python 最新版本专用页面：https://www.python.org/downloads/macos/（请确保包含最后一个正斜线）。

（2）单击要下载的 Python 版本的链接。要下载最新版本，请单击 **Latest Python 3 Release -Python 3.X.Y** 链接，其中 3.X.Y 是最新的版本号，例如 3.10.4。本书中的代码已经在 Python 3.8 上进行了测试，应该可以在更高版本中使用。如果需要下载旧版本，请将页面向下滚动到 Stable

Releases，找到你需要的版本即可。

（3）在第 2 步中单击链接会进入所选 Python 版本的专属页面。在文件列表中，单击 **macOS 64-bit universal2 installer** 链接。

（4）单击第 3 步中的链接后将.pkg 文件下载到计算机中。该文件是一个安装程序文件，可通过双击来打开。它将自动执行安装过程，选择默认选项即可。

（5）安装程序会在计算机上创建一个名为 **Python 3.X** 的文件夹，其中 X 是你安装的 Python 的版本号。在这个文件夹中，双击 **IDLE 图标**，打开 **Python 3.X.Y Shell**，这里的 3.X.Y 是版本号。**Python 3.X.Y Shell** 是一个 Python 控制台，你可以在其中运行任何 Python 命令。

Linux

要在 Linux 中安装 Python，请执行如下操作。

（1）确定你使用的 Linux 系统的包管理器。两个常见的包管理器为 YUM 和 APT。

（2）打开 Linux 控制台（也叫终端），执行以下两个命令：

```
> sudo apt-get update
> sudo apt-get install python3.11
```

如果你使用的是 YUM 或其他包管理器，请将这两行中的 apt-get 替换为 YUM 或其他包管理器的名称。同样，如果你想安装其他版本的 Python，请将 3.11（编写本书时 Python 的最新版本号）替换为其他版本号，比如 3.8（Python 3.8 是用来测试本书代码的 Python 版本）。要查看最新版本的 Python，请访问 https://www.python.org/downloads/source/。在 **Latest Python 3 Release - Python 3.X.Y** 链接中，3.X.Y 是版本号；如果使用上面的安装命令安装 Python 3.11.3，那么对应的 X 和 Y 分别为 11 和 3。

（3）在 Linux 控制台中执行下面的命令来运行 Python：

```
> python3
```

在 Linux 控制台中，启动 Python 程序后，可以输入并运行 Python 命令。

安装 Python 库

当你按照"设置环境"中的步骤安装 Python 后，实际上安装了 Python 的标准库，也就是 Python 基础库。这个基础库是 Python 自带的，可以让你运行简单的 Python 代码，并且基础库中包含 Python 语言中的标准功能。虽然 Python 基础库的功能已经很强大，足以让你完成许多令人惊叹的工作，但它并不能满足所有需求。这也是 Python 社区中有许多善良且富有才华的人创建了大量 Python 库的原因。这些库提供了各种各样的功能和特性，可以扩展 Python 的功能，以帮助你更轻松地完成各种任务。

Python 库（也称为 Python 包）是对 Python 基础库的扩展，提供了额外的功能，这些功能在 Python 基础库中并没有提供。例如，你可能会遇到一些以 Microsoft Excel 格式存储的数据，而你可能希望编写 Python 代码来读取这些 Excel 数据。在 Python 基础库中没有直接的方法可用来实现这一功能，但是一个名为 pandas 的库可以让你轻而易举地在 Python 中读取 Excel 数据。

如果你想要使用 pandas 库或其他 Python 库，需要先安装它们。虽然在安装 Python 的时候，会默认安装一些库，但大部分库需要手动安装。要手动安装 Python 库，你需要使用 Python 库安装工具 pip。

如果你已经安装了 Python，安装 pip 就非常简单。首先，你需要从 https://bootstrap.pypa.io/ 下载一个 Python 脚本 get-pip.py，这个脚本可以帮助你获取 pip。下载脚本后，你需要运行这个脚本，具体运行方式取决于你使用的操作系统。

- 如果你使用的是 Windows 系统，需要打开命令提示符。你可以单击"开始"按钮并在搜索框中输入 cmd，然后就可以看到命令提示符程序，单击它即可运行。
- 如果你使用的是 macOS 系统，需要打开终端。你可以打开 Finder，再打开/Applications/Utilities 文件夹，最后双击 Terminal。
- 如果你使用的是 Linux 系统，则需要打开终端。大多数 Linux 系统有一个默认的快捷方式来打开终端，例如在桌面上单击鼠标右键，然后在弹出的快捷菜单中选择并打开终端。

打开命令提示符（Windows）或终端（macOS 或 Linux）后，运行以下命令：

```
> python3 get-pip.py
```

这将在你的计算机上安装 pip。如果在运行这个命令时出现错误，可能是因为 get-pip.py 文件存储在 Python 无法访问的位置。更明确地给出文件的位置通常会有帮助，因此你可以尝试执行如下命令：

```
> python3 C:/Users/AtticusFinch/Documents/get-pip.py
```

在这里，我们指定了一个文件路径（C:/Users/AtticusFinch/Documents/get-pip.py），它告诉 Python 可以查找 get-pip.py 文件的位置。你应该修改这个文件路径，让它与你的计算机上存储 get-pip.py 文件的位置匹配。例如，你可能需要将上面的 AtticusFinch 更改为自己的名字。

安装 pip 后，就可以用它来安装其他 Python 库了。例如，如果你想安装 pandas 库，可以使用以下命令：

```
> pip install pandas
```

你可以将 pandas 替换为要安装的任何其他 Python 库的名称。安装好 pandas 或其他 Python 库后，就可以在 Python 脚本中使用它们了。我们会在第 1 章详细介绍如何在 Python 中使用各种库。

其他工具

前文详细介绍了如何安装 Python 以及如何手动安装 Python 库。你如果能完成这两件事，就能运行本书中的所有代码。

有些 Python 用户更喜欢使用其他工具来运行 Python 代码。例如，Anaconda 是一种流行的工具，它允许你免费运行用于数据科学的 Python 代码。Anaconda 包括 Python，以及许多流行的库和其他功能。如果你想免费下载和使用 Anaconda，可以访问 https://www.anaconda.com/products/distribution。需要注意的是，Anaconda 不是运行本书代码的必备工具。

　　Jupyter 项目提供了一组流行的工具，这组工具可用于运行 Python 代码。你可以访问 https://jupyter.org/ 了解其中最受欢迎的工具：JupyterLab 和 Jupyter Notebook。这些工具提供了高度可读、可交互、可共享且用户友好的环境，让用户能够轻松地运行 Python 代码。本书中所有的 Python 代码都是用 Jupyter 进行测试的，但你不需要使用 Jupyter 或 Anaconda 来运行本书中的代码，只需要 Python 和 pip 即可。使用 Jupyter 或 Anaconda 可能会更加方便，但这并非必需。

总结

　　数据科学可以赋予你某些神奇的能力：预测未来的能力，提高利润的能力，自动收集大量数据的能力，将文字转化为数字的能力，等等。然而，要学会并熟练掌握这些能力并不容易，需要认真学习才能达到较高水平。学习数据科学虽难，但终将有所收获。如果你掌握了本书介绍的技能，就能在数据科学领域取得成功并享受其中的乐趣。本书介绍数据科学的主要思想及其在业务中的应用，它将帮助你在应用数据科学的道路上取得成功，并且让你成为你所在领域的数据科学专家。

资源与支持

资源获取

本书提供如下资源：
- 本书图片文件；
- 本书思维导图；
- 异步社区 7 天 VIP 会员。

要获得以上资源，您可以扫描下方二维码，根据指引领取。

提交错误信息

作者、译者和编辑尽最大努力来确保书中内容的准确性，但难免会存在疏漏。欢迎您将发现的问题反馈给我们，帮助我们提升图书的质量。

当您发现错误时，请登录异步社区（www.epubit.com），按书名搜索，进入本书页面，点击"发表勘误"，输入错误信息，点击"提交勘误"按钮即可（见下图）。本书的作者和编辑会对您提交的错误信息进行审核，确认并接受后，您将获赠异步社区的 100 积分。积分可用于在异步社区兑换优惠券、样书或奖品。

与我们联系

我们的联系邮箱是 contact@epubit.com.cn。

如果您对本书有任何疑问或建议，请您发邮件给我们，并请在邮件标题中注明本书书名，以便我们更高效地做出反馈。

如果您有兴趣出版图书、录制教学视频，或者参与图书翻译、技术审校等工作，可以发邮件给我们。

如果您所在的学校、培训机构或企业想批量购买本书或异步社区出版的其他图书，也可以发邮件给我们。

如果您在网上发现有针对异步社区出品图书的各种形式的盗版行为，包括对图书全部或部分内容的非授权传播，请您将怀疑有侵权行为的链接通过邮件发送给我们。您的这一举动是对作者权益的保护，也是我们持续为您提供有价值的内容的动力之源。

关于异步社区和异步图书

"异步社区"是由人民邮电出版社创办的 IT 专业图书社区，于 2015 年 8 月上线运营，致力于优质内容的出版和分享，为读者提供高品质的学习内容，为作译者提供专业的出版服务，实现作译者与读者在线交流互动，以及传统出版与数字出版的融合发展。

"异步图书"是异步社区策划出版的精品 IT 图书的品牌，依托于人民邮电出版社在计算机图书领域 30 余年的发展与积淀。异步图书面向 IT 行业以及各行业使用 IT 的用户。

目录

1

探索性数据分析

本书是一本关于数据科学的书。因此，我们的学习之旅将从深入研究数据开始。在数据科学中，解决每个问题的第一步都是数据探索。通过仔细观察数据中的细节，你可以更好地理解数据，为下一步进行更复杂的分析提供更清晰的思路。此外，数据探索还有助于你尽早捕捉数据中的错误或其他问题。数据科学流程的第一步，是探索性数据分析。

本章首先介绍一个业务场景，并探讨如何使用数据优化业务运营。我们将演示如何使用 Python 读取数据，并检查数据的基本汇总统计指标。接着，介绍如何使用 Python 工具来创建数据图表。最后，我们将探讨如何基于数据分析改进业务实践。探索性数据分析是解决任何数据科学问题时都可以采取的第一步。我们开始吧！

1.1 作为 CEO 的第一天

假设你接到了来自华盛顿一家公司的 CEO（Chief Executive Officer，首席执行官）工作邀请。该公司提供城市内的自行车短期租赁服务。尽管你没有经营共享单车公司的经验，但你仍然决定接受这份工作。

你第一天上班时就开始思考作为 CEO 的业务目标。你可能会考虑一些与客户满意度、员工士气、品牌认知、市场份额最大化、成本削减或收入增长等有关的目标。你如何决定首先追求哪些目标以及怎样实现这些目标呢？例如，考虑提高客户满意度。在专注于实现该目标之前，你需要了解客户对你公司的业务是否满意，如果不满意，需要找出导致客户不满意的原因以及改进的方法。或者，假设你更关心收入增长。在弄清楚如何增长收入之前，你需要先了解现在的收入是多少。换句话说，在更好地了解你的公司之前，你无法选择初步目标。

要了解你的公司，你需要数据。尽管通过总结公司数据的图表和报告可以了解一些信息，但只有深入研究数据才能获得更多的见解。因此，准备好自己的分析，可以帮助你更好地了解公司的运营状况和公司所面临的挑战。

1.1.1 找出数据中的规律

让我们看一些真实的共享单车数据，假设这些数据来自你的公司。你可以从 https://bradfordtuckfield.com/hour.csv 下载这些数据。保存这些数据的文件的格式为.csv（稍后会详细讨论）。你可以使用电子表格编辑器（如 Microsoft Excel 或 LibreOffice Calc）来打开这个文件并查看这些数据，如图 1-1 所示。

注意：共享单车数据的原始来源为 Capital Bikeshare。这些数据由 Hadi Fanaee-T 和 Joao Gama 编译与维护，并由 Mark Kaghazgarian 在网上发布。

---

instant	dteday	season	yr	mnth	hr	holiday	weekday	workingday	weathersit	temp	atemp	hum	windspeed	casual	registered	count
1	2011-01-01	1	0	1	0	0	6	0	1	0.24	0.2879	0.81	0	3	13	16
2	2011-01-01	1	0	1	1	0	6	0	1	0.22	0.2727	0.8	0	8	32	40
3	2011-01-01	1	0	1	2	0	6	0	1	0.22	0.2727	0.8	0	5	27	32
4	2011-01-01	1	0	1	3	0	6	0	1	0.24	0.2879	0.75	0	3	10	13
5	2011-01-01	1	0	1	4	0	6	0	1	0.24	0.2879	0.75	0	0	1	1
6	2011-01-01	1	0	1	5	0	6	0	2	0.24	0.2576	0.75	0.0896	0	1	1
7	2011-01-01	1	0	1	6	0	6	0	1	0.22	0.2727	0.8	0	2	0	2
8	2011-01-01	1	0	1	7	0	6	0	1	0.2	0.2576	0.86	0	1	2	3
9	2011-01-01	1	0	1	8	0	6	0	1	0.24	0.2879	0.75	0	1	7	8
10	2011-01-01	1	0	1	9	0	6	0	1	0.32	0.3485	0.76	0	8	6	14
11	2011-01-01	1	0	1	10	0	6	0	1	0.38	0.3939	0.76	0.2537	12	24	36
12	2011-01-01	1	0	1	11	0	6	0	1	0.36	0.3333	0.81	0.2836	26	30	56
13	2011-01-01	1	0	1	12	0	6	0	1	0.42	0.4242	0.77	0.2836	29	55	84
14	2011-01-01	1	0	1	13	0	6	0	2	0.46	0.4545	0.72	0.2985	47	47	94
15	2011-01-01	1	0	1	14	0	6	0	2	0.46	0.4545	0.72	0.2836	35	71	106
16	2011-01-01	1	0	1	15	0	6	0	2	0.44	0.4394	0.77	0.2985	40	70	110
17	2011-01-01	1	0	1	16	0	6	0	2	0.42	0.4242	0.82	0.2985	41	52	93
18	2011-01-01	1	0	1	17	0	6	0	2	0.44	0.4394	0.82	0.2836	15	52	67
19	2011-01-01	1	0	1	18	0	6	0	3	0.42	0.4242	0.88	0.2537	9	26	35
20	2011-01-01	1	0	1	19	0	6	0	3	0.42	0.4242	0.88	0.2537	6	31	37
21	2011-01-01	1	0	1	20	0	6	0	2	0.4	0.4091	0.87	0.2537	11	25	36
22	2011-01-01	1	0	1	21	0	6	0	2	0.4	0.4091	0.87	0.194	3	31	34
23	2011-01-01	1	0	1	22	0	6	0	2	0.4	0.4091	0.94	0.2239	10	17	28

图 1-1   在电子表格编辑器中查看共享单车数据

图 1-1 所示的数据集与其他数据集类似，是一个由行和列组成的矩形数组。它的每行代表从 2011 年 1 月 1 日 0 点 0 分到 2012 年 12 月 31 日晚上 11 点 59 分之间的某个特定时间点的信

息。总共有超过 17000 个小时的数据。数据行按时间顺序排列，从 2011 年年初的数据开始，直至 2012 年年末的数据。简而言之，这是一个时间序列数据集。

该数据集的每一列都包含一个特定的指标，这些指标代表在测量时间段内的测量值。例如，windspeed 这一列提供了华盛顿某个气象站每小时记录的风速测量值。需要注意的是，这里的单位与我们熟悉的英里/时（1 英里约为 1.609 千米）不同。我们对测量值进行了标准化处理，使其始终在 0 和 1 之间。因此，我们只需要知道 1 表示风速快，0 表示无风即可。

如果查看数据集的第 2～6 行（将标题作为数据表的第 1 行），你就会发现第 2～6 行的风速值都为 0。这表明，在共享单车服务运行的最初的几个小时内，都是无风的。但是，在第 7 行，出现了风速的测量值 0.0896，查看 hr 列，可以看到该测量值记录在 hr = 5（即早上 5 点）时。第 7 行的 dteday 列值为 2011-01-01，即这一行提供的是 2011 年 1 月 1 日的相关信息。

仅通过查看数据中的一些值，我们就可以讲出一个故事（尽管这个故事不是很有趣）："这是一个新年的清晨，外面刮着风。"如果想了解有关这家共享单车公司及其业绩的故事，而不仅是天气，我们需要查看其他更多相关的列。

最重要的信息保存在数据集的最后 3 列：casual、registered 和 count。这些列表示每小时使用共享单车的人数。在你公司提供的服务中，注册用户可以享受折扣和其他福利，他们的自行车使用记录保存在 registered 列中。但是，人们也可以不注册就使用你公司的自行车，非注册用户的自行车使用记录保存在 casual 列中。每小时使用自行车的总用户数是 casual 和 registered 两列数值的总和，保存在 count 列中。

现在，你已经熟悉了数据集中与公司业务更相关的列，只需要查看它们中的数据就可以了解很多信息。例如，观察图 1-1 中的前 20 个小时，你会发现在大多数时间里，使用自行车的注册用户比非注册用户多（registered 列的值比 casual 列的值大）。这只是一个简单的数字事实，但作为 CEO，你应该仔细考虑它对你公司业务的影响。注册用户比非注册用户多可能意味着你公司在说服人们注册方面做得很好，但这也可能意味着没有注册就可以简单地使用你公司的服务并没有那么容易。你必须考虑哪一部分客户对你的目标更重要：是常规的注册用户，比如每日通勤者，还是偶尔的、不频繁使用共享单车的用户，比如观光游客。

我们可以更深入地研究非注册用户和注册用户的日常行为模式，以了解他们的更多信息。再次查看图 1-1 所示的小时数据，我们发现，在第一天的下午之前，非注册用户数量较少，但在下午 1 点前后达到峰值。即使在第一天凌晨 1 点，注册用户也相对较多，并在下午 2 点达到峰值。虽然注册用户和非注册用户之间的行为差异很小，但这些差异可能具有重要的意义。例如，它们可以反映出这些用户群体之间的人口统计差异。因此，可能需要针对不同的群体采用不同的营销策略。

想一想我们做了什么：仅通过查看前 23 行的几列数据，我们就已经了解了公司的一些重要信息，并有了一些商业思路。虽然数据科学以需要复杂的数学和计算机科学的"神秘"知识而闻名，但只要看一眼数据集，稍加思考，并应用一些常识，你也可以在某种程度上解决一些业务问题。

1.1.2   使用.csv 文件查看和存储数据

让我们更加仔细地研究数据。如果你在电子表格编辑器中打开数据文件（hour.csv），它会像图 1-1 所示一样呈现。不过，你也可以在文本编辑器（比如 Windows 下的 Notepad++、macOS 下的 TextEdit，或者 Linux 下的 GNU Emacs 或 gedit）中打开这个文件。在文本编辑器中打开这个文件时，数据如图 1-2 所示。

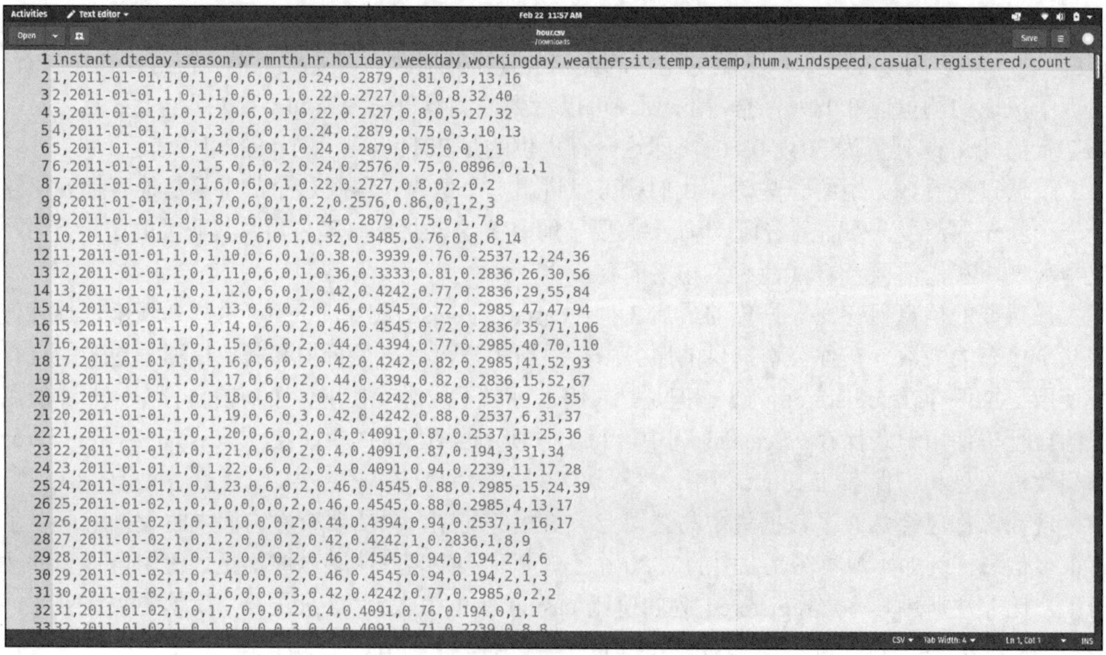

图 1-2   文本格式的共享单车数据

图 1-2 所示的 hour.csv 文件中的原始数据没有像电子表格中那样对齐的列。请注意，文件中有很多逗号。该文件的扩展名为.csv，而 csv 是 comma-separated values（逗号分隔值）的缩写，因为文件的每行中的数值之间都用逗号进行分隔。

当你使用电子表格编辑器打开一个.csv 文件时，编辑器会试图将每个逗号解释为电子表格单元格之间的边界，以便能够以规整的、对齐的行和列形式显示数据。但实际上，数据本身并不是以电子表格的形式存储的：它只是一堆包含值的原始文本，每个值之间都用逗号分隔。

.csv 格式文件简单且易于创建，并可以被许多程序打开，也容易进行修改。这就是数据科学家通常选择以.csv 格式存储数据的原因。

1.2   用 Python 显示数据

使用 Python 可以进行比使用文本编辑器和电子表格编辑器更复杂的分析，并且可以实现自动化流程和加速分析。我们可以轻松地使用 Python 打开.csv 文件。下面的 3 行 Python 代码用于读取 hour.csv 文件，并显示它的前 5 行数据：

```
import pandas as pd
hour=pd.read_csv('hour.csv')
print(hour.head())
```

稍后我们将更详细地查看此代码片段的输出结果。现在来看一下代码中的内容。此代码片段的目的是读取并显示数据。代码的第二行使用 read_csv()方法读取数据。方法是一段执行单一、明确定义功能的代码单元。正如其名称所示，read_csv()用于读取存储在.csv 文件中的数据。运行这行代码后，hour 变量将包含 hour.csv 文件中的所有数据；接下来你可以在 Python 中访问这些数据。

在第三行，我们使用 print()函数将数据显示（输出）在屏幕上。可以将第三行更改为 print(hour)，以查看整个数据集。但是数据集可能非常大，难以一次性全部阅读。因此，我们添加了 head()方法，它仅返回数据集的前 5 行。

read_csv()和 head()方法对我们来说都非常有帮助，但它们不是 Python 标准库（默认安装的标准 Python 功能）的一部分，而是第三方代码包（代码库）的一部分。第三方代码包可以通过 Python 脚本选择性地安装和使用。

这两种方法是一个名为 pandas 的流行包的一部分，pandas 中包含处理数据所需的代码。前面代码片段的第一行为 import pandas as pd，这行代码导入了 pandas 包，以便我们可以在 Python 中使用它。我们是通过别名 pd 引用 pandas 包的，因此每次想要访问 pandas 的函数或方法时，都可以使用 pd 而不必使用完整的 pandas 名称。当我们使用 pd.read_csv()时，其实是访问 pandas 包中的 read_csv()方法。

如果你在运行 import pandas as pd 时遇到错误，可能是因为 pandas 没有安装在你的计算机上（在导入包之前需要先安装它们）。要安装 pandas 或其他 Python 包，应该使用标准的 Python 包安装程序 pip。你可以在本书前言中找到如何安装 pip 并使用它来安装像 pandas 这样的 Python 包的说明。在本书中，每次导入包时，你应该确保已经使用 pip 将需要导入的包安装到了你的计算机上。

运行前面的代码片段时，你可能会遇到另外的错误。最常见的错误之一是 Python 无法找到 hour.csv 文件。如果发生这种情况，Python 将输出错误报告。错误报告的最后一行可能显示如下内容：

```
FileNotFoundError: [Errno 2] No such file or directory: 'hour.csv'
```

即使你不是 Python 专家，也可以推断出以上内容意味着什么：Python 尝试读取 hour.csv 文件，但无法找到它。这是一个令人沮丧的错误，但很好解决。首先，确保你已经下载了 hour.csv 文件，并确保它在你计算机上的名字也是 hour.csv（因为计算机上的文件名必须与 Python 代码中的文件名完全匹配）。

如果 Python 代码中的 hour.csv 文件名（全部为小写字母）拼写正确，那么问题可能出在文件路径上。请记住，计算机上的每个文件都有一个唯一的文件路径，该路径准确地指定了你需要导航到的位置。文件路径可能如下所示：

```
C:\Users\DonQuixote\Documents\hour.csv
```

这个文件路径采用的是 Windows 操作系统中使用的格式。如果你使用的是 Windows 系统，请确保你的目录和文件名没有使用任何特殊字符（如非英文字母字符），因为带有特殊字符的文件路径可能导致错误。以下是另一种表示文件路径的方法，它采用的是类 UNIX 操作系统（包括 macOS 和 Linux）中使用的格式：

```
/home/DonQuixote/Documents/hour.csv
```

你会发现 Windows 文件路径与 macOS 和 Linux 文件路径看起来不同。在 macOS 和 Linux 中，我们只使用正斜线（/），并将正斜线作为路径的开始，而不使用像 C:\这样的驱动器名称。当你将文件读入 Python 时，避免发生无法找到文件这种错误的最简单的方法是指定完整的文件路径，如下所示：

```
import pandas as pd
hour=pd.read_csv('/home/DonQuixote/Documents/hour.csv')
print(hour.head())
```

当你运行这个代码片段时，你可以将 read_csv()方法中的文件路径替换为自己的计算机上的文件路径。当你运行之前的代码片段，并正确指定与你的计算机上的 hour.csv 文件位置匹配的文件路径时，你应该得到以下输出：

```
   instant    dteday  season  yr  ...  windspeed  casual  registered  count
0        1  2011-01-01       1   0  ...        0.0       3          13     16
1        2  2011-01-01       1   0  ...        0.0       8          32     40
2        3  2011-01-01       1   0  ...        0.0       5          27     32
3        4  2011-01-01       1   0  ...        0.0       3          10     13
4        5  2011-01-01       1   0  ...        0.0       0           1      1
[5 rows x 17 columns]
```

这个输出显示了 hour.csv 文件数据的前 5 行。这些数据按列排列，看起来类似于该文件的电子表格输出。就像在图 1-1 中一样，每一行都包含与共享单车公司特定历史时间（精确到小时）相关的数据。

在这里，我们用省略号代替了某些列，这样在屏幕上更容易阅读数据，也很容易将它们复制并粘贴到文本文档中（你可能会看到所有的列而没有省略号——具体显示取决于你如何在计算机上对 Python 和 pandas 进行配置）。就像在电子表格编辑器中打开文件时所做的那样，我们可以查看其中的数据，以发现公司的历史运行情况，并获得改善业务运营的想法。

1.3   计算汇总统计信息

除了查看数据，量化数据的重要属性也很重要。我们可以从计算其中一列的均值开始量化，如下所示：

```
print(hour['count'].mean())
```

在这里，我们通过使用方括号（[]）和列名（count）来访问 hour 数据集的 count 列。如果单独运行 print(hour['count'])，你会看到整列的内容。但是我们只需要该列的均值，而不需要该列中的每个具体值，所以我们添加了 pandas 提供的 mean()方法。我们看到均值约为 189.46。从商业的角度来看，均值是对数据涵盖的两年的业务规模的粗略衡量。

除了计算均值，我们还可以计算其他重要指标，如下所示：

```
print(hour['count'].median())
print(hour['count'].std())
print(hour['registered'].min())
print(hour['registered'].max())
```

在这里，我们使用 median()方法计算 count 列的中位数，使用 std()方法计算 count 列的标准差（标准差是对一组数字离散程度的度量，它有助于我们了解数据中每个小时用户数量的变化量）。我们还分别使用 min()和 max()方法计算 registered 列的最小值和最大值。注册用户的数量从 0 到 886 不等，这显示了每小时的记录，以及如果你想让你的业务比以前更好，需要打破的纪录。

以上简单的计算被称为汇总统计，对数据集使用这些计算将很有帮助。检查数据集的汇总统计可以帮助你更好地了解数据，也可以帮助你更好地了解业务。

这些汇总统计看起来很简单，但其实许多 CEO 都无法马上回答有关他们公司的数据统计问题。了解像每天各时段的平均用户数量这样的简单数据，可以帮助了解公司的规模，以及公司有多少成长的空间。

这些汇总统计还可以与其他信息结合使用，以使我们了解更多内容。例如，如果你查看公司每小时自行车使用价格，将其乘以 count 列的均值，则可以获得两年内的总收入（我们使用的数据集的时间跨度为两年）。

你可以使用 pandas 中的方法（如 mean()和 median()）手动获取汇总统计，就像之前所做的那样；也可以使用另一种方法，一次性获取多个汇总统计信息，如下所示：

```
print(hour.describe())
```

在这里，我们使用 describe()方法获取数据集中所有变量的汇总统计。输出如下所示：

	instant	season	...	registered	count
count	17379.0000	17379.000000	...	17379.000000	17379.000000
mean	8690.0000	2.501640	...	153.786869	189.463088
std	5017.0295	1.106918	...	151.357286	181.387599
min	1.0000	1.000000	...	0.000000	1.000000
25%	4345.5000	2.000000	...	34.000000	40.000000
50%	8690.0000	3.000000	...	115.000000	142.000000
75%	13034.5000	3.000000	...	220.000000	281.000000
max	17379.0000	4.000000	...	886.000000	977.000000

[8 rows x 16 columns]

可以看到，describe()方法为我们提供了一个完整的表格，该表格包含几个常用的指标，比如每个变量的均值、最小值和最大值等。describe()的输出还包含百分位数，例如，25%表示数据集内各个数值类型列的第 25 百分位数。我们可以看到 count 列的第 25 百分位数为 40，这意味着数据集内有 25%的"每小时用户数"为 40 或 40 以下，而有 75%的"每小时用户数"超过 40。

使用 describe()方法得到的表格很有用，它可以帮助我们检查数据问题。数据集通常会包含一些明显的错误，这些错误可以从 describe()的输出中发现。例如，如果你在一个人员数据集上运行 describe()方法，发现这些人的平均年龄是 200 岁，那么数据集中肯定存在错误。这样的错误显而易见，但在一篇发表于知名学术期刊上的研究论文中，确实发现了这种错误（平均年龄大于 200 岁）——如果那些研究人员使用了 describe()就好了！你应该查看每个数据集的 describe()输出，确保所有的值至少是在合理的范围内的。如果你发现了看起来不可信的数据，就需要找出数据中的问题并对问题进行修正。

截至目前，我们已经可以利用从数据中学到的知识来提出改进业务的方法。例如，我们发现，在数据记录的前 24 小时内，夜间骑行人数远远少于白天骑行人数。我们还发现，每小时用户数存在很大的变化：25%的时间内骑行人数不超过 40，但在某个小时内骑行人数为 977。作为 CEO，你可能希望更多的时间中每小时的骑行人数接近 977，而更少的时间中每小时的骑行人数不超过 40。

你可以通过多种方式实现这个目标。例如，你可以降低夜间用车价格，以吸引更多的客户，并由此减少骑行人数较少的时间。仅通过简单的探索，你就可以继续从数据中学习并得到改进业务的方法。

1.4 分析数据子集

前文我们检查了与完整数据集相关的汇总统计数据，然后考虑在夜间提供更低的用车价格以增加夜间骑行人数。要实现这个想法，我们应该检查夜间的相关统计数据。

1.4.1 夜间数据

我们可以从使用 loc()方法开始：

```
print(hour.loc[3,'count'])
```

loc()方法允许我们指定数据的子集。使用 loc()时，需要使用方括号和格式“[<行>, <列>]”来指定要选择的子集。在这里，我们指定了[3, 'count']，表示选择数据的第 3 行和 count 列。我们从这里得到的输出是 13，如果你查看图 1-1 或图 1-2 中的数据，会发现这个结果是正确的。

这里需要指出的一件重要的事情是，在 Python 和 pandas 中，标准做法是使用从 0 开始的索引。我们从 0 开始计数，所以如果数据有 4 行，我们会将这些行标记为 0、1、2、3。数据的第 4 行对应的索引为 3。类似地，数据的第 3 行的索引为 2，第 2 行的索引为 1，第 1 行的索引为 0。这就是为什么当我们运行 print(hour.loc[3, 'count'])时，得到的是 13（它是存储在 count 列的第 4 个值，来自索引为 3 的行），而不是 32（它是存储在 count 列的第 3 个值，来自索引为 2 的行）。许多人对使用从 0 开始的索引并不熟悉，但通过积累经验，你可以逐渐适应这种使用方式。

在之前的代码片段中，我们查看了一个由单个数字（单行和单列的 count）组成的子集。但你可能想了解由多个行或多个列组成的子集。通过使用冒号（:)，我们可以指定想要查看的行范围：

```
print(hour.loc[2:4,'registered'])
```

　　在这个代码片段中，我们指定了想要获取的 registered 列的值。在方括号中指定 2:4，表示我们想要获取从第 3 行到第 5 行的所有行，因此输出结果为 3 个数字：27、10 和 1。查看这些行，你会发现这些是凌晨 2 点、3 点和 4 点的相关数据。我们并没有输出所有的数据，而是只输出了 3 行数据。由于只输出了一个子集，可以称这种方法为子集选择——选择数据的子集。在探索和分析数据时，这种方法非常有效。

　　除了一次性查看几个相邻的行，我们还可以查看数据中的所有夜间观察结果。我们可以使用 loc() 方法结合逻辑条件来实现：

```
print(hour.loc[hour['hr']<5,'registered'].mean())
```

　　这个代码片段使用 loc() 方法来访问数据的子集，就像之前所做的一样。然而，它没有指定特定的行号，而是指定了一个逻辑条件 hour['hr']<5，该条件意味着它将选择数据中 hr 变量值小于 5 的每一行，我们将得到凌晨 0 点到 4 点对应的数据子集。我们可以为更复杂的逻辑指定多个条件，例如，可以专门检查在寒冷的清晨和温暖的清晨的平均骑行人数：

```
print(hour.loc[(hour['hr']<5) & (hour['temp']<0.50),'count'].mean())
print(hour.loc[(hour['hr']<5) & (hour['temp']>0.50),'count'].mean())
```

　　在这里，我们指定了多个逻辑条件，用"&"字符来连接，表示"与"，这意味着两个条件必须同时成立。第一行选择了 hr 值小于 5 且 temp 值小于 0.50 的行。在 hour 数据集内，temp 变量记录的是温度，但没有使用我们熟悉的华氏温度或摄氏温度，而是使用一种特殊的度量标准，将所有温度值转化为 0～1，其中 0 表示较低的温度，1 表示较高的温度。无论何时处理数据，确保准确知道每个变量使用的单位非常重要。我们通过指定 hour['temp']<0.50 选择较低温度的时间段，通过指定 hour['temp']>0.50 选择较高温度的时间段。将这些时间段的记录放在一起，就能够比较寒冷的清晨和温暖的清晨的平均骑行人数了。

　　我们还可以使用"|"符号表示"或"，如下面的例子所示：

```
print(hour.loc[(hour['temp']>0.5) | (hour['hum']>0.5),'count'].mean())
```

　　这行代码选择了温度较高或湿度较高的行中的平均骑行人数，并非要求两个条件同时满足。通过获取上面的数据，可以知道在天气状况不好的情况下各个时间段内的骑行人数。

1.4.2　季节性数据

　　夜间折扣并不是增加骑行人数和收入的唯一可行策略。你还可以考虑在特定季节或一年中的某些时间段提供特别优惠。在数据中，season 变量使用 1 表示冬季，2 表示春季，3 表示夏季，4 表示秋季。我们可以使用 groupby() 方法来获取每个季节每小时的平均骑行人数：

```
print(hour.groupby(['season'])['count'].mean())
```

　　这个代码片段中的很多内容，我们应该已经熟悉了。我们使用 print() 来查看与 hour 数据相关的指标，使用 mean() 方法获取均值，使用['count']来访问数据的 count 列。因此，这个代码片段的结果将显示按照季节进行分组之后的各个小时对应的平均骑行人数。

　　唯一的新部分是 groupby(['season'])。这是一个将数据分组的方法，在本例中，每个出现在

season 列中的唯一值对应一个组。如下输出结果显示了每个季节的平均骑行人数：

```
season
1    111.114569
2    208.344069
3    236.016237
4    198.868856
Name: count, dtype: float64
```

解读这个输出结果很简单：在第一个季节（冬季），每小时的平均骑行人数约为 111；在第二个季节（春季），每小时的平均骑行人数约为 208；依此类推。结果明显存在季节性模式：春季和夏季的骑行人数较多，秋季和冬季的骑行人数较少。groupby()方法也可以用于在多个列上进行分组操作，如下所示：

```
print(hour.groupby(['season','holiday'])['count'].mean())
```

运行结果如下所示：

```
season  holiday
1       0          112.685875
        1           72.042683
2       0          208.428472
        1          204.552083
3       0          235.976818
        1          237.822917
4       0          199.965998
        1          167.722222
Name: count, dtype: float64
```

在这里，我们指定了两个列进行分组：季节（season）和假期（holiday）。这将数据分成了 4 个季节，并将每个季节分成假期（用 1 表示）和非假期（用 0 表示），分别显示每个季节的假期和非假期的平均骑行人数。这样我们可以按照季节了解假期和非假期骑行人数的差异。在较寒冷的季节里，假期的骑行人数明显少于非假期的，而在较温暖的季节里，假期的骑行人数与非假期的大致相等。了解这些差异可以帮助你做出有关业务运营的决策，并可能为你在不同季节或不同假期制定策略提供灵感。

hour 数据集很大，可以以许多不同的方式进行研究。我们查看了一些子集并得到了一些想法。你应该做更多的工作：检查与所有列相关的子集，并从多个角度探索数据。即使不进行高级统计和机器学习，你也可以了解很多内容，并获得许多有用的想法。

1.5   使用 Matplotlib 进行数据可视化

汇总统计数据对于数据探索很有帮助。然而，关于探索性数据分析的一个非常重要的部分，我们还没有介绍，即绘图或对数据进行可视化。

1.5.1   绘制并显示一个简单的图表

在进行数据分析时，应该尽早且经常地绘制数据图表。下面我们将使用一个流行的绘图包——Matplotlib。我们可以按照以下方式绘制数据的简单图表：

```
import matplotlib.pyplot as plt
fig, ax = plt.subplots(figsize=(10, 6))
ax.scatter(x = hour['instant'], y = hour['count'])
plt.show()
```

在这里，我们导入了 Matplotlib 包，并给它起了一个别名 plt。接下来，我们创建了一个名为 fig 的图形和一个名为 ax 的坐标轴。图形 fig 将包含我们绘制的所有图表或一组图表的相关信息。坐标轴 ax 将为我们提供实际绘制图表所需的有用方法。subplots()方法为我们创建了这两个对象，我们可以在该方法内指定图形的尺寸（通过 figsize 进行指定）。在本例中，我们指定了一个尺寸为(10, 6)的图形，这意味着图形的宽度为 10in（1in=2.54cm），高度为 6in。

接下来，我们使用 scatter()方法绘制图表。在 scatter()方法中，我们指定 x=hour['instant']，这样 x 轴将显示 hour 数据中的 instant 变量；指定 y=hour['count']，这样 y 轴将显示 hour 数据中的 count 变量。最后，我们使用 plt.show()将该图表显示在屏幕上。这段代码创建的图表如图 1-3 所示。

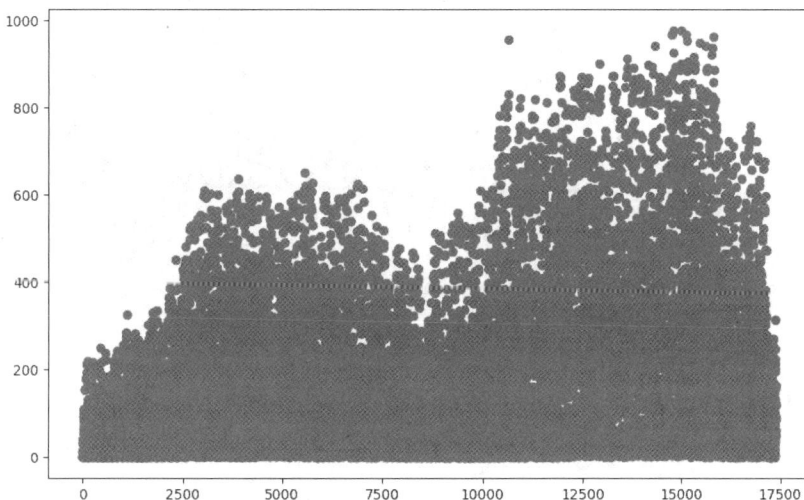

图 1-3　两年内每小时对应的骑行人数

在这个图表中，每个点都代表数据集中记录的一个小时对应的骑行人数。第一个小时（2011年的开始）对应的点位于图表最左侧，最后一个小时（2012 年的结束）对应的点位于图表最右侧，而其他时间（小时）对应的点依次排列在图表中间。

这个图表被称为散点图，是我们常用的图表之一，它显示了数据中的每个观测值，使我们可以很容易地对数据的关系进行观察。之前的 groupby()已经给出了一个关于季节变化的提示，现在我们可以看到一个完整的季节变化的表示。我们还可以看到随着时间的推移，骑行人数的总体增长情况。

1.5.2　为图表添加标题和标签

虽然图 1-3 对数据进行了展示，但是它的展示不够明晰。我们可以按照以下方式为图表添加标题和标签：

```
fig, ax = plt.subplots(figsize=(10, 6))
ax.scatter(x = hour['instant'], y = hour['count'])
plt.xlabel("Hour")
plt.ylabel("Count")
plt.title("Ridership Count by Hour")
plt.show()
```

这个代码片段使用 xlabel() 为 x 轴添加标签，使用 ylabel() 为 y 轴添加标签，并使用 title() 为图表添加标题。你可以在这些方法中根据需要设定文本。输出结果如图 1-4 所示。

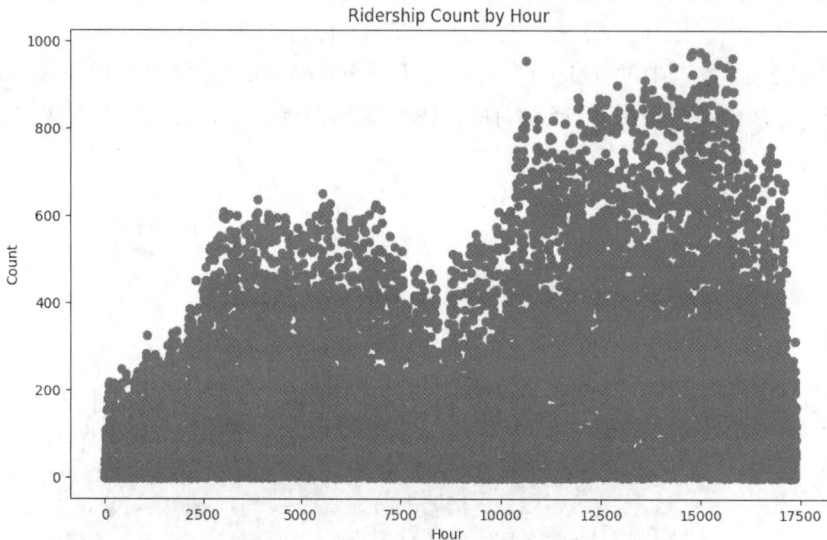

图 1-4　带有坐标轴标签和标题的每小时骑行人数图表

hour 数据集非常大，一次性查看所有数据非常困难。我们看看如何绘制较小的数据子集图表。

1.5.3　绘制数据子集图表

我们可以将之前创建的数据子集作为数据源来绘制图表：

```
hour_first48=hour.loc[0:48,:]
fig, ax = plt.subplots(figsize=(10, 6))
ax.scatter(x = hour_first48['instant'], y = hour_first48['count'])
plt.xlabel("Hour")
plt.ylabel("Count")
plt.title("Count by Hour - First Two Days")
plt.show()
```

在这里，我们定义了一个名为 hour_first48 的新变量。这个变量包含与原始数据的第 1 行到第 49 行相关的数据，大致对应于数据中前两天的完整数据。

请注意，我们通过 hour.loc[0:48,:] 来获得这个子集。这与我们之前使用的 loc() 方法相同。我们使用 0:48 来指定索引在 0～48 的行，但我们没有指定任何列——只是在通常指定列名的位置写了一个冒号（:）。这是一个有用的快捷方式：单独放置的冒号使 pandas 了解我们想要选择数据集的所有列，因此我们不需要逐个写出每个列的名称。通过这个数据子集绘制的图表如图 1-5 所示。

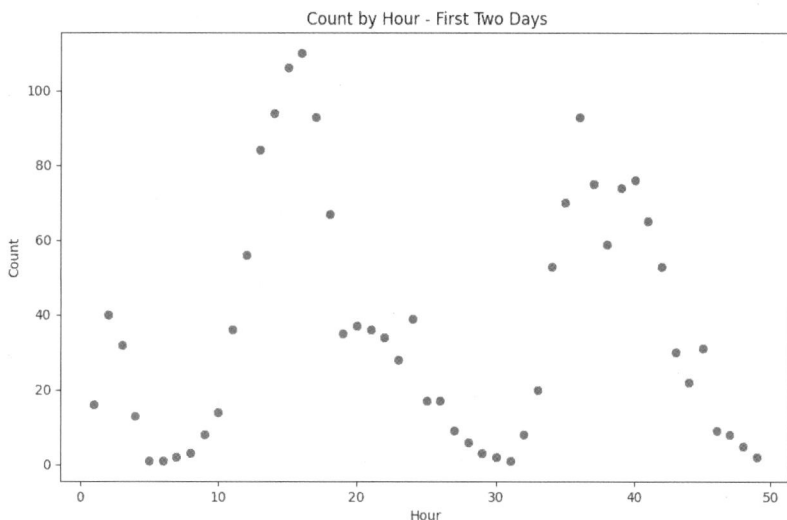

图 1-5　数据集内前两天的每小时骑行人数统计

通过仅绘制两天而不是绘制两年的数据，避免了绘图点重叠和覆盖的问题。我们可以更清楚地看到每个观测结果。当你有一个大型数据集时，对数据集进行分别绘制是不错的选择：一次性绘制整个数据集（以了解总体情况），以及绘制数据集的较小子集（以了解个别观测情况和小规模数据分布情况）。在上述例子中，除了年度的长期季节性规律，我们还可以看到数据在一天当中的规律。

1.5.4　测试不同绘图类型

有很多方法可以改变图形的外观。我们可以通过调整 scatter()方法中的参数来获得不同的图形外观：

```
fig, ax = plt.subplots(figsize=(10, 6))
ax.scatter(x = hour_first48['instant'], y = hour_first48['count'],c='red',marker='+')
plt.xlabel("Hour")
plt.ylabel("Count")
plt.title("Count by Hour - First Two Days")
plt.show()
```

在这里，我们使用 c 参数来指定绘图点的颜色（red）。我们还指定了一个 marker 参数来改变标记的样式，即绘图点的形状。通过将 marker 参数指定为'+'，我们得到的绘图点看起来像是小加号而不是小圆点。图 1-6 显示了新的输出结果。

因为本书采用单色印刷，所以在图 1-6 中无法看到红色的绘图点。但如果你运行上面的代码，你将在屏幕上看到红色的绘图点。

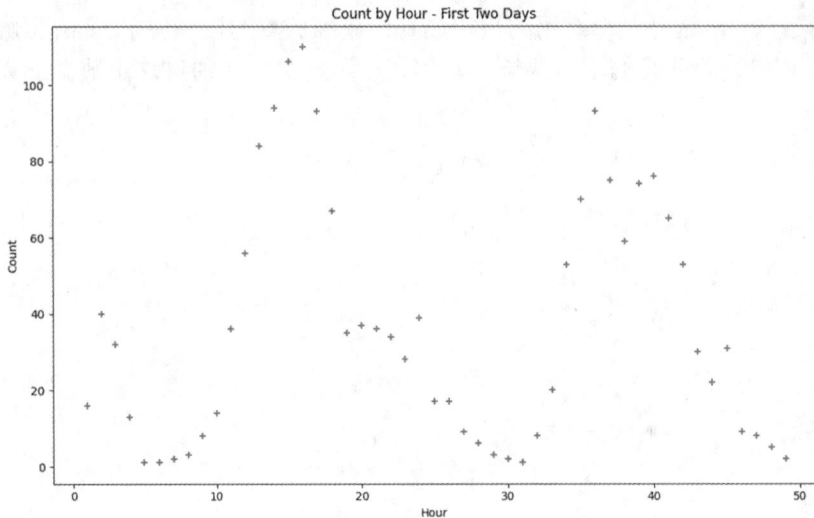

图 1-6   使用不同的图形外观显示骑行人数

散点图并不是绘图的唯一选择，我们还可以尝试绘制折线图：

```
fig, ax = plt.subplots(figsize=(10, 6))
ax.plot(hour_first48['instant'], hour_first48['casual'],c='red',label='casual',linestyle='-')
ax.plot(hour_first48['instant'],\
hour_first48['registered'],c='blue',label='registered',linestyle='--')
ax.legend()
plt.show()
```

在这个例子中，我们使用 ax.plot()而不是 ax.scatter()来绘制图表。ax.plot()方法允许我们绘制折线图。在这里，我们调用 ax.plot()两次来在同一个图表上绘制两条线，这可以让我们对注册用户和非注册用户在各时段的数量进行比较，结果如图 1-7 所示。

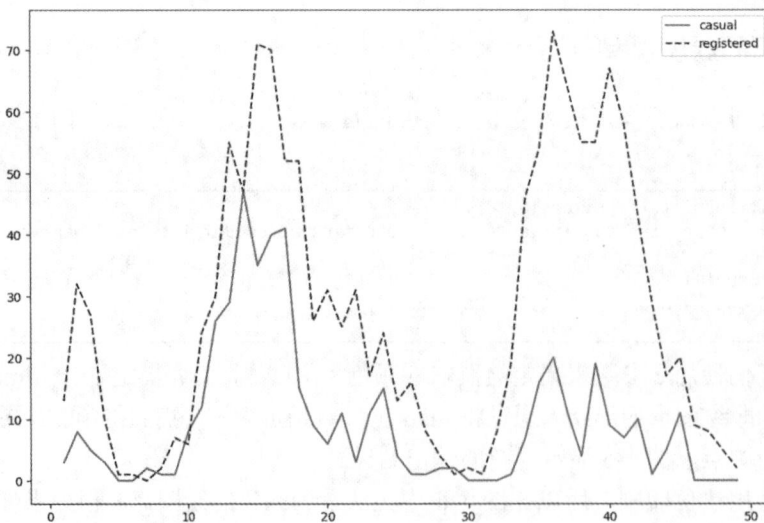

图 1-7   通过折线图显示前两天的数据中注册用户和非注册用户在各时段的数量

图 1-7 所示的图表显示，非注册用户的数量几乎始终低于注册用户的数量。图例指示了对注册用户和非注册用户使用了不同颜色和样式（非注册用户为红色实线，注册用户为蓝色虚线）的线条。请在你自己的环境中运行此代码，以便更清楚地看到线条的颜色及其对比效果。

我们还可以尝试使用另一种绘图方式：

```
import seaborn as sns
fig, ax = plt.subplots(figsize=(10, 6))
sns.boxplot(x='hr', y='registered', data=hour)
plt.xlabel("Hour")
plt.ylabel("Count")
plt.title("Counts by Hour")
plt.show()
```

这次，我们导入了一个名为 seaborn 的包。这个包是基于 Matplotlib 开发的，所以它包含 Matplotlib 的所有功能，还增加了很多功能，可以帮助我们快速创建美观且信息丰富的图表。我们使用 seaborn 的 boxplot()方法来创建一种新的图表类型：箱线图。图 1-8 展示了这段代码创建的箱线图。

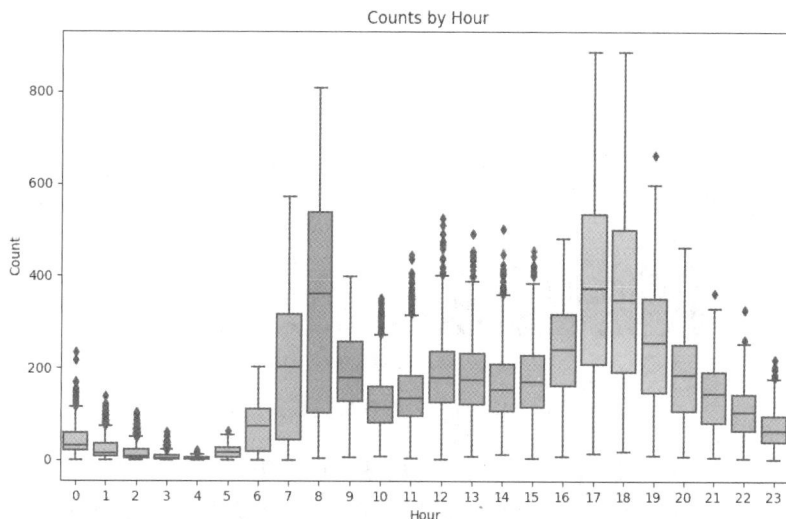

图 1-8　显示一天中按小时分组的骑行人数的箱线图

你可以看到 24 个垂直的箱线图平行绘制在一起，每一个箱线图代表一天中特定小时的信息。箱线图是一种简单的图表类型，但它提供了大量的信息。在箱线图中，每个矩形的上下水平边界分别代表所绘制数据的第 75 百分位数和第 25 百分位数。矩形内部的水平线代表中位数（或第 50 百分位数）。从每个矩形的顶部和底部延伸出的垂直线代表未被视为异常值的所有观测值的范围。超出垂直线范围的单独绘制点（观测值）被视为异常值。

在图 1-8 中查看所有箱线图，你能够比较不同时间的骑行人数。例如，第 6 个小时（大约早上 5 点）的骑行人数的中位数非常低，但第 7 个小时（大约早上 6 点）的骑行人数的中位数要高得多，第 8 个小时（大约早上 7 点）的骑行人数的中位数更高。在第 17 个小时和第 18 个小时（下午 4 点和 5 点左右），骑行人数再次增加。这些高峰也许表示你的许多客户使用你们公司提供的自行车上下班。

正如你所期望的,我们可以绘制更多类型的图表。一种有用的图表类型是直方图,它可以
通过以下方式创建:

```
fig, ax = plt.subplots(figsize=(10, 6))
ax.hist(hour['count'],bins=80)
plt.xlabel("Ridership")
plt.ylabel("Frequency")
plt.title("Ridership Histogram")
plt.show()
```

这段代码使用 hist()方法绘制直方图,结果如图 1-9 所示。

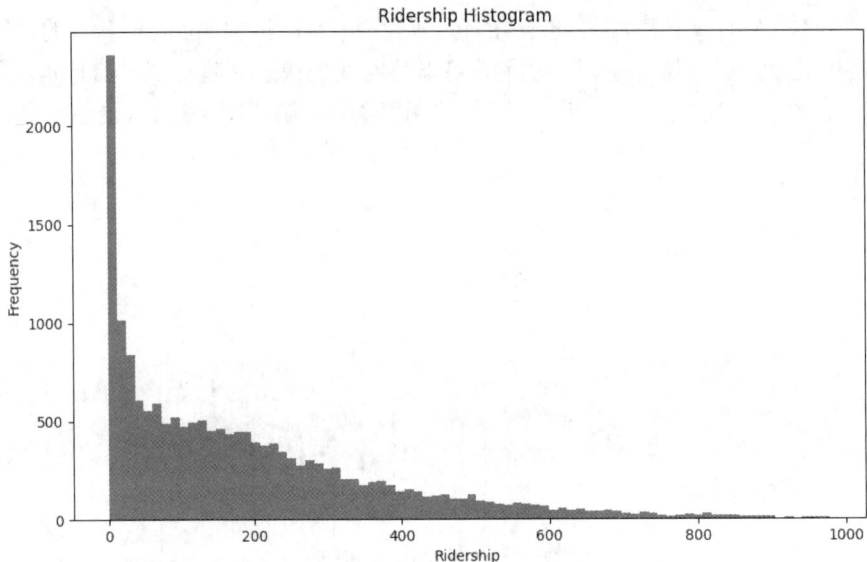

图 1-9　显示每种骑行人数频数的直方图

在直方图中,每个条形的高度代表频数。在这个例子中,直方图显示了每种骑行人数的频
数。例如,在 x 轴大约 800 的位置,你会看到高度接近 0 的条形。这意味着数据集内只有极少
数时间的骑行人数接近 800。相比之下,在 x 轴大约 200 的位置,你会看到较高的条形,其高
度接近 500。这表明在我们的数据中,有接近 500 个小时的骑行人数接近 200。我们在这个直方
图中看到的模式对于企业来说是常见的:很多的时间内有很少的客户,很少的时间内有很多的
客户。

你可以使用直方图来评估你们公司的业务。例如,你们公司今天有 1000 辆自行车可供出租。
你认为通过出售其中的 200 辆自行车可以节省一些费用,这样,你将获得额外的流动资金,而
且不必担心多余自行车的维护和存放。这将使你剩下 800 辆可供出租的自行车。通过查看直方
图,你可以准确地了解这种变化对公司的影响有多大:因为只有很少一部分时间对自行车的需
求超过 800 辆,所以出售 200 辆自行车对公司的业务不会造成很大的影响。你可以查看直方图,
以决定你可以安心出售多少辆自行车。

另一种类型的图表是配对图（pair plot），它为数据中的每一对可能组合的变量绘制散点图：

```
thevariables=['hr','temp','windspeed']
hour_first100=hour.loc[0:100,thevariables]
sns.pairplot(hour_first100, corner=True)
plt.show()
```

在这里，我们创建了一个变量 thevariables，它是我们将绘制的 3 个变量的列表（由于本书的篇幅有限，我们只绘制 3 个变量而没有绘制所有变量）。我们还创建了 hour_first100 变量，它是我们的完整数据集的一个子集，仅包含 hour 数据集的前 100 条记录。同样，seaborn 包通过提供 pairplot()方法来帮助我们创建图表。代码运行结果如图 1-10 所示，它是一个包含散点图和直方图的图表集合。

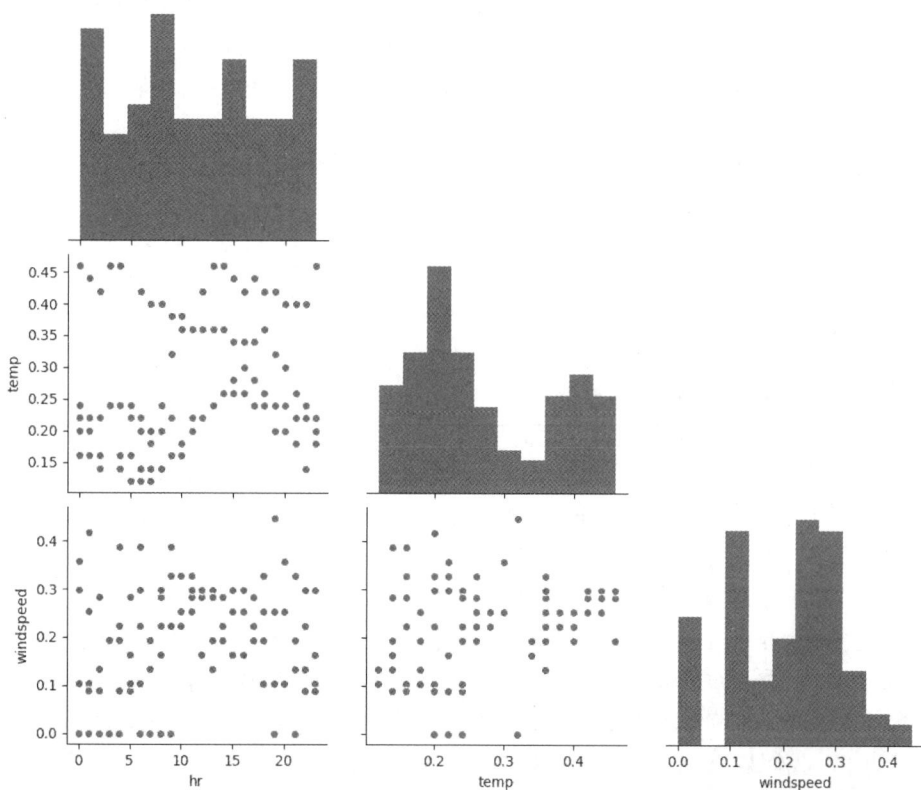

图 1-10　配对图显示了所选变量之间的关系

图 1-10 所示的配对图显示了我们选择的数据子集内变量之间的所有可能组合的散点图，以及我们选择的各个变量的直方图。这里绘制了大量的数据，但散点图并没有显示出变量之间的明显关系——这些关系似乎是随机的。

有时候，当我们绘制配对图时，我们看到的不一定是随机情况，我们也可以看到变量之间的明显关系。例如，如果数据中有降雪量的测量值，我们会发现随着温度的升高，降雪量下降，反之亦然。这种变量之间的明显关系称为相关性，我们将在下一节中探索相关性。

1.6　探索相关性

如果一个变量的变化总是与另一个变量的变化同时发生,那么这两个变量之间存在相关性。如果两个变量正相关,意味着它们的变化是一致的:一个变量增加时,另一个变量也趋向增加;一个变量减小时,另一个变量也趋向减小。我们可以在世界上找到无数个正相关的例子。例如,一个城市的猫粮购买量与该城市的家养猫数量呈正相关。在正相关的两个变量中,如果一个变量很高,另一个变量往往也很高;如果一个变量很低,另一个变量往往也很低。

我们还可以讨论负相关:如果两个变量中的一个在另一个变量减小时趋向增加,或者在另一个变量增加时趋向减小,那么这两个变量负相关。负相关的例子在世界上也很常见。例如,一个城市的常住居民每年花费在厚冬衣上的平均金额与该城市的平均气温呈负相关。在负相关的两个变量中,一个变量较高,而另一个变量往往较低,反之亦然。

在数据科学领域,找到并理解相关性(无论是正相关还是负相关)非常重要。如果你能找到并理解相关性,作为 CEO,你的业绩将会有显著提升。例如,你可能发现骑行人数与温度呈正相关。这意味着在温度较低时,骑行人数往往较少。你甚至可以考虑在骑行人数较少的季节出售一些自行车,以增加现金流,而不是让很多自行车闲置。当然,你所选择的具体做法将取决于具体情况的许多其他细节,深入理解数据将帮助你做出明智的商业决策。

1.6.1　计算相关系数

我们可以在 Python 中计算相关系数:

```
print(hour['casual'].corr(hour['registered']))
print(hour['temp'].corr(hour['hum']))
```

在这里,我们使用了 pandas 提供的一个功能,即 corr()方法。corr()方法用于计算相关系数。我们可以计算许多类型的相关系数,但默认情况下,corr()计算的是皮尔逊相关系数。这是最常用的相关系数,本书中提到的相关系数指的都是皮尔逊相关系数。

皮尔逊相关系数是一个介于−1～1 的数字,通常用变量 r 表示。它用于描述两个变量之间的关系:其符号(正号或负号)描述了相关性的类型,而其数值描述了相关性的强度。如果 r 是一个正数,表示两个变量呈正相关;如果 r 是一个负数,表示两个变量呈负相关;如果 r 为 0 或者非常接近 0,我们称这些变量之间没有相关性。

以上代码片段的第一行计算了数据中 casual 和 registered 变量之间的相关系数。对于这两个变量,r 约为 0.51,这是一个正数,表示正相关关系。

1.6.2　理解强相关性和弱相关性

除了注意相关系数是正数、负数还是 0,我们还关注它的确切数值,也就是它的大小。如果相关系数的绝对值很大(相关系数远离 0,接近 1 或−1),我们通常说两个变量之间的相关性很强。请参考图 1-11 所示的相关性例子。

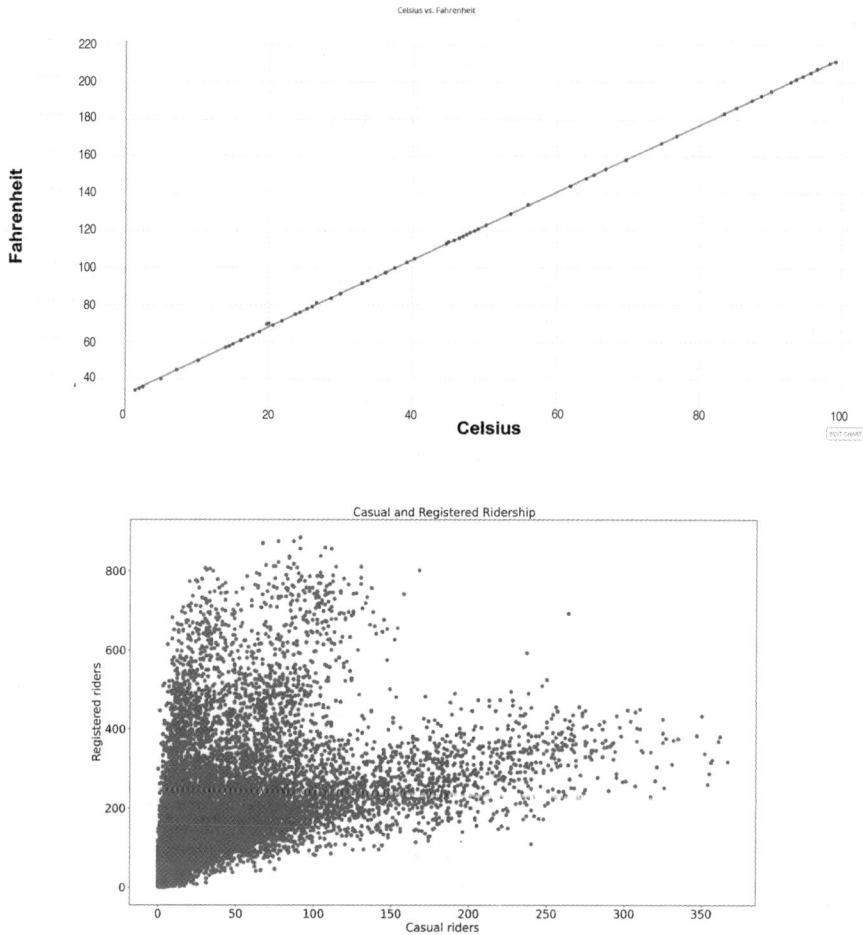

图 1-11　正相关变量

　　在图 1-11 中，你可以看到两幅图。第一幅图显示了华氏温度和摄氏温度之间的关系。你可以看到华氏温度和摄氏温度呈正相关：当一个温度上升时，另一个温度也上升，反之亦然。第二幅图显示了你们公司中注册用户骑行人数和非注册用户骑行人数之间的关系。同样，我们看到了正相关性：非注册用户骑行人数增加时，注册用户骑行人数也趋向增加，反之亦然。

　　图 1-11 所示的这两个相关性都是正相关，但我们可以看到它们之间存在定性的差异。华氏温度和摄氏温度之间的关系是确定性的：知道摄氏温度可以准确地知道华氏温度，没有不确定性或猜测。这种在图上呈直线的确定性正相关也被称为完全正相关，当我们为完全正相关测量相关系数时，会发现 $r = 1$。

　　相比之下，注册用户骑行人数和非注册用户骑行人数之间的关系不是确定性的。通常情况下，非注册用户骑行人数较多对应着注册用户骑行人数较多。但有时候并不是这样；我们不能通过一个变量来完美预测另一个变量。当两个变量相关但没有确定性关系时，我们说这两个变量之间的关系具有"噪声"或随机性。

随机性很难精确定义，但你可以将其理解为不可预测性。当你知道一个摄氏温度时，你可以完全准确地预测华氏温度。相比之下，当你知道非注册用户骑行人数时，你可以预测注册用户骑行人数，但你的预测可能不完全准确。当存在这种不可预测性时，两个变量的相关系数将小于 1。在这种情况下，我们可以计算注册用户骑行人数和非注册用户骑行人数之间的相关系数，得到 $r = 0.51$。

你可以将相关系数的大小视为衡量两个变量之间关系中随机性大小的指标。较大的相关系数对应较小的随机性（更接近确定性关系，如华氏温度和摄氏温度之间的关系）。较小的相关系数对应较大的随机性和较小的可预测性。相关系数 0 表示变量之间没有任何关系，可将其视为纯随机性或纯噪声的表现。

在图 1-12 中，你可以观察到一些不同程度的负相关性的例子。

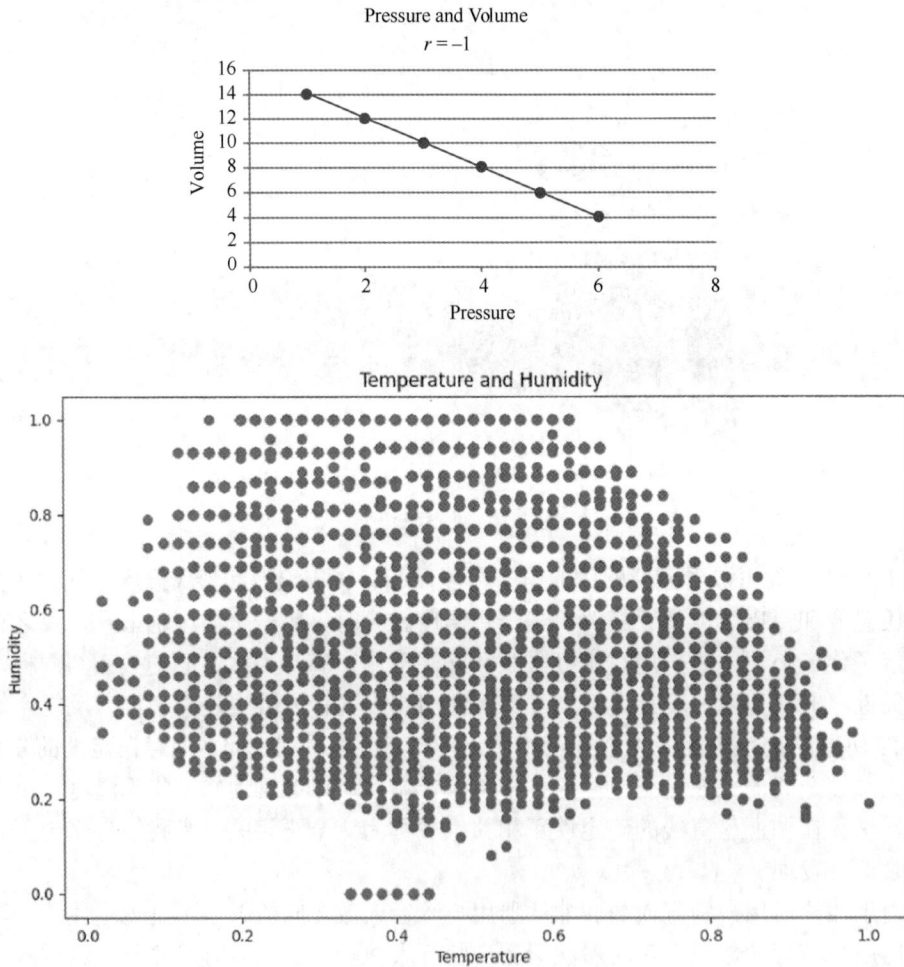

图 1-12 负相关变量

　　在图 1-12 中，我们看到了与图 1-11 相似的概念。第一幅图显示了完全负相关性：体积和压力之间的确定性关系。这里的相关性正好对应 $r = -1$，表示变量之间不存在任何随机性；每个变量都可以通过使用另一个变量来完全预测。

　　第二幅图显示了 hour 数据集中温度和湿度之间的关系。这两个变量也具有负相关性，但相关系数要小得多：r 约为-0.07。就像我们对图 1-11 中的正相关性所给出的解释一样，我们可以将这些相关系数解释为衡量随机性的指标：绝对值较大的相关系数（即接近 1 或-1）表示相关性较大且随机性较小，而绝对值较小的相关系数（接近 0）表示具有较大的随机性。这里 $r = -0.07$ 时，我们将其解释为温度和湿度呈负相关，但它们之间的相关性非常弱，接近纯随机性。

　　在观察相关性时，有一点非常重要：相关并不意味着因果关系。当我们观察到强相关性时，我们唯一能确定的是两个变量倾向于同时变化，我们无法确定一个变量发生变化是否导致另一个变量发生变化。

　　例如，假设我们研究硅谷的初创公司，发现它们的月度收入与购买的乒乓球桌数量相关。我们可能会匆忙地通过这种相关性得出结论，即乒乓球桌的购买将导致收入增加；也许打乒乓球可帮助员工放松和促进员工间的友情，进而提高了生产效率，或者打乒乓球营造的有趣氛围能帮助公司更好地留住员工并招聘到更多新员工。

　　然而，这些结论可能完全错误，也许因果关系是相反的：成功的公司（与乒乓球桌完全无关）拥有更高的收入，而由于它们的预算突然增加，它们使用一部分新增的资金购买娱乐设施，比如购买乒乓球桌。在这种情况下，收入增加将导致购买乒乓球桌，而不是购买乒乓球桌导致了收入增加。

　　最后，相关性可能只是巧合。也许购买乒乓球桌并不会导致收入增加，收入增加也不会导致购买更多的乒乓球桌，而是我们观察到了一种偶然的相关性：只是由于巧合产生的相关性，并不表示任何因果关系或特殊关系。相关性也可能是由被忽略的某个变量（即我们没有观察到的某个变量）造成的，但它独立地导致了收入增加和购买乒乓球桌同时发生。

　　无论如何，重要的是，在发现和解释相关性时要始终谨慎。

1.6.3　寻找变量之间的相关性

　　我们不仅可以计算两个变量之间的单个相关系数，还可以通过创建一个相关矩阵来进一步分析变量之间的相关性。相关矩阵是一个由数字组成的矩阵（或矩形数组），其中每个元素都是表示两个特定变量之间关系的相关系数。相关矩阵将显示出所有变量之间的关系：

```
thenames=['hr','temp','windspeed']
cor_matrix = hour[thenames].corr()
print(cor_matrix)
```

　　在这里，我们仍然使用之前提到的 corr()方法。当我们不在圆括号内传入任何参数时，使用 corr()方法会创建一个包含数据集中所有变量之间相关系数的相关矩阵。在上面的例子中，我们创建了一个较小的相关矩阵，显示 3 个选定变量之间的相关系数。我们计算得到的相关矩阵如下所示：

	hr	temp	windspeed
hr	1.000000	0.137603	0.137252
temp	0.137603	1.000000	-0.023125
windspeed	0.137252	-0.023125	1.000000

在这个 3×3 的矩阵中，每个元素都是一个相关系数。例如，在第二行第三列，你可以看到风速和温度之间的相关系数约为-0.023。严格来说，它表示负相关，但它非常接近 0，我们通常会将这两个变量理解为不相关的两个变量。

你还可以看到矩阵中有 3 个相关系数等于 1.0。这是符合预期的：这些完全正相关性用于衡量每个变量与自身的相关性（hr 与 hr 的相关性，temp 与 temp 的相关性，windspeed 与 windspeed 的相关性）。每个变量与自身总是具有完全正相关性。创建相关矩阵是在数据中查找所有变量之间的关系，并找到正相关或负相关的快速且简便的方法。

1.7 创建热力图

在创建相关矩阵之后，我们可以绘制所有相关系数的图，使矩阵更易于理解：

```
plt.figure(figsize=(14,10))
corr = hour[thenames].corr()
sns.heatmap(corr, annot=True,cmap='binary',
        fmt=".3f",
        xticklabels=thenames,
        yticklabels=thenames)
plt.show()
```

在这里，我们创建了一个热力图。在这种类型的图表中，单元格的颜色深浅表示该单元格中数值的大小。图 1-13 中的热力图显示变量之间的相关性测量值。

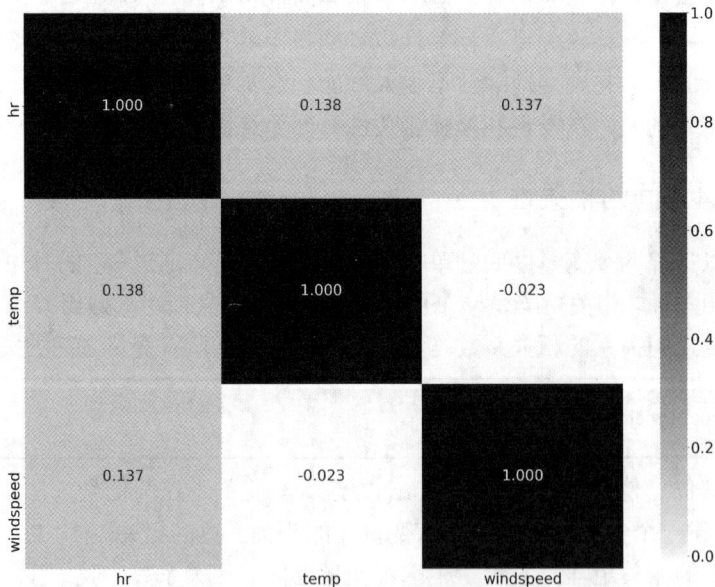

图 1-13　在热力图中显示相关性测量值

图 1-13 所示的热力图展示了 9 个矩形。正如其中右侧的图例所示，矩形的颜色越深，表示相关性越高；颜色越浅，表示相关性越低。通过相关矩阵的热力图，可以更快速地查看变量之间的相关关系，因为强相关性对应的颜色很容易引起注意。

如果你喜欢彩色图而不是灰度图，你可以在 sns.heatmap() 方法中更改 cmap 参数。cmap 参数指的是热力图的颜色方案，通过选择不同的 cmap 值，你可以获得不同的颜色方案。例如，如果你使用 cmap='coolwarm'，你得到的热力图中，较高的值用红色调表示，较低的值用蓝色调表示。

热力图不仅可以用于显示相关矩阵，还可以用于显示其他变量。例如，我们可以绘制一个显示一周中每个小时骑行人数的热力图：

```
# 创建数据透视表
df_hm =hour.pivot_table(index = 'hr',columns ='weekday',values ='count')
# 绘制热力图
plt.figure(figsize = (20,10)) # 调整图像尺寸
sns.heatmap(df_hm, fmt="d", cmap='binary',linewidths=.5, vmin = 0)
plt.show()
```

为了创建这个图，我们需要创建一个数据透视表，即一个由分组值组成的表格。如果你在工作中经常使用电子表格编辑器，那么你应该使用过数据透视表。在这里，我们的数据透视表根据每周中的星期几和每天的小时将数据集内的值进行了分组。我们有每天（0～6，代表从周日到周六）每小时（0～23）的骑行人数。在创建了这样分组的数据透视表之后，我们可以使用 heatmap() 方法创建图 1-14 所示的热力图。

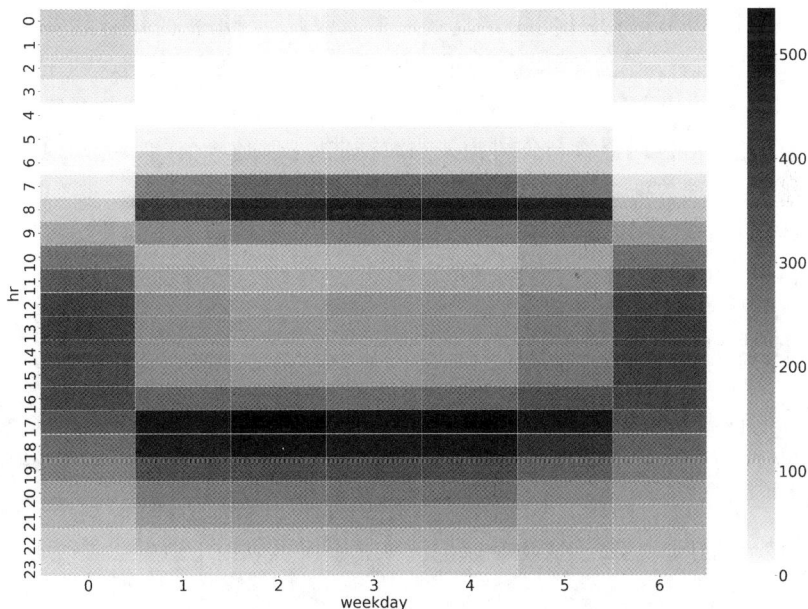

图 1-14　每天每小时对应的骑行人数

在图 1-14 所示的热力图中，颜色较深的矩形表示在这个小时内骑行人数较多，而颜色较浅

的矩形表示在这个小时内骑行人数较少。我们可以看到上午 8 点和下午 5 点左右出现了通勤高峰。我们还可以推断出在周六和周日下午更多的人选择骑自行车出行。

从商业角度来看，图 1-14 所示的热力图可以给我们提供许多商业创意。例如，在工作日上午 8 点左右骑车人数的激增，可能会给你一个增加收入的想法。就像我们设想的在用车较少的时间段提供折扣一样，我们也可以考虑相反的策略：在用车较多的时间段使用高峰定价（暂时提高价格）。Uber、Lyft 和 Grab 等运输网络公司就采用了高峰定价策略，不仅可以增加收入，还可以确保产品的高可用性。

1.8　进一步探索

到目前为止，我们只查看了一个数据集，并且只进行了简单的探索与分析。随着你作为 CEO 的工作不断深入，你将需要对你的业务及公司运作方式做出许多决策。本章中的探索方法可以应用于你遇到的任何其他业务问题。例如，你可以考虑将自行车租赁与清爽的饮料销售捆绑在一起，从中获得额外的收入（更不用说为骑行者提供安全保险服务了）。分析与你的客户、他们的骑行习惯以及他们在骑行过程中的饮水量相关的数据，可以帮助你确定这个策略是否可行。

其他分析可能与你的自行车修理需求有关。你的自行车需要修理的频率为多少？修理费用是多少？你可以查看修理的时间，确保修理不是在高峰时段进行的。可以检查不同类型自行车的修理费用。你可以查看修理费用的直方图，并检查是否有任何异常值使公司的成本过度增加。这些探索将帮助你更好地了解你的业务，并为改进经营方式提供思路。

到目前为止，我们的分析并不是非常复杂，主要计算了一些汇总统计量并绘制了图表。但是这些简单的计算和图表，结合常识，可以作为业务决策的重要参考。有些 CEO 对数据的关注不够，而有些 CEO 想要查看数据，但依赖员工向他们提供报告，不过这些报告可能会提供得很慢或不完善。一个能够自信地查看与公司相关的数据的 CEO 是一个能够更好地发挥作用的领导者。如果 CEO 善于处理数据，当他们的商业知识与数据技能相结合时，可以更好地完成工作。同时，当数据科学家的数据知识与业务知识相结合时，他们将在工作中获得前所未有的突破，在业务方面取得更大的成就。

1.9　本章小结

在本章中，我们从一个简单的业务场景开始：成为一名 CEO 并做出与业务运营和改进相关的决策。我们介绍了 CEO 需要做什么以及探索性数据分析如何对改进业务提供帮助。我们介绍了如何将数据读入 Python、计算汇总统计量、绘制图表，并在业务环境中解释结果。在第 2 章中，我们将介绍线性回归，这是一种更复杂的方法，不仅可以用于数据探索，还可以用于预测。我们继续前进吧！

2

预测

我们来看一些可以帮助你预测未来的数据科学工具。在本章中，我们将介绍一个简单的业务场景，在该场景中一家公司需要预测客户的需求。然后，我们将讨论如何应用数据科学工具来进行准确的预测，以及如何通过这些预测进行更好的业务决策。

我们将使用线性回归进行预测，并讨论单变量和多变量线性回归。最后，我们将介绍回归线的外推，以及如何评估各种回归模型并选择最佳回归模型。

2.1 预测客户需求

想象一下，你在加拿大魁北克经营一家汽车经销店（公司）。你采用了标准的零售业务模式：以较低的价格从制造商处购买汽车，然后以较高的价格将这些汽车卖给个人客户。每个月，你需要决定从制造商那里订购多少辆汽车。如果订购的汽车太多，你将无法快速将它们销售出去，导致高额的存储成本或资金流动问题。如果订购的汽车太少，你将无法满足客户的需求。

订购正确数量的汽车非常重要。但是正确的数量是多少呢？这个问题的答案取决于一些经营因素，比如你的银行账户中的现金数量和你计划的销售增长幅度。而正确的数量最好等于下个月客户想要购买的汽车数量。由于我们无法预知未来，我们需要对需求进行预测，并根据预测来生成订单。

我们可以选择几种经过验证的定量方法来预测下个月的需求。其中一种最好的方法是线性回归。在后文，我们将解释如何使用线性回归进行预测。我们将利用过去的数据对未来进行预测，以了解我们需要订购的汽车数量。我们将从简单地读取和查看数据开始，然后进行预测过程的其他步骤。

2.2   清洗错误数据

我们要分析的数据是加拿大魁北克的一家汽车经销店连续 108 个月销售的汽车数量记录数据。这些数据最初由统计学教授和预测专家 Rob Hyndman 在网上提供。你可以从 https://bradfordtuckfield.com/carsales.csv 中下载数据。

这些数据是历史数据，记录的最近月份是 1968 年 12 月。因此，这个场景将假设我们生活在 1968 年 12 月，并对 1969 年 1 月的数据进行预测。我们所讨论的预测原则是通用的，因此如果你能够使用 1968 年的数据来预测 1969 年的结果，你也可以使用第 n 年的数据来预测第 $n + 1$ 年的结果，其中 n 为 2023、3023 或任何其他数字。

将保存这些数据的文件保存在运行 Python 的同一个目录中。然后，我们使用 Python 的 pandas 包读取数据：

```
import pandas as pd
carsales=pd.read_csv('carsales.csv')
```

在这里，我们导入了 pandas 并给它起了别名 pd。然后，我们使用它的 read_csv()方法将数据读入 Python，并将数据存储在变量 carsales 中。我们在这里导入和使用的 pandas 包是一个强大的模块，它可以让我们更加轻松地在 Python 中处理数据。我们创建的 carsales 变量是一个 pandas DataFrame，它是在 Python 会话中存储数据的标准 pandas 格式。由于对象被存储为 pandas DataFrame，我们将能够使用许多有用的 pandas 方法来处理它，就像我们在第 1 章中所做的那样。我们首先使用 head()方法来检查 pandas DataFrame：

```
>>> print(carsales.head())
    Month  Monthly car sales in Quebec 1960-1968
0  1960-01                              6550.0
1  1960-02                              8728.0
2  1960-03                             12026.0
3  1960-04                             14395.0
4  1960-05                             14587.0
```

通过查看这些行，我们可以注意到几个重要的点。首先，我们可以看到列名。carsales 数据集内的列名分别是 Month 和 Monthly car sales in Quebec 1960-1968。如果我们把第二个列名缩短一些，将更容易处理数据。我们可以在 Python 中轻松地实现这一操作：

```
carsales.columns= ['month','sales']
```

在这段代码中，我们访问了 DataFrame 中的列，并将列名重新定义为较短的名称（分别为 month 和 sales）。

就像 head()方法输出数据集的前 5 行一样，tail()方法输出数据集的后 5 行。如果运行 print(carsales.tail())，你会看到以下输出：

```
>>> print(carsales.tail())
              month      sales
104  1968-09    14385.0
```

105		1968-10	21342.0
106		1968-11	17180.0
107		1968-12	14577.0
108	Monthly car sales in Quebec 1960-1968		NaN

我们可以看到现在列名变得简短了，更容易阅读。我们还可以看到数据集的最后一行并不包含汽车销售数据。它的第一个条目是一个标签，告诉我们整个数据集的信息。它的第二个条目是 NaN，表示不是一个数字，意味着该条目不包含数据或是未定义的数据。我们不需要标签条目或空的条目（NaN），所以我们删除最后一行（第 108 行）：

```
carsales=carsales.loc[0:107,:].copy()
```

在这里，我们使用 pandas 的 loc()方法来指定我们想要保留的行：从第 0 行到第 107 行之间的所有行，包括第 0 行和第 107 行。我们在逗号后使用冒号（:）来表示我们想要保留数据集的所有列（这个例子中是两列）。将处理的结果存储在 carsales 变量中，并且删除了多余的第 108 行。再次运行 print(carsales.tail())，你会发现第 108 行已经被删除了。

通过查看数据的头部和尾部，我们还可以看到月份数据的格式。第一个条目是 1960-01（1960 年 1 月），第二个条目是 1960-02（1960 年 2 月），依此类推。

作为数据科学家，我们对使用数学方法、统计学方法和其他定量方法进行数值分析感兴趣。日期可能会带来一些烦琐的挑战，使我们难以按照我们希望的方式进行数学和统计分析。例如，其中一个挑战是日期有时不以数值类型存储。在这里，月份被存储为字符串（或者字符的集合）。

为了查看可能出现的问题，尝试在 Python 控制台中运行 print(1960+1)，你会注意到结果是 1961。Python 看到我们在处理两个数字，并按照我们期望的方式将它们相加。我们再做一个练习，尝试在 Python 控制台中运行 print('1960'+'1')，你会得到结果 19601。Python 看到我们输入的是字符串，"+"表示我们要进行连接操作，即将字符串简单地拼接在一起，这并没有遵循数学的规则，而是遵循了字符串的规则。

另一个挑战是，即使日期以数值形式存在，它们的逻辑与自然数的逻辑也不相同。例如，如果我们将 1 加到 11 月，得到 12 月，这遵循 11 + 1 = 12 的算术规则。但是，如果我们将 1 加到 12 月，将得到 1 月（因为每年 12 月之后都是下一年的 1 月），这与简单的算术规则 12 + 1 = 13 不匹配。

在这种情况下，解决日期数据类型问题最简单的方法是定义一个新变量 period，我们可以进行如下定义：

```
carsales['period']=list(range(108))
```

新变量 period 是 0～107 的所有数字的列表。我们将 1960 年 1 月称为 period 0，1960 年 2 月称为 period 1，依此类推，直到数据中的最后一个月，即 1968 年 12 月，我们将其称为 period 107。这个新变量是数值类型的，因此我们可以对它进行加法、减法或其他任何数学运算。此外，它将遵循标准算术的规则，period 13 在 period 12 之后，与我们对数值变量的预期相符。这种简单的解决方案是可行的，因为在 carsales 这个特定的数据集内，行按照时间顺序进行组织，所以我们可以确保每个 period 值都被分配给正确的月份。

这些简单的任务，即为月份添加一个数值列、删除多余的行和更改列名，都是数据清洗的一部分。执行这些任务并不是令人兴奋的过程，但正确地执行它们非常重要，因为这为数据科学更激动人心的步骤奠定了基础。

2.3   使用数据绘图从而发现趋势

在完成基本的数据清洗任务后，我们一定要绘制数据。在每个数据科学项目中，都应该尽早并经常绘图。我们使用 Matplotlib 包来创建一个简单的数据图：

```
from matplotlib import pyplot as plt
plt.scatter(carsales['period'],carsales['sales'])
plt.title('Car Sales by Month')
plt.xlabel('Month')
plt.ylabel('Sales')
plt.show()
```

在这段代码中，我们导入了 Matplotlib 的 pyplot 模块，并给它起了别名 plt。然后，我们使用 scatter()方法根据 period （月份）创建了一个散点图，展示了所有销售数据的分布。我们还使用几行代码添加了坐标轴标签和图表标题，然后对图表进行显示。结果如图 2-1 所示。

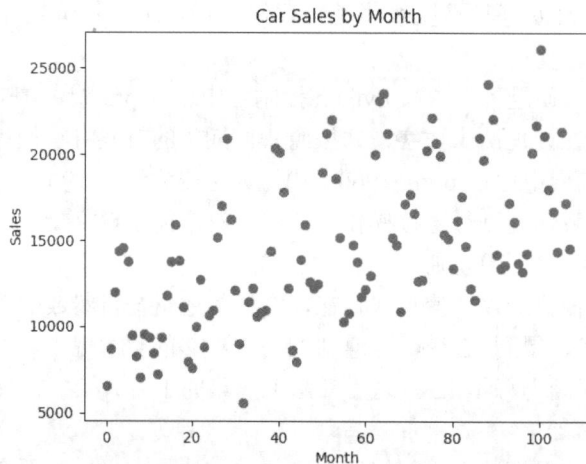

图 2-1   在 9 年中每月的汽车销售量

图 2-1 在 x 轴上显示了 period 变量，而在 y 轴上显示了 sales 变量（销售量）。每个点代表一行数据，换句话说，每个点代表一个特定月份的汽车销售量。

在图 2-1 中，你可以看到一些有趣的信息。最明显的是从左到右逐渐上升的趋势：销售量似乎随着时间逐渐增加。除了这个趋势，数据看起来杂乱且分散，各个月份之间存在巨大的变化。一年或一个季节内的变化看起来是随机的、杂乱的和不可预测的。我们接下来要实施的线性回归方法将尝试捕捉数据中的规律和模式，帮助我们不被随机性和噪声所干扰。

到目前为止，我们所做的只是读取数据并绘制一个简单的图表。但我们已经看到一些对进行准确预测有用的信息（模式）。下面我们继续完成一些更重要的预测步骤。

2.4 执行线性回归

现在我们已经清洗了数据、绘制了图表并注意到了一些基本模式。接下来，我们准备进行更专业的预测。我们将使用线性回归进行预测。线性回归是每个数据科学家的"工具箱"中的基本工具。它通过找到一条线来捕捉变量之间的关系，我们可以利用这条线对我们从未见过的事物进行预测。

线性回归的发明比机器学习这个词的出现早一个多世纪，它在历史上一直被认为是统计学的一部分。然而，由于它与许多常见的机器学习方法有着非常多的相似之处，并且它与这些机器学习方法共享一些理论基础，线性回归有时被认为是机器学习领域的一部分。像许多其他科学工具一样，它使我们能够从混乱中获取秩序。

在本章中，我们面临的是汽车销售数据的复杂情况：季节性变化、时间趋势和纯粹的随机性交织在一个"嘈杂"的数据集内。当我们将简单的线性回归应用于汽车销售数据时，我们的输出将是一条直线，它捕捉到了一个潜在的规律，这将帮助我们对未来做出准确的预测。图 2-2 展示了线性回归的典型输出示例。

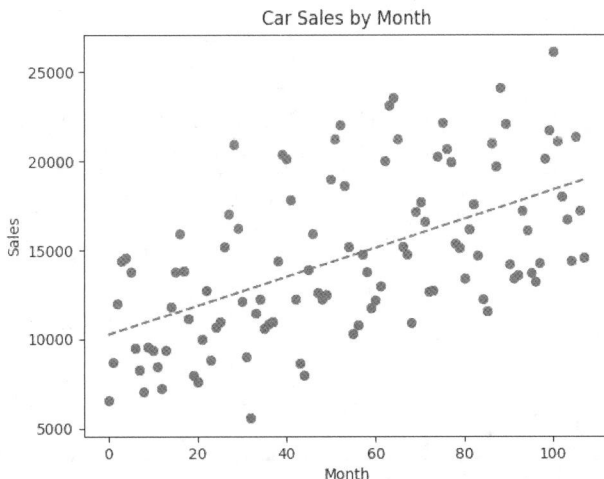

图 2-2　虚线表示线性回归的典型输出

在图 2-2 中，你可以看到代表数据的点（数据点），就像图 2-1 中一样。同样，我们可以看到数据集的混乱性：整个数据集内大多数月份之间的数据存在很大的变化。

从左到右稍微向上倾斜的虚线代表线性回归的输出。它被称为回归线，我们经常说这条回归线拟合了数据。换句话说，它大致通过了所有点所构成的云状区域（数据点云）的中心。它与很多数据点非常接近，几乎没有任何数据点特别远离它。这条线表达或揭示了时间（月份）和销售量之间的基本关系（一种逐渐增长的关系）。线拟合一组点是线性回归的基本功能。事实上，在我们后续的讨论中，回归线有时被称为最佳拟合线。

　　回归线是一条直线，它没有表现出真实数据的随机变动。这条线按照可预测的方式进行推进。通过消除随机性，回归线向我们清晰地展示了数据的底层模式。在这种情况下，回归线向我们显示出数据随着时间的推移呈总体上升的趋势，如果我们仔细测量回归线，就可以准确地找出这种趋势的斜率和截距。

　　我们可以将回归线在任何特定月份的值解释为该月份预期的汽车销售量。然后，将这个简单的线条向未来推断（以相同的斜率绘制它，直到它延伸到绘图区域的右边缘），以生成对未来几个月销售量的预测。

　　让我们运行执行线性回归并输出回归线的代码。我们将使用线性回归方法，这些方法非常关注我们使用的数据形状，即销售数据是按 108 行×1 列还是按 108 列×1 行存储的。在我们的例子中，如果数据存储为每行 1 列、108 行，其中每列包含一个数据，我们的线性回归代码将能够更顺利地运行。为了使数据呈现这种形状，我们将使用 pandas 的 reshape()方法，如下所示：

```
x = carsales['period'].values.reshape(-1,1)
y = carsales['sales'].values.reshape(-1,1)
```

　　如果你运行 print(x)和 print(y)，就可以看到数据的新形状：108 行的单元素列表。实际执行线性回归只需要很少的代码。我们可以用 3 行代码完成整个过程，包括导入相关模块：

```
from sklearn.linear_model import LinearRegression
regressor = LinearRegression()
regressor.fit(x, y)
```

　　在这里，我们从 scikit-learn 包中导入线性回归工具，该包可以用其标准缩写 sklearn 来引用。这个在机器学习领域非常受欢迎的包提供了许多有用的机器学习工具，包括线性回归。在导入 sklearn 之后，我们定义了变量 regressor（回归器）。回归器，顾名思义是我们将用于执行线性回归的一个 Python 对象。创建回归器后，用它拟合 x 和 y 变量。我们要求它计算出图 2-2 中显示的线，使其通过匹配数据的位置和总体趋势来拟合数据。

　　我们可以用更精确的方式描述线性回归的含义，即它确定了两个数字（系数和截距）的精确优化值。在运行上述代码片段后，我们可以查看这两个数字，如下所示：

```
print(regressor.coef_)
print(regressor.intercept_)
```

　　这段代码输出了回归器的 fit()方法产生的两个数字：一个是截距，大约是 10250.8；一个是名为 coef_的变量，coef 是 coefficient（系数）的缩写，大约等于 81.2。这两个数字共同确定了你在图 2-2 中看到的虚线回归线的确切位置和总体趋势。你将在下文看到它们是如何实现的。

2.4.1　将代数应用于回归线

　　要了解系数和截距这两个数字是如何确定回归线的，请回想一下高中的数学知识。你可能还记得，每条直线都可以这样表示：

$$y = m \cdot x + b$$

其中，m 代表斜率或系数，b 代表截距（严格来说是 y 轴截距，即直线与 y 轴相交的确切位置）。在我们的例子中，我们找到的 coef_ 变量的值约为 81.2，即为 m 的值，而我们找到的截距变量的值约为 10250.8，即为 b 的值。因此，从线性回归结果我们可以得到，时间周期（period）和汽车销售量之间的关系可以近似地表示为如下形式：

汽车销售量 = 81.2 · 时间周期+10250.8

汽车销售数据集表面上的随机变化（见图 2-1）现在可以简化为这个简单的方程。这个方程所描述的直线就是图 2-2 中显示的虚线。我们可以将该线上的每个点视为对每个时间段汽车销售量的预测，忽略随机性和噪声。

方程中的 m 和 b 值带有具体的含义。直线的斜率 81.2 是汽车销售量的月增长趋势。根据数据，我们得出的结论是汽车销售量每个月大约增长 81.2 辆。随机性和其他变化仍然存在，但我们大致预期的增长是 81.2 辆。截距 10250.8 表示汽车销售量的基准值：在"消除"或忽略季节性变化、时间推移和其他影响的情况下，在第 0 个月预期的汽车销售量。

线性回归对应的方程也可以称为模型，即两个或更多变量之间关系的定量描述。因此，当我们执行上述步骤时，我们进行了回归拟合，也可以说我们训练了一个模型。得到的回归方程或者模型将告诉我们，在数据时间范围的开始月份，销售约 10250.8 辆汽车，并且我们预计每个月比上个月多销售约 81.2 辆汽车。

人们自然会想知道回归器是如何确定 81.2 和 10250.8（回归器的 coef_ 和 intercept_ 参数）为 m 和 b 的最佳值的。在图 2-2 中，由它们所生成的线看起来足够好，但它不是我们可以通过数据点绘制的唯一一条线。还有无限多条可行的线也穿过数据点云，并且可以对数据进行拟合。例如，我们可能假设下面这条线更好地拟合了时间周期和汽车销售量之间的关系：

汽车销售量 = 125 · 时间周期+ 8000

我们称这条新线为假设线。如果我们将其用作数据的模型，就有了新的 m 和 b，因此也有了一个新的解释。具体来说，这条线的斜率为 125，我们将其解释为每个月汽车销售量预计将增加约 125 辆，这显著高于回归线的估计值 81.2。让我们将回归线和这条假设线及原始数据绘制在一幅图中：

```
plt.scatter(carsales['period'],carsales['sales'])
plt.plot(carsales['period'],[81.2 * i + 10250.8 for i in \
carsales['period']],'r-',label='Regression Line')
plt.plot(carsales['period'],[125 * i + 8000 for i in
carsales['period']],'r--',label='Hypothesized Line')
plt.legend(loc="upper left")
plt.title('Car Sales by Month')
plt.xlabel('Month')
plt.ylabel('Sales')
plt.show()
```

你可以在图 2-3 中看到此代码片段的输出，我们在图中绘制原始数据、回归线（灰色实线）和假设线（更陡峭的虚线）。

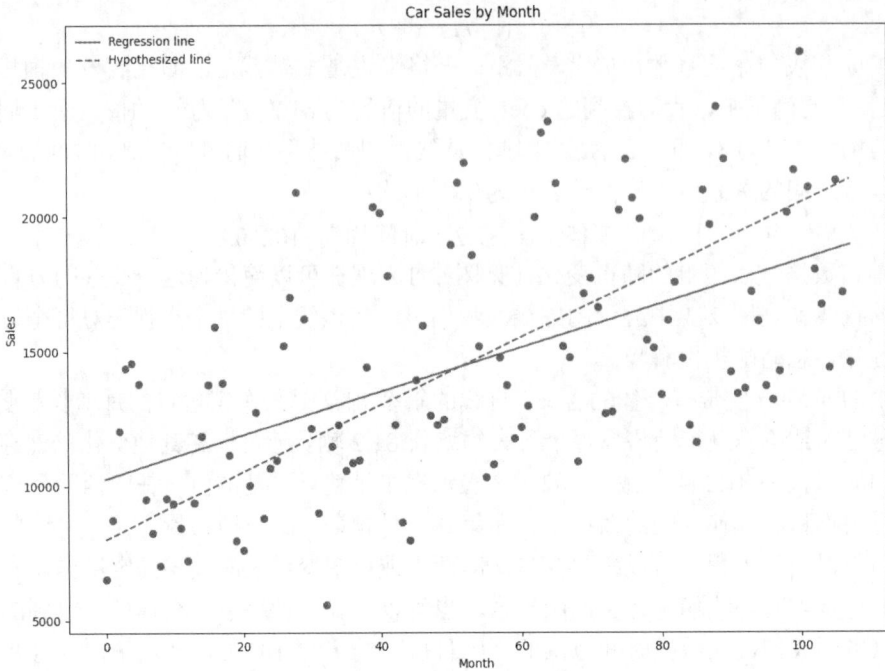

图 2-3　回归线和更陡峭的假设线都与原始数据相拟合

　　这两条线都穿过数据点云，两者都显示随时间推移的增长趋势，两者都是时间和销售量关系的合理近似候选项，并且都可以与原始数据相拟合。为什么回归器输出其中一条线而不是另一条线呢？我们说线性回归过程输出的回归线是最佳拟合线，为什么说它可以比其他任何线更好地拟合数据呢？

2.4.2　计算误差测量

　　通过观察与回归误差相关的测量，我们可以找到上述问题的答案。注意，我们将回归线上的每个点解释为我们对数据中估计值的预测。图 2-4 显示了一条回归线和用于创建它的数据。

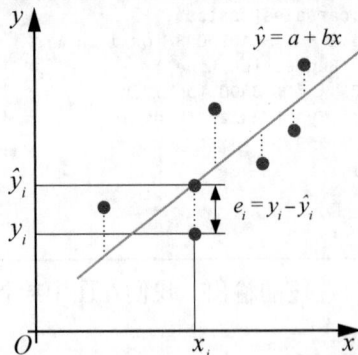

图 2-4　回归误差：数据点与回归线之间的垂直距离

你可以看到这条回归线与数据非常匹配,也就是说它接近大部分的数据点。然而,它并不是完美的拟合。对于每个数据点,我们可以计算它与回归线之间的竖直距离。回归线预测一个特定的值,而数据点与该预测值有一定的距离。预测值与实际值之间的距离被称为该数据点相对于回归线的回归误差。在图 2-4 中,变量 e_i 是一个数据点的误差。你可以看到 e_i 是一个特定点与回归线之间的竖直距离。我们可以计算出每个数据点的这个距离。

计算回归线相对于每个数据点的误差将为我们提供一种量化任何线对数据的拟合程度的方法。具有较低误差的线可以很好地拟合数据,而具有较高误差的线则对数据的拟合较差。这就是为什么我们说测量回归误差是衡量回归线拟合程度(用于衡量回归线与数据拟合程度的指标)的一种方法。

让我们计算汽车销售量的这些回归误差。我们将计算回归线和假设线上的每个点,并将这些点与数据集内的每个点进行比较:

```
saleslist=carsales['sales'].tolist()
regressionline=[81.2 * i + 10250.8 for i in carsales['period']]
hypothesizedline=[125 * i + 8000 for i in carsales['period']]
error1=[(x-y) for x, y in zip(regressionline,saleslist)]
error2=[(x-y) for x, y in zip(hypothesizedline,saleslist)]
```

在这段代码中,我们创建了 saleslist 变量,它包含每个月的原始汽车销售数据。然后我们创建了两个变量:regressionline 和 hypothesizedline。这两个变量分别记录回归线和假设线上的每个点。我们想要衡量每个真实销售数据与这两条线之间的距离,因此我们创建了另外两个变量:error1(用于记录真实销售数据与回归线之间的距离)和 error2(用于记录真实销售数据与假设线之间的距离)。

我们可以输出这些变量,并查看数据点对这两条线的误差:

```
print(error1)
print(error2)
```

当你查看误差列表时,你会看到两组每组 108 个测量结果,这些测量结果表示了回归线或假设线与原始数据的差距。每组的 108 个测量结果都衡量了回归线或假设线对原始数据的拟合程度。然而,同时查看所有 216 个测量结果是困难的。如果我们能将所有这些关于线拟合程度的信息归纳为一个数字,那将会更容易查看。以下代码片段展示了一种做法:

```
import numpy as np

error1abs=[abs(value) for value in error1]
error2abs=[abs(value) for value in error2]

print(np.mean(error1abs))
print(np.mean(error2abs))
```

在这段代码中,我们导入了 Python 的 NumPy 包。NumPy 经常被用于数据科学任务,特别是数组和矩阵的计算。在这里,我们导入它是因为它可以提供计算列表均值的能力。然后我们定义了两个新变量 error1abs 和 error2abs,它们分别包含两条线的误差绝对值列表。最后,计算列表的均值。

我们找到的均值称为每条线的平均绝对误差（Mean Absolute Error，MAE）。MAE 是一种直观的误差测量方法：它是线和数据集内点之间的平均竖直距离。与数据集内的点非常接近的线将具有较低的 MAE，而远离大多数点的线将具有较高的 MAE。

MAE 是表达回归线或任何其他线拟合程度的合理方式。MAE 越低，拟合程度越高。在我们的例子中，可以看到回归线的 MAE 约为 3154.4，而假设线的 MAE 约为 3239.8。根据这两个值可知，回归线比假设线更好地拟合了数据。

MAE 有一个简单的解释：它是我们使用特定线进行预测时预期的平均误差。当回归线的 MAE 约为 3154.4 时，使用这条回归线进行预测的预期的平均误差约为 3154.4（可能会低于或高于 3154.4）。

例如，假设我们预测未来的第 3 个月将销售 20000 辆汽车。我们等待 3 个月，统计月销售量，结果发现我们实际销售了 23154 辆汽车而不是 20000 辆。我们的预测是不准确的；我们将汽车的销售量低估了 3154 辆。所以，模型在预测方面并不完美，而误差的大小告诉了我们模型的不准确程度。这里的误差（3154）是否令人惊讶？刚刚测量的 MAE（约为 3154.4）告诉我们，这么高的误差并不令人惊讶——事实上，低估 3154（经过四舍五入）是我们使用这个回归方法来预测任何月份销售量时都可能会遇到的。有时我们会高估结果而不是低估，有时我们的误差会比 3154 更低或更高。无论如何，MAE 告诉我们，在此预测场景下使用回归方法时，预期的误差约为 3154。

MAE 不是衡量一条线对数据集拟合程度的唯一测量方法。让我们看看另一个测量方法：

```
error1squared=[(value)**2 for value in error1]
error2squared=[(value)**2 for value in error2]

print(np.sqrt(np.mean(error1squared)))
print(np.sqrt(np.mean(error2squared)))
```

在这里，我们创建了每个误差的平方值的列表。然后我们对这些误差的平方值求平均数并取平方根。这个测量方法被称为均方根误差（Root-Mean-Square Error，RMSE）。较低的 RMSE 表示线的拟合程度更高，即通过这样的线能够做出更好的预测。

我们可以创建简单的 Python 函数（方法）来计算 MAE 和 RMSE：

```
def get_mae(line,actual):
    error=[(x-y) for x,y in zip(line,actual)]
    errorabs=[abs(value) for value in error]
    mae=np.mean(errorabs)
    return(mae)

def get_rmse(line,actual):
    error=[(x-y) for x,y in zip(line,actual)]
    errorsquared=[(value)**2 for value in error]
    rmse=np.sqrt(np.mean(errorsquared))
    return(rmse)
```

这些函数（方法）只是按照之前的方法分别计算 MAE 和 RMSE。如果运行 print(get_rmse(regressionline,saleslist))，你会看到回归线的 RMSE 约为 3725，如果运行 print(get_rmse(hypothesizedline, saleslist))，你会看到假设线的 RMSE 约为 3969。

回归线的 RMSE 比假设线的 RMSE 要低，因此我们可以认为回归线比假设线更好地拟合了数据。

　　回归线的 RMSE 比假设线的 RMSE 更低并不是巧合。当我们之前在 Python 中运行 regressor.fit(x, y)时，regressor.fit()方法执行的是由伟大的数学家 Adrien-Marie Legendre 发明并在 1805 年首次发表的线性代数计算。Legendre 的计算以一组点作为输入，并输出最小化 RMSE 的截距和系数。换句话说，由 Legendre 的方法计算的系数所确定的直线在数学上可以保证它的 RMSE 比我们可能绘制出的任何其他试图拟合数据的线的 RMSE 更低。当我们称回归线为最佳拟合线时，表示在使用指定变量的所有可能拟合线中，回归线在数学上保证具有最低的 RMSE。这保证是线性回归持久流行的原因，也是多年来它仍然是用来查找最佳回归线的标准方法的原因。

　　回归器输出的线之所以是最佳拟合线，不仅因为它看起来很好地拟合了数据点，而且因为在严格的定量意义上，它在所有穿过数据点云的无限多条线中，保证具有最低的 RMSE。你可以随意尝试其他直线并检查它们的 RMSE，不会找到比回归线表现更好的线了。

2.5　使用回归预测未来趋势

　　至此，我们已经使用线性回归找到了最佳拟合历史数据的线。但是历史数据都是过去的数据，我们还没有进行任何真正的预测。从线性回归到预测很简单：我们只需要进行推断。

　　在图 2-2 中，我们绘制的虚线回归线在绘图区域的边缘停止，左侧停在月份 0，右侧停在月份 107，但它不是必须停在那里。如果继续向右侧延伸绘制回归线，可以看到未来月份的预测值。当然，在这种情况下，我们需使回归线保持相同的斜率和截距。我们来编写相应的代码：

```
x_extended = np.append(carsales['period'], np.arange(108, 116))
```

　　在这里，我们创建了变量 x_extended。这个变量是两组数字的组合。首先，它包括我们数据集中 period 列的值，按照 0 到 107 的顺序记录的月份。其次，它按顺序包括从 108 到 115 的所有数字，这些数字代表了数据结束后的未来几个月（月份 108、月份 109，一直到月份 115）。我们使用 np.append()方法将这两部分组合在一起，最终得到原始 x 变量的扩展版本。

　　接下来，我们可以使用回归器的 predict()方法来计算在 x_extended 中每个月对应的回归线上的数值：

```
x_extended=x_extended.reshape(-1,1)
extended_prediction=regressor.predict(x_extended)
```

　　现在，我们已经将预测值存储在变量 extended_prediction 中。如果你查看 extended_prediction，你可以看到这些预测值。这些预测值遵循一个简单的模式：每个预测值比前一个预测值大 81.2。这是因为 81.2 是回归线的斜率。请记住，81.2 不仅是线的斜率，还是我们预计的每个月汽车销售量的增加量。注意，此处忽略了随机性和季节性变化。

　　我们在这里使用的预测方法很有用，但实际上我们并不真正需要它。我们只需要将数字代入回归方程中，就可以得到回归线上任意想要的数值：

$$汽车销售量 = 81.2 \cdot 时间周期 + 10250.8$$

无论我们如何获取下一个预测值，都可以将它们绘制出来，下面来看看它们在图上的样子（见图2-5）：

```
plt.scatter(carsales['period'],carsales['sales'])
plt.plot(x_extended,extended_prediction,'r--')
plt.title('Car Sales by Month')
plt.xlabel('Month')
plt.ylabel('Sales')
plt.show()
```

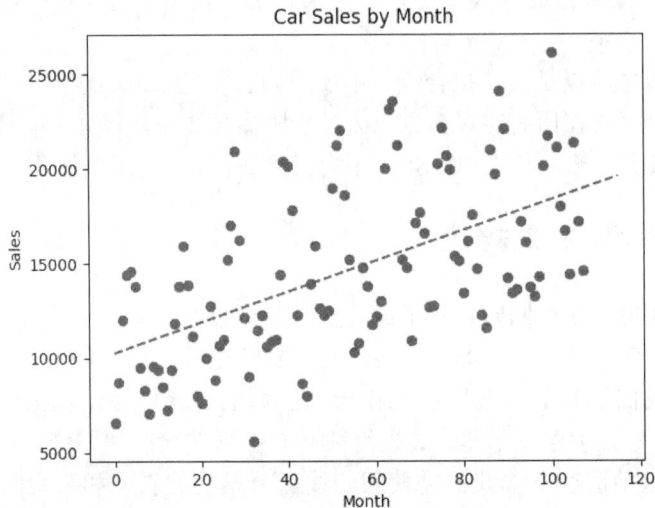

图2-5   将回归线向右延伸以进行预测

图 2-5 可能不会让你感到惊讶。它几乎与图 2-2 完全相同，这是意料之中的。二者唯一的区别是我们将回归线向右延伸了多个月份，以对未来汽车销售量进行预测。这种回归线的外延是一种简单且有效的预测方法。

通过线性回归，我们已经完成了预测，我们还可以做更多工作来改进预测。在接下来的内容中，我们将讨论评估和改进预测性能的方法。

2.6   尝试更多的回归模型

我们在前文中进行的线性回归是一种简单的线性回归类型，称为单变量线性回归。这种回归只使用一个变量来预测另一个变量。在我们的例子中，我们仅使用 period 变量来预测汽车销售量。只使用一个变量的线性回归有一些优势：首先，它很简单；其次，它创建了一条简单的直线，表达了数据中的某种规律，而且不包括它的随机噪声。但是我们还有其他选择。

2.6.1   通过多变量线性回归对销售量进行预测

如果使用其他变量来预测销售量，而不仅是时间周期，我们可以进行一种更复杂的回归——

多变量线性回归。多变量线性回归的细节与单变量线性回归的基本相同，二者唯一的本质区别是，用于预测的变量数量不同。我们可以使用任何我们喜欢的变量，如国内生产总值（Gross Domestic Product，GDP）增长率、人口估计、汽车价格、通胀率或其他变量进行多变量线性回归。

目前，我们的数据集不包含这些变量，只包含时间周期和销售量。我们仍然可以进行多变量线性回归——通过使用从时间周期变量派生出的变量。例如，我们可以在多变量线性回归中使用 $period^2$、log(period)或者时间周期变量的任何其他数学转换，作为新的变量。

请记住，之前在进行回归时，我们在以下方程中找到了 m 和 b（斜率和截距）变量：

$$y = m \cdot x + b$$

使用多个变量来预测汽车销售量时，也要找到斜率和截距变量。唯一的区别是我们还要找到更多的变量。如果我们使用 3 个变量（x_1、x_2 和 x_3）进行预测，那么我们在以下方程中可以看到变量 m_1、m_2、m_3 和 b：

$$y = m_1 \cdot x_1 + m_2 \cdot x_2 + m_3 \cdot x_3 + b$$

这种思路与单变量线性回归相同，但对于每个预测变量，我们得到了更多的斜率。如果想要在回归中使用 period、$period^2$ 和 $period^3$ 来预测汽车销售量，我们需要计算方程 2-1 中的变量 m_1、m_2、m_3 和 b：

$$汽车销售量 = m_1 \cdot period + m_2 \cdot period^2 + m_3 \cdot period^3 + b$$

方程 2-1 使用汽车销售数据进行多变量线性回归的方程

让我们看一下创建这些 period 变量转换，并使用 3 个变量进行线性回归的代码：

```
carsales['quadratic']=carsales['period'].apply(lambda x: x**2)
carsales['cubic']=carsales['period'].apply(lambda x: x**3)

x3 = carsales.loc[:,['period','quadratic','cubic']].values.reshape(-1,3)
y = carsales['sales'].values.reshape(-1,1)

regressor_cubic = LinearRegression()
regressor_cubic.fit(x3, y)
plt.scatter(carsales['period'],carsales['sales'])
plt.plot(x,regressor.predict(x),'r-')
plt.plot(x,regressor_cubic.predict(x3),'r--')
plt.title('Car Sales by Month')
plt.xlabel('Month')
plt.ylabel('Sales')
plt.show()
```

在这段代码中，我们定义了两个新变量：quadratic（其值等于 $period^2$）和 cubic（其值等于 $period^3$）。然后，我们定义了一个新的 x3 DataFrame，它包括这 3 个变量（period、quadratic、cubic），并对其进行了重塑，以使其适用于我们的回归器。这个三变量的多变量回归的正确形状是一个包含 108 行的数组，其中每行是一个特定月份的 3 个变量的值列表。只要数据形状正确，我们就可以对任何单变量或多变量线性回归使用 fit() 方法，并使用任意数量的变量。调用 fit() 方法后，我们计算该回归对数据的预测值并进行绘图。这段代码创建的图表如图 2-6 所示。

在这里，你可以看到两条回归线。其中，一条是我们之前（单变量）回归结果的直线（实线); 另一条是新的回归线, 它不是一条直线, 而是一条曲线 (虚线), 准确地说是一条三次拟合曲线。线性回归最初被设计用于处理直线 (因此被称为线性), 但我们也可以使用它来找到最佳拟合曲线和非线性函数, 如图 2-6 中的三次拟合曲线。

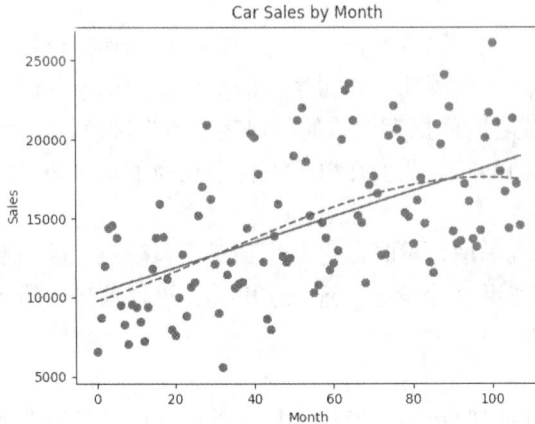

图 2-6　新的拟合数据的曲线

无论我们找到的是最佳拟合直线还是最佳拟合曲线, 我们使用的线性回归方法都完全相同。同样, 使用多个变量进行预测与使用一个变量进行单变量线性回归实际上并没有太大区别: 输出仍然拟合数据。事实上, 新曲线非常接近直线。每次我们选择不同的变量进行回归时, 输出都会有些许不同: 它可能具有不同的形状或是不同类型的曲线。但它总是与数据相拟合。在我们的例子中, 如果你想知道方程 2-1 中的未知变量, 可以通过如下代码将它们输出:

```
print(regressor_cubic.coef_)
print(regressor_cubic.intercept_)
```

这些 print() 语句的输出如下:

```
[[ 8.13410634e+01 7.90279561e-01 -8.19451188e-03]]
[9746.41276055]
```

这些输出使我们能够填写方程 2-1 中的所有变量, 从而得到如下方程来计算汽车销售量:

$$汽车销售量 = 81.34 \cdot period + 0.79 \cdot period^2 - 0.008 \cdot period^3 + 9746.41$$

关于图 2-6 的一个重要发现是回归线在图的右侧最后几个时间周期的不同行为。来自单变量线性回归的直线在每个时间周期增加约 81.2 个单位, 当我们将其进一步向右延伸时, 同样预测每个时间周期增加约 81.2 个单位。相比之下, 来自多变量线性回归的曲线在绘图区域的右侧开始向下弯曲。如果我们将其进一步向右延伸, 它将预测汽车销售量会逐月下降。

这两条线虽然行为相似且都是线性回归的结果, 但它们对未来的预测相反: 一个预测增长, 另一个预测下降。接下来, 我们将讨论如何选择用于预测的回归模型。

2.6.2　用三角函数捕捉变化

我们在多变量线性回归中可以添加的变量数量是没有限制的。每选择一组变量都会导致一条略微不同的曲线产生。在回归问题中，我们需要做出的一个困难选择是确定要将哪些变量添加到回归中。

在我们的例子中，单变量线性回归线（图 2-2 中的直线）和三次回归线（图 2-6 中的曲线）都是可以接受的，并可以用于预测未来。然而，尽管它们都穿过了数据点云，但它们没有捕捉到足够的数据变化——许多月份的销售量要么比回归线预测的高得多，要么比回归线预测的低得多。理想情况下，我们可以找到一组变量，在使用线性回归拟合时，得到一条可以更好地适应数据变化的曲线。在我们的例子中，对绘制数据的方式进行轻微改变可以为下一步工作指明方向。

我们将图 2-1 从散点图改为折线图，只需在代码中进行一处修改（以粗体显示）：

```
from matplotlib import pyplot as plt
plt.plot(carsales['period'],carsales['sales'])
plt.title('Car Sales by Month')
plt.xlabel('Month')
plt.ylabel('Sales')
plt.show()
```

图 2-7 显示的是上面代码的运行结果。

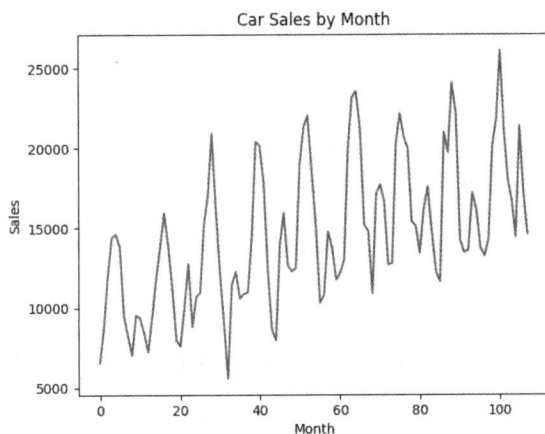

图 2-7　折线图使一年内的销售数据变化（夏高冬低）更加明显

图 2-7 展示了相同的数据，但是以线条的形式而不是以散点的形式绘制出来。通过折线图，另一种数据展示模式变得更加清晰。我们可以看到，折线图中的单个年份内每月销售量的起伏变化比散点图中的变化看起来更有规律。

我们的数据集内有 9 年的数据，在折线图的轮廓中明显可见 9 个主要峰值。原本看起来完全随机的数据实际上有一定的规律：每个夏季都会出现可预测的销售高峰，而每个冬季则对应一个低谷。如果你再仔细思考一下，你可能会意识到为什么一年内会存在这样的变化：因为这些数据来自魁北克，那里的非常寒冷的冬天与人们较低的活动水平相关，而美丽温暖的夏天则与外出购物和进行长途汽车旅行相关。

现在你可以看到一年内汽车销售量的波动模式，也许你会想起某个数学函数。事实上，这种周期性增减的模式看起来像是一条三角函数曲线，比如正弦曲线或余弦曲线。图 2-8 展示了正弦曲线和余弦曲线的示例。

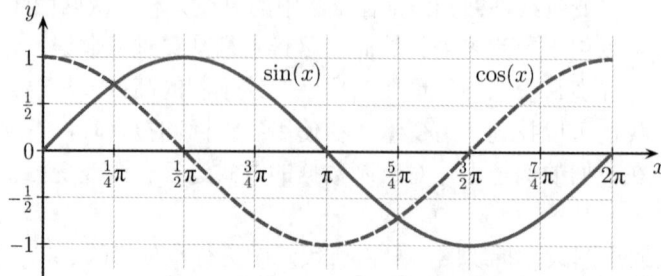

图 2-8　正弦曲线和余弦曲线

让我们尝试在多变量线性回归中使用 period 的正弦变换和余弦变换来进行回归预测：

```python
import math
carsales['sin_period']=carsales['period'].apply(lambda x: math.sin(x*2*math.pi/12))
carsales['cos_period']=carsales['period'].apply(lambda x: math.cos(x*2*math.pi/12))

x_trig = carsales.loc[:,['period','sin_period','cos_period']].values.reshape(-1,3)
y = carsales['sales'].values.reshape(-1,1)

regressor_trig = LinearRegression()
regressor_trig.fit(x_trig, y)

plt.plot(carsales['period'],carsales['sales'])
plt.plot(x,regressor_trig.predict(x_trig),'r--')
plt.title('Car Sales by Month')
plt.xlabel('Month')
plt.ylabel('Sales')
plt.show()
```

在这段代码中，我们定义了 period 变量的正弦变换和余弦变换，然后进行了回归计算，并使用新的变量 x_trig 作为预测因子。最后，我们对结果进行了绘图，如图 2-9 所示。

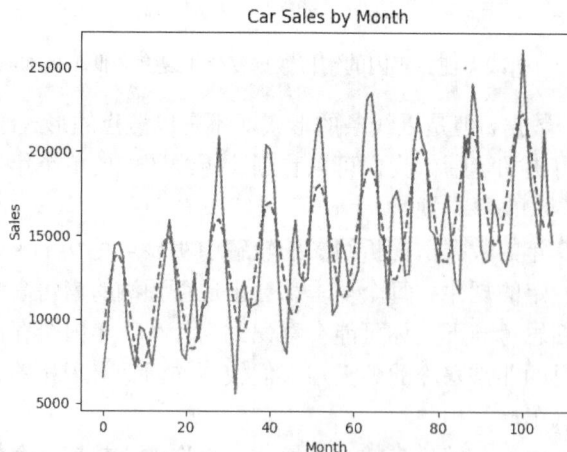

图 2-9　使用三角函数对数据进行拟合

在图 2-9 中，原始的销售数据的曲线以实线的形式绘制，而三角函数回归曲线以虚线的形式绘制。你可以看到我们取得了一些进展。依赖三角函数的回归似乎特别适用于拟合数据。特别是三角函数回归曲线在年度高峰期上升，在年度低谷期下降，从而更接近实际销售数据。我们可以通过以下方式验证这条三角函数回归曲线的 RMSE 较直线的更低：

```
trig_line=regressor_trig.predict(x_trig)[:, 0]
print(get_rmse(trig_line,saleslist))
```

我们得到的 RMSE 是迄今为止最低的，约为 2681。三角函数能够很好地拟合数据并不完全是巧合。事实上，在地球围绕太阳公转的过程中，季节性的温度变化是由太阳高度角变化造成的。太阳高度角变化遵循类似正弦曲线的变化规律，因此每年的温度变化也遵循类似正弦曲线的变化规律。如果汽车销售量受到温度和天气变化的影响，那么它们也应该遵循类似正弦曲线的变化规律。无论是通过盲目试验、观察图 2-1 中的散点图，还是通过了解地球绕太阳公转的天文学知识，我们似乎已经找到了一条很好地拟合数据的回归曲线。

2.7　选择用于预测的最佳回归模型

我们观察到包含 period 的正弦和余弦项的回归线似乎很好地拟合了数据。当我们说这条线很好地拟合数据时，表示从定性角度而言，图 2-9 中的虚线非常接近实线；更准确地说，从定量角度而言，三角函数回归曲线的 RMSE 低于我们所找到的其他线的 RMSE。每当我们找到一个具有更低 RMSE 的模型，我们就得到一个更好地拟合数据的模型。

人们自然会不断地寻找 RMSE 更低的回归模型。例如，我们尝试一个新的回归模型（该模型使用 9 个变量来预测销售量），并计算该模型的 RMSE：

```
carsales['squareroot']=carsales['period'].apply(lambda x: x**0.5)
carsales['exponent15']=carsales['period'].apply(lambda x: x**1.5)
carsales['log']=carsales['period'].apply(lambda x: math.log(x+1))

x_complex = carsales.loc[:,['period','log','sin_period','cos_period', \
'squareroot','exponent15','log','quadratic', 'cubic']].values.reshape(-1,9)
y = carsales['sales'].values.reshape(-1,1)

regressor_complex = LinearRegression()
regressor_complex.fit(x_complex,y)

complex_line=[prediction for sublist in regressor_complex.predict(x_complex) \
for prediction in sublist]
print(get_rmse(complex_line,saleslist))
```

在这个代码片段中，我们重复了之前所做的步骤：定义一些变量，将这些变量用于线性回归，并检查回归模型的 RMSE。请注意，在一些行的末尾有一个反斜线（\）。它是续行符，它告诉 Python 当前行代码和下一行代码应被视为一行代码。我们在这里使用它是因为完整的行无法适应印刷排版。在操作时，你可以使用续行符，或者如果你能够连续输入完整的行而不换行，则可以忽略它。

在这个代码片段末尾，我们检查了这个新回归模型的 RMSE，并发现它约为 2610，低于

图 2-9 中的三角函数模型的 RMSE。如果 RMSE 是我们评估模型拟合效果的指标，并且我们得到了迄今为止最低的 RMSE，那么可以很自然地得出结论，这个新回归模型是我们迄今为止得到的最好的模型，并且我们应该将这个模型用于预测。

然而我们要小心，这个看似合理的结论是不正确的。我们一直采用的模型选择方法存在一个问题：它并不完全符合我们在现实生活中遇到的预测情况。想想我们所做的事情。我们使用过去的数据来拟合回归线，然后根据回归线与过去数据点的接近程度（即回归线的 RMSE）来判断回归线的好坏。我们既在拟合回归线时使用了过去的数据，也在评估回归线的性能时使用了过去的数据。在现实世界的预测场景中，我们会使用过去的数据来拟合回归线，但我们应该使用没有使用过的数据来评估回归线的性能。只有当预测方法能够预测未知的未来时，它才是有价值的。

在选择用于预测的最佳回归线时，我们希望找到一种基于回归线在未来数据上的表现来评估各种回归线的方法。这是不可能的，因为未来还没有发生，所以我们永远无法获得未来的数据。但我们可以在执行和评估回归时进行简单的改变，使我们用过去数据对回归线的性能进行的测量能够很好地估计它们在预测未来时的表现。

我们需要做的是将完整的数据集分为两个独立且互斥的子集：训练集和测试集。训练集包含大部分数据，而测试集包含剩余的数据。我们只使用训练集来拟合回归，或者说，用训练集来训练模型。在拟合回归/训练模型后，我们将使用测试集和 RMSE 或 MAE 等指标来评估回归的性能（评估模型的性能）。

这个简单的改变很重要。我们不再基于用于拟合回归的相同数据来评估回归的性能，而是基于在拟合过程中未使用的独立数据进行评估。我们的测试集虽然源自过去，却没有参与确定回归中的系数和截距。它的唯一目的是测量回归预测的准确性。因为测试集未用于拟合回归，所以有时我们会说回归没有从测试中学习。

让我们看一下完成训练集、测试集分割的代码，然后再看看它们为何如此有效：

```
x_complex_train = carsales.loc[0:80,['period','log','sin_period','cos_period','squareroot', \
'exponent15','log','quadratic','cubic']].values.reshape(-1,9)
y_train = carsales.loc[0:80,'sales'].values.reshape(-1,1)

x_complex_test = carsales.loc[81:107,['period','log','sin_period','cos_period','squareroot', \
'exponent15','log','quadratic','cubic']].values.reshape(-1,9)
y_test = carsales.loc[81:107,'sales'].values.reshape(-1,1)

regressor_complex.fit(x_complex_train, y_train)
```

在这里，我们将数据分为两个集合：训练集和测试集。我们使用训练集来训练数据（拟合回归线）。然后，我们使用测试集来测试回归的性能。如果你考虑使用这种方法，它类似于实际的预测情况：我们训练一个模型，它只知道过去的数据，但是模型必须在没有用于训练的数据（即未来的数据，或者说类似于未来数据的数据）上具有良好的预测表现。创建一个测试集实际上是创建了一个模拟的未来数据集。

在上述代码片段中，我们将前 81 个时间段的数据作为训练数据，剩下的 27 个时间段的数据作为测试数据。以百分比来说，我们使用 75% 的数据作为训练数据，保留 25% 的数据作为测试数据。采用接近这种百分比的训练数据和测试数据的分割是常见的：70% 的训练数据和 30% 的测试数据也很常见，80/20 和 90/10 的分割也很常见。通常，我们将大部分数据放在训练集中，因为找到正确的回归线是至关重要的，并且使用更多的数据进行训练可以帮助我们找到最佳回归线（该回归线具有最高的预测准确性）。与此同时，我们需要在测试集中保留足够的数据量，因为我们还需要对回归模型在新数据上的预测准确性进行评估。

创建了训练集和测试集之后，我们可以在测试集上测试不同的回归模型，并检查每个模型的 RMSE 或 MAE。在测试集上具有最低 RMSE 或 MAE 的模型是我们可以用于实际预测的合理选择。让我们来检查一下到目前为止运行的几个回归模型的 RMSE：

```
x_train = carsales.loc[0:80,['period']].values.reshape(-1,1)
x_test = carsales.loc[81:107,['period']].values.reshape(-1,1)
x_trig_train = carsales.loc[0:80,['period','sin_period','cos_period']].values.reshape(-1,3)
x_trig_test = carsales.loc[81:107,['period','sin_period','cos_period']].values.reshape(-1,3)

regressor.fit(x_train, y_train)
regressor_trig.fit(x_trig_train, y_train)
complex_test_predictions=[prediction for sublist in \
        regressor_complex.predict(x_complex_test) for prediction in sublist]
test_predictions=[prediction for sublist in regressor.predict(x_test) for \
        prediction in sublist]
trig_test_predictions=[prediction for sublist in \
        regressor_trig.predict(x_trig_test) for prediction in sublist]

print(get_rmse(test_predictions,saleslist[81:107]))
print(get_rmse(trig_test_predictions,saleslist[81:107]))
print(get_rmse(complex_test_predictions,saleslist[81:107]))
```

在运行上述代码片段后，你可以看到我们的单变量线性回归在测试集上的 RMSE 约为 4116。而三角函数多变量线性回归在测试集上的 RMSE 约为 3461，比单变量线性回归要好得多。相比之下，包含 9 个变量的复杂回归模型在测试集上的 RMSE 约为 6006，表现糟糕。尽管它在训练集上表现出色，但我们发现它在测试集上的表现很差。

这个复杂回归模型展示了一个特别糟糕的过拟合的例子。在这个常见的机器学习问题中，该模型过于复杂，拟合了数据的噪声和 "巧合"，而没有拟合数据的真实模式。过拟合经常发生在我们试图在训练集上获得较低的误差，却在测试集上得到更高的误差时。

例如，假设由于某个巧合，在 1960 年到 1968 年期间，魁北克的汽车销售量在每次参宿四 V 波段的星等大于 0.6 时会出现激增。如果在回归中将参宿四 V 波段的星等作为参数，我们会发现由于这个巧合，我们在预测 1960 年到 1968 年的销售数据时找到的 RMSE 非常低。找到一个较低的 RMSE 可能会让我们相信我们有一个非常好的模型，它的表现将非常出色。我们可能会将这个模型推广到未来，并预测参宿四 V 波段的星等周期的高点会出现未来的销售高峰。然而，由于参宿四 V 波段的星等和汽车销售量之间的过去关系仅是巧合，使用这个模型进行预测会导致巨大的误差，还会导致预测的未来的 RMSE 非常高。参宿四 V 波段的星等与汽车销售量的关系只是噪声，而我们的回归模型应该捕捉到真实的信号，而不是噪声。在回归中包括参宿四 V 波段的星等便是过拟合的一个例子，因为它在降低过去的 RMSE 的同时导致未来的 RMSE 提高。

这个例子应该能够清楚地说明，在训练集上使用误差来选择最佳回归模型可能会导致我们选择了在测试集上具有高误差的模型。因此，在所有预测任务中，应当使用测试集上的误差测量作为比较模型的正确指标。作为一般规则，当你在回归中包含太多无关变量时，可能会发生过拟合。因此，你可以通过从回归中删除无关变量（如参宿四 V 波段的星等）来避免过拟合。

问题在于我们并不总是能完全确定哪些变量是无关的，哪些变量是实际有用的。这就是为什么我们必须尝试多个模型并检查模型性能。找到在测试集上具有最低 RMSE 的模型，该模型将是具有正确变量组合的模型，并且不会让你被巧合和过拟合所迷惑。

现在，我们根据模型在测试集上的 RMSE 进行比较，可以将三角函数模型选为迄今为止的最佳回归模型。我们可以使用该模型向未来推断一个时间周期，并预测下个月消费者的需求量，就像我们之前在单变量模型中所做的那样。我们可以将这个预测数量作为基于严谨线性回归分析的估计结果报告给业务部门。不仅如此，我们还可以解释做出这个预测以及使用这个模型的原因，包括最佳拟合线的概念、季节的三角函数建模和测试集上的良好（低）误差。如果没有来自业务部门的异议或反对声音，我们可以在下个月订购这个预测数量的汽车，并且可以预测客户购买汽车的数量与我们的订购量大致相同。

2.8 进一步探索

线性回归和预测是一个内容非常丰富的主题。如果你继续进行数据科学方面的学习，你将有机会学习与这个主题相关的许多微妙之处。

如果你想在数据科学方面达到高级水平，你应该考虑学习线性回归背后的线性代数知识。你可以将数据中的每个观测记录看作矩阵的一行，然后使用矩阵乘法和矩阵求逆来计算最佳拟合线，而不是依赖 Python 库来进行计算。如果深入探索线性代数概念，你将了解线性回归背后的数学假设。理解这些数学假设将使你能够更准确地判断线性回归是否是处理你的数据的最好方法，或者是否应该使用本书后文描述的一些方法（尤其是第 6 章中讨论的监督学习方法）。

一个你应该了解的问题是线性回归作为一种预测方法的局限性。正如其名称所示，线性回归是一种线性方法，它适用于具有线性关系的变量。例如，如果客户每周订购的产品数量比上周多大约 10 个单位，那么时间和客户需求之间存在线性关系，线性回归将是衡量增长并预测未来客户需求的完美方法。但是，如果你的销售量在一年内先每周翻倍，然后突然下跌，再在一段时间内慢慢上升，时间和销售量之间的关系是高度非线性的，那么线性回归可能无法提供准确的预测。

同样地，要记住，当我们使用线性回归进行预测时，我们是在用过去的数据推断未来的数据。如果你的历史数据中缺乏某些情况或未考虑某些情况，你的线性回归将无法准确预测它们在未来的情况。例如，如果你使用稳定繁荣的年份的数据作为训练数据，你可能会预测未来数据的稳定繁荣增长。然而，你可能会发现国际金融危机或大流行病改变了一切，但由于回归的训练数据中没有包含大流行病期间的数据，因此无法对未来的大流行病期间的数据进行任何预测。回归只能对类似于过去情况的未来进行有效预测。一些像战争和大流行病这样的事件是不可预测的，这使得回归永远无法对它们进行完全准确的预测。在这些情况下，准备比预测更重要，即应确保你的公司已经为困难时期和意外做好准备，而不是假设线性回归总能给出完全正确的答案。尽管预测很重要且线性回归功能强大，但要记住线性回归存在局限性。

2.9 本章小结

我们在本章开头提出了一个常见的商业场景：一家公司需要决定应该订购多少辆汽车并将其作为新的库存。我们使用线性回归作为主要预测工具，并对其进行了一些编程方面的讨论（如何编写回归代码）、统计学方面的讨论（我们可以使用哪些误差指标来确定模型的拟合程度），以及数学方面的讨论（为什么特定线是最佳拟合线）。经过对问题的所有这些方面的讨论，我们得出了一个我们认为最好的模型，该模型可以用来预测下个月的客户需求量。

这个场景——考虑一个商业问题，并使用编程、数学理论和常识来找到基于数据的解决方案——是数据科学的典型应用案例。在接下来的章节中，我们将探讨其他商业场景，并讨论如何利用数据科学找到这些场景的理想解决方案。在第 3 章中，我们将介绍数据分布，并展示如何测试两个组，以确定它们是否在统计上存在显著差异。

3

分组比较

在本章中，我们将讨论如何在商业场景中进行智能的分组比较。我们将从一个单独的组开始，逐渐深入探讨，找出最简洁地表达该组的描述性统计量，绘制能够捕捉其本质的图表，并比较其中的各种样本。然后，我们将对来自两个组的样本进行推理。最后，我们将介绍统计学中的显著性检验方法：t 检验和曼-惠特尼 U 检验。

3.1 读取总体数据

让我们先读取一些数据。这些数据记录了 1034 名职业棒球运动员的身高、体重和测量时的年龄。你可以直接从 https://bradfordtuckfield.com/mlb.csv 中下载这些数据。它的原始来源是 Statistics Online Computational Resource（SOCR）网站。

```
import pandas as pd
mlb=pd.read_csv('mlb.csv')
print(mlb.head())
print(mlb.shape)
```

在这个代码片段中，我们导入 pandas 库并使用它的 read_csv() 方法读取数据。这只是简单的数据导入，就像我们在第 1 章和第 2 章中所做的一样。运行这个代码片段之后，你应该会看到以下输出：

```
              name team     position  height  weight    age
0    Adam_Donachie  BAL      Catcher      74   180.0  22.99
1        Paul_Bako  BAL      Catcher      74   215.0  34.69
2  Ramon_Hernandez  BAL      Catcher      72   210.0  30.78
3     Kevin_Millar  BAL  First_Baseman      72   210.0  35.43
4      Chris_Gomez  BAL  First_Baseman      73   188.0  35.71
(1034, 6)
```

输出的最后一行显示了数据的形状，即数据集的行数和列数。我们可以看到数据集有 1034 行、6 列。每个被测量的个体都有一行数据，这些数据记录了每个个体的信息。这 1034 个人被统称为总体，在统计学中，总体是指用于回答特定问题的一组相似条目。

3.1.1 汇总统计信息

每当我们获得一个新的数据集时，进行探索性分析都是很有必要的。我们首先要运行 print(mlb.describe())，来一次性查看数据的汇总统计信息：

```
          height       weight          age
count  1034.000000  1033.000000  1034.000000
mean     73.697292   201.689255    28.736712
std       2.305818    20.991491     4.320310
min      67.000000   150.000000    20.900000
25%      72.000000   187.000000    25.440000
50%      74.000000   200.000000    27.925000
75%      75.000000   215.000000    31.232500
max      73.000000   290.000000    48.520000
```

在任何数据分析工作中，尽早、经常地绘制数据图表是一个好主意。我们将使用以下代码创建一个箱线图：

```
import matplotlib.pyplot as plt
fig1, ax1 = plt.subplots()
ax1.boxplot([mlb['height']])
ax1.set_ylabel('Height (Inches)')
plt.title('MLB Player Heights')
plt.xticks([1], ['Full Population'])
plt.show()
```

在这里，我们导入 Matplotlib 库来创建图表。我们使用它的 boxplot() 来创建包含所有棒球运动员身高的箱线图。你可以在图 3-1 中看到结果。

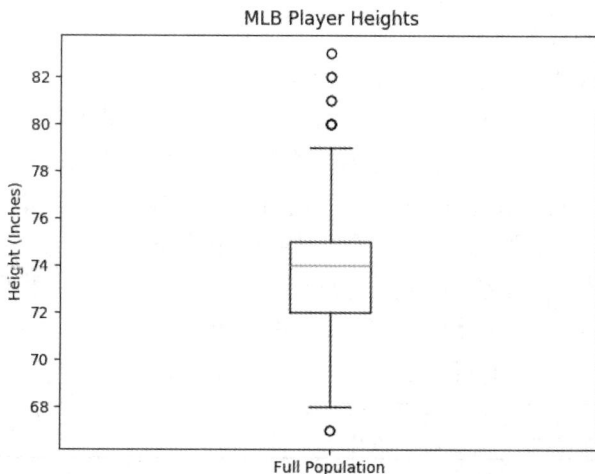

图 3-1 展示美国职业棒球大联盟（Major League Baseball，MLB）棒球运动员总体身高分布的箱线图

这个箱线图与我们在第 1 章中看到的箱线图（见图 1-8）相似。请记住，箱线图展示了数据的范围和分布情况。在这里，我们可以看到数据中身高的最小值约为 67in（1in≈2.54cm），最大值约为 83in。中位数（在矩形中间的水平线）约为 74in。我们可以看到，Matplotlib 将一些点视为异常值，并将它们绘制为超出从矩形的顶部和底部延伸出的垂直线范围的圆圈。箱线图提供了一种简单的方式来探索总体数据的分布情况，让我们可以更好地理解它。

3.1.2   随机采样

在许多常见的情况下，我们期待研究的目标是总体数据，但我们无法接触到整个总体数据，因此我们只能研究总体数据中的一小部分，或者说样本。例如，医学研究人员可能希望开发一种药物，该药物可以治愈所有年龄在 50 岁以上的女性的某种疾病。研究人员无法联系到全世界所有年龄在 50 岁以上的女性，因此他们选择从整个总体中创建一个样本，这个样本可能是几百人。他们研究这个样本对药物的反应。他们希望样本对药物的反应与整个总体对药物的反应相似，这样药物如果在样本中有效，也会在整个总体中有效。

选择样本的工作应谨慎进行，以尽可能地使样本与整个总体相似。例如，如果你在奥林匹克运动会某个项目的训练中招募参与者，那么你的样本将包含比普通人更健康的人，因此你可能开发出一种对极其健康的人有效，但对普通人无效的药物。如果你在波兰人的社区中招募参与者，你可能开发出一种对东欧人有效，但对其他人无效的药物。收集一个与整个总体相似的样本的最佳方法是进行随机抽样。通过从整个总体中随机选择，你可以期望以相等的概率选择每种不同类型的人。

我们看一下棒球运动员总体的样本，可以使用以下 Python 代码创建：

```
sample1=mlb.sample(n=30,random_state=8675309)
sample2=mlb.sample(n=30,random_state=1729)
```

在这里，我们可以简单地使用 pandas 的 sample()方法。这个方法会分别随机选择 30 个棒球运动员作为样本 sample1 和 sample2。其中，random_state 参数不是必需的，我们在这里设置它是为了确保当你运行相同的代码时，得到的结果与我们的结果相同。

也许你会想为什么我们选择 30 个，而不是 20 个、40 个或其他数量。实际上，我们可以通过将 n=30 更改为 n=20、n=40 或将 n 设置为其他我们喜欢的数字来轻松选择其他数量的样本。当我们选择较大的 n 作为随机样本的数量时，我们期望样本与整个总体非常相似。但有时招募参与者的工作可能具有挑战性，因此我们希望选择较小的 n，以避免招募时遇到困难。在统计学中，选择 n=30 是一种常见的惯例；选择数量至少为 30 的样本时，我们可以相当有信心地认为样本足够大，足够使我们的统计计算得出良好的结果。

下面创建第三个样本，我们将通过手动的方式来定义它：

```
sample3=[71, 72, 73, 74, 74, 76, 75, 75, 75, 76, 75, 77, 76, 75, 77, 76, 75,\
76, 76, 75, 75, 81,77, 75, 77, 75, 77, 77, 75, 75]
```

sample1 和 sample2 是从棒球运动员总体数据中随机选择的样本，我们使用 sample()方法创建了它们。但是现在还不清楚 sample3 中的测量数据来自哪里。稍后，你将学习如何使用统计测试来推断 sample3 是否可能是从我们的棒球运动员总体数据中随机选择的样本，或者它更可能与其他总体（如篮球运动员或其他群体）相关。请继续思考 sample3，因为推断 sample3 来自何处（以及一般而言，两个给定样本是否来自同一总体）将是本章的核心目标。

我们看一下这些样本的图表，了解这些样本之间的关系，以及它们是否与总体相似：

```python
import numpy as np
fig1, ax1 = plt.subplots()
ax1.boxplot([mlb['height'],sample1['height'],sample2['height'],np.array(sample3)])
ax1.set_ylabel('Height (Inches)')
plt.title('MLB Player Heights')
plt.xticks([1,2,3,4], ['Full Population','Sample 1','Sample 2','Sample 3'])
plt.show()
```

在这里，我们使用了之前使用过的箱线图代码，但是不再只绘制一个数据集，而是绘制了 4 个数据集：整个总体的身高分布以及 3 个样本的身高分布。结果如图 3-2 所示。

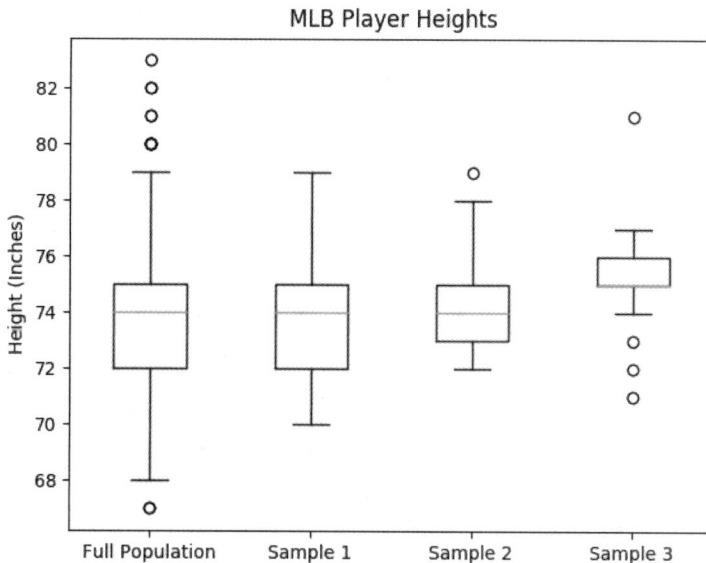

图 3-2　总体的箱线图（最左侧），来自总体的两个样本的箱线图（中间），以及一个可能来自总体的未知样本（最右侧）的箱线图

我们可以看到这些箱线图并不完全相同，但它们确实有一些相似之处。我们可以看到一些相似的中位数和第 75 百分位数，以及一些相似的最大值。前 3 个箱线图的相似性应该符合你的直觉：当我们从一个总体中取足够多的随机样本时，这些样本应该与总体相似，样本之间也存在很大的相似性。我们还可以检查与每个样本相关的简单汇总统计数据，如均值：

```python
print(np.mean(sample1['height']))
print(np.mean(sample2['height']))
print(np.mean(sample3))
```

在这里，我们检查了所有样本的平均身高。sample1 的平均身高为 73.8in，而 sample2 的平均身高为 74.4in，sample3 的平均身高为 75.4in。这些平均身高与整个总体的平均身高 73.7in 相对接近。在这个背景下，整个总体的平均身高有一个特殊的名称，即总体的期望值（expected value）。如果我们从总体中随机抽取一个样本，我们期望样本的平均身高大约与身高的总体的期望值 73.7in 相同。现在至少有两个样本是来自总体的随机样本，我们看到它们的均值确实接近总体的期望值。

观察 sample3 的箱线图，我们可以发现它似乎与其他 3 个箱线图存在一些差异。我们可以将这认定为它不是棒球运动员总体的随机样本的证据。但是，它与总体或其他样本的差异似乎不足以让我们立即确定它不是总体的随机样本。我们需要了解更多信息，才能确定 sample3 是从总体中随机抽取的，还是来自其他总体。

到目前为止，我们一直采用不确定性和印象主义的措辞来讨论样本：这些样本彼此相似，并且它们的均值相对接近或与我们的期望值大致相同。如果想做出具体的、基于证据的决策，我们需要更加精确的测试。在下一节中，我们将探讨统计学家为了推理不同群体之间的差异而开发的定量方法，包括一些易于使用的测试，这些方法能够帮助我们确定两个群体是否来自同一总体。

3.1.3　样本数据之间的差异

我们发现 sample1 的均值和 sample2 的均值之间的差异约为 0.6in，而 sample1 的均值和 sample3 的均值之间的差异达 1.6in。我们能否相信 sample3 是来自 sample1 和 sample2 所属总体的随机样本？我们需要一种比直觉更可靠的方法来确定这件事，例如，两个样本均值之间 0.6in 的差异是可信或可能的，而两个样本均值之间 1.6in 的差异使得这两个样本来自同一总体的可能性变得很小。那么，两个样本均值之间的差异为多大会使两个样本来自同一总体的可能性变得很小？

为了回答这个问题，我们需要了解来自总体的随机样本的均值之间的差异。到目前为止，我们只看过来自总体的两个随机样本。不要试图仅基于两个样本来进行概括，我们来看一下大量的样本集合，看看它们之间存在多大的差异——这将帮助我们理解哪些差异是可信的，哪些差异是不可信的。

以下是一段用于获取 2000 个样本均值及其差异的集合的代码：

```
alldifferences=[]
for i in range(1000):
    newsample1=mlb.sample(n=30,random_state=i*2)
    newsample2=mlb.sample(n=30,random_state=i*2+1)
    alldifferences.append(newsample1['height'].mean()-newsample2['height'].mean())

print(alldifferences[0:10])
```

在这段代码中，我们创建一个空的 alldifferences 列表。然后我们创建一个循环，进行 1000 次迭代。在每次迭代中创建两个新的样本，并将它们的样本均值之间的差异追加到 alldifferences 列表中。最终得到的结果是一个完全填充的 alldifferences 列表，其中包含 1000 个随机选择的样本均值之间的差异。运行这段代码后，你会看到以下输出：

```
[0.8333333333333286, -0.30000000000001137, -0.10000000000000853,\
```

```
-0.1666666666666572, 0.06666666666667709, -0.9666666666666686,\
0.7999999999999972, 0.9333333333333371, -0.5333333333333314,\
-0.20000000000000284]
```

你可以看到，我们检查的前两个样本的均值相差约 0.83in。第二对样本的均值相差约 0.3in。第六对样本的均值相差将近 1in（约-0.97in），而第五对样本的均值几乎相同，只相差 0.07in。通过观察这 10 个数字，我们可以看到 0.6 并不是两个样本之间的不可信差异，因为前 10 个差异中有多个大于 0.6in 的差异。然而，到目前为止，我们观察到的差异都没有超过 1in，所以 1.6in 的差异显得更加不可信。

我们可以通过绘制 alldifferences 列表的图形来更全面地展示这 1000 个差异：

```
import seaborn as sns
sns.set()
ax=sns.distplot(alldifferences).set_title("Differences Between Sample Means")
plt.xlabel('Difference Between Means (Inches)')
plt.ylabel('Relative Frequency')
plt.show()
```

在这里，我们导入 seaborn 包，因为它可以生成漂亮的图形。我们使用其 distplot()方法来绘制我们找到的差异。结果如图 3-3 所示。

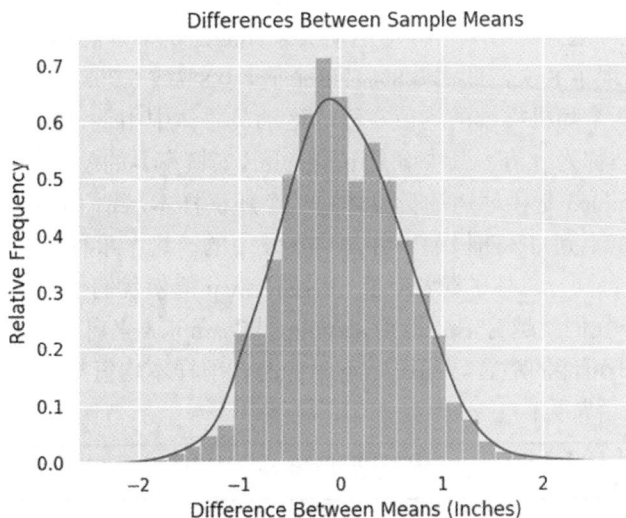

图 3-3　通过直方图显示随机样本的平均身高之间的差异分布，呈现出近似钟形曲线的模式

在这个直方图中，每个条形代表一个相对频率，它表示每个观测相对于其他观测的可能性。在 x 轴标记为 0 的点处有一个较高的条形，这表示 alldifferences 列表中有相当多的差异非常接近 0。在 x = 1 处出现一个较低的条形，这表示样本均值之间差异约为 1 的情况相对较少。整体来看，这个图形的形状是合理的：我们的随机样本之间很少有很大的差异，因为它们是来自同一总体的样本，我们期望它们的均值大致相同。

在图 3-3 中，直方图的形状类似于钟形。你可以看到我们在条形上绘制了一条曲线，显示了钟形的形状。拟合这个钟形的曲线被称为钟形曲线。近似钟形曲线在许多情况下都可以找到。

统计学中一个强大的理论结果叫作中心极限定理，它表明在一定的常见条件下，样本均值之间的差异将呈现出近似钟形曲线的形状。使这个定理成立的技术条件是随机样本是独立同分布（independent and identically distributed）的（即从同一总体中随机抽取，并且总体具有有限的期望值和有限的方差）。我们在许多领域看到近似钟形曲线的事实证明，这个技术条件经常得到满足。

一旦了解了图 3-3 中钟形曲线的形状，我们就可以更准确地推断困难的统计问题。让我们回到 sample3 的问题。我们能否相信 sample3 是来自棒球运动员总体的随机样本呢？sample3 的均值与 sample1 的均值之间的差异为 1.6in。观察图 3-3，我们可以看到钟形曲线在 $x=1.6$ 处非常低，接近 0。这意味着两个随机样本均值之间的差异很少有超过 1.6in 的情况。这使得 sample3 似乎不太可能是来自棒球运动员总体的随机样本。我们可以通过检查有多少个差异值大于或等于 1.6in 来判断它的不可信程度：

```
largedifferences=[diff for diff in alldifferences if abs(diff)>=1.6]
print(len(largedifferences))
```

在这个代码片段中，我们创建了 largedifferences 列表，它是一个包含 alldifferences 列表中绝对值大于或等于 1.6in 的所有元素的列表。然后我们检查 largedifferences 列表的长度。我们发现该列表只有 8 个元素，这意味着来自棒球运动员总体的随机样本的均值相差 1.6in 或更多的情况，在 1000 次中约出现了 8 次，即占 0.8%。这个值，0.8%或 0.008，是一个计算出来的概率。我们可以将其视为对两个随机样本的均值在棒球运动员总体中相差 1.6in 或更多的概率的最佳估计。这个概率通常被称为 p 值，其中 p 是 probability（概率）的缩写。

如果我们假设 sample3 是棒球运动员总体的一个随机样本，我们必须相信 1.6in 这种罕见的情况，即相信发生概率不到 1%的极端事件是自然发生的。这个事件的低概率可能使我们拒绝 sample3 与 sample1 来自同一总体的想法。换句话说，低 p 值使我们拒绝这两个样本来自同一总体的观点。p 值越低，我们就越有信心拒绝 sample1 与 sample3 来自同一总体的想法，因为低 p 值意味着让我们相信不可能的巧合。相比之下，考虑一下样本均值与总体均值之间的差异大于或等于 0.6in 的情况是否常见：

```
smalldifferences=[diff for diff in alldifferences if abs(diff)>=0.6]
print(len(smalldifferences))
```

在这里，我们创建了 smalldifferences 列表，它是一个包含 alldifferences 列表中绝对值大于或等于 0.6in 的所有元素的列表。我们可以看到，这种大小的差异产生的概率大约为 31.4%。在这种情况下，我们会说 p 值为 0.314。如果 sample1 和 sample2 来自同一总体，我们必须相信大约 31%的情况下发生了这种大小的差异。相信发生概率为 31%的事件是自然发生的并不困难，因此我们得出结论，sample1 和 sample2 之间的差异是可信的；尽管它们并非完全相同，但它们是来自同一总体的随机样本。

我们所计算的 p 值让我们接受 sample1 和 sample2 来自同一总体的观点，并拒绝 sample1 和 sample3 来自同一总体的观点。你可以看到 p 值的大小在我们进行组间比较时是多么重要。

3.2　进行假设检验

前面列出了进行假设检验的统计推理方法所需的要素。我们可以用更科学的术语来形式化这种推理方法。我们尝试确定 sample3 是否与 sample1 来自同一总体，从科学的角度来看，我们正在考虑两个独立的假设。

假设 0：sample1 和 sample3 是来自同一总体的随机样本。

假设 1：sample1 和 sample3 不是来自同一总体的随机样本。

在常见的统计术语中，我们将假设 0 称为零假设（null hypothesis），将假设 1 称为备择假设（alternative hypothesis）。零假设断言两个样本是从同一总体（棒球运动员总体）中随机抽取的，具有相似的均值和标准差。备择假设断言两个样本是从两个完全不同的总体中随机抽取的，每个总体都有自己的均值、标准差和独特特征。我们在这两个假设中做出选择的方法与之前的推理方法相似。

1．假定零假设成立。

2．在零假设成立的前提下，找出观测的样本均值满足我们给定的样本均值的可能性。这种可能性称为 p 值（p-value）。

3．如果 p 值足够小，我们拒绝零假设，因而接受备择假设。

请注意，第 3 步描述得很模糊：它没有指定 p 值需要有多小才能证明拒绝零假设。之所以如此模糊，是因为在数学上并没有规定 p 值需要有多小。我们可以根据自己的判断和直觉选择适当的小概率来证明拒绝零假设。我们将能够证明拒绝零假设的 p 值大小称为显著性水平。

在实证研究中，最常用的显著性水平是 5%，这意味着如果 $p < 0.05$，我们认为拒绝零假设是合理的。对于 sample1 和 sample3，因为 $p < 0.01$，所以可以在显著性水平低至 1% 的情况下证明拒绝零假设。当我们找到一个小于我们选择的显著性水平的 p 值时，我们认为两个样本之间的差异具有统计学意义。建议的做法是，在进行所有计算之前选择我们希望使用的显著性水平，这样，我们就可以避免选择一个只会支持我们想要的假设的显著性水平。

3.2.1　t 检验

我们不必在每次进行假设检验时，都经历计算均值、绘制直方图和手动计算 p 值的整个过程。统计学家已经发现了更简洁的用于确定两个组是否来自同一总体的可能性的方程。他们创建了一个相对简单的检验并将该检验称为 t 检验，使用它可以快速、轻松地进行假设检验，而无须使用 for 循环或直方图。我们可以使用 t 检验来测试零假设和备择假设。我们将按以下方式检查 sample1 和 sample2 是否来自同一总体：

```
import scipy.stats
scipy.stats.ttest_ind(sample1['height'],sample2['height'])
```

在这里，我们导入了 scipy.stats 模块。这个模块是 SciPy 包的一部分，也是一个流行的 Python 库，包括许多在统计学和数据科学中可能使用的统计检验方法。在导入该模块后，我们使用它的 ttest_ind()方法来检查样本之间的差异。以上代码的输出如下所示：

```
Ttest_indResult(statistic=-1.0839563860213952, pvalue=0.2828695892305152)
```

这里，p 值相对较高（约为 0.283，它与我们之前计算的 0.314 的 p 值稍有不同，因为那个 p 值的计算方法是一种近似方法，而这个 p 值的计算方法更加准确），明显高于 0.05 的显著性水平。这个较高的 p 值表明，sample1 和 sample2 样本很可能来自同一总体。这并不令人意外，因为我们知道它们确实来自同一总体（我们自己创建了它们）。你还可以运行 scipy.stats.ttest_ind(sample1['height'], sample3)来比较 sample1 和 sample3，这样做，你会得到一个很低的 p 值（小于 0.05），这就证明了拒绝 sample1 和 sample3 来自同一总体的零假设是合理的。

t 检验有多种类型，除了 t 检验还有其他假设检验方法。我们目前使用的 ttest_ind()方法以 "_ind"结尾，表示它适用于独立样本。在这里，独立意味着正如我们所预期的那样：一个样本中的个体与另一个样本中的个体之间不存在有意义的、一致的关系——样本由不同的随机选择的人组成。

如果样本是相关而不是独立的，我们可以使用另一个方法 scipy.stats.ttest_rel()，它执行其他类型的 t 检验，这种 t 检验在数学上与 ttest_ind()执行的有些不同。当不同样本中的观测值之间存在有意义的关系时，例如，观测值是同一学生的两个不同考试成绩或同一患者的两个不同医学检验结果时，适合使用 ttest_rel()。

另一种 t 检验是韦尔奇 t 检验（Welch's t-test），它用于在我们不希望假设样本具有相等的方差时比较样本。你可以通过在 t 检验的方法中添加 equal_var=False 来实现 Python 中的韦尔奇 t 检验。

t 检验是一种参数检验，这意味着它依赖于对总体数据分布的技术假设：首先，被比较的组应该具有符合正态分布的样本均值；其次，被比较的组的方差应该相同（除非使用韦尔奇 t 检验）；最后，两个组之间相互独立。如果这些假设不成立，t 检验就不完全准确，但即使假设不成立，它与真相之间的差距通常也不会太大。

在某些情况下，我们希望进行假设检验时不依赖于可能不成立的强假设。我们可以依赖一种称为非参数统计学的知识体系，它提供了对数据进行假设检验和其他统计推理的工具，这些工具对数据的分布做出了较少的假设（例如，我们不需要处理样本均值遵循正态分布的总体）。非参数统计学中的一种假设检验称为曼-惠特尼 U 检验（Mann-Whitney U test，有时也称为威尔科克森秩和检验，Wilcoxon rank-sum test），我们可以在 Python 中轻松地实现它，具体如下：

```
scipy.stats.mannwhitneyu(sample1['height'],sample2['height'])
```

这个检验只需要一行代码就可以实现，因为 SciPy 包中已经包含曼-惠特尼 U 检验的实现。就像 t 检验一样，我们只需要输入要比较的数据，上述代码就会输出一个 p 值。如果你想深入了解各种假设检验以及何时使用它们，你应该阅读一些深入介绍统计学理论的教材。目前来说，我们使用的简单独立样本 t 检验非常稳健，并且在大多数实际场景中都能正常运行。

3.2.2 假设检验的细微差别

使用零假设和 t 检验进行假设检验是相当常见的，但它并不像大多数受欢迎的事物那样受人喜爱。学生们往往不喜欢它，因为它对大多数人来说并不直观，需要进行一些费解的推理才能理解。教师有时也不喜欢它，因为学生们不喜欢它，而且很难学会。许多方法学研究人员也对它感到恼火，因为在各个层面上，人们常常会对 t 检验、p 值和假设检验有误解并进行错误解读。对假设检验的反感甚至导致一些受人尊敬的科学期刊禁止使用它，尽管这种情况很少见。

对假设检验的大部分负面情绪是由于误解所致。研究人员误解了假设检验的一些细微之处并滥用它，然后使研究结果出现错误，这让方法论的坚持者感到不满。因为这些误解甚至在专业人士中也很常见，所以有必要在这里进行一些介绍，并尝试解释假设检验的细微差别，以帮助你避免相同的错误。

需要记住的重要一点是，p 值告诉你的是，在假设零假设为真之后，观测数据正确的可能性。人们通常认为或希望它能告诉他们相反的情况：在给定一些观测数据的情况下，看假设成立的可能性。永远记住，p 值不应该直接解释为假设成立的概率。因此，当我们看到比较 sample1 和 sample3 的平均高度的 p 值为 0.008 时，我们不能说"这些样本只有 0.8% 的概率来自同一总体"，也不能说"零假设有 0.8% 的概率是正确的"。我们只能说："零假设为真，发生的概率为 0.8%。"——这使我们能够决定是否拒绝零假设，但无法确切地说两个假设成立的可能性有多大。

还有一个重要的细微差别是接受假设和拒绝假设之间的区别。假设检验只有两种可能的结果：要么决定拒绝零假设，要么决定不拒绝零假设。不拒绝某些东西与完全接受它并不完全相同：p 值不低于显著性水平并不意味着两个组肯定是相同的；一次 t 检验未能导致零假设被拒绝，并不意味着零假设一定为真。

类似地，一个 p 值似乎可以证明拒绝零假设是正确的，并不意味着零假设肯定是错误的。当我们的数据有限、测量困难、噪声大，或者有理由怀疑测量结果的正确性时，尤其如此。假设检验不能让我们接受不确定的数据并完全确定假设。它提供了一个我们必须正确理解的证据，我们需要将其与大量其他证据放在一起进行权衡。

一个需要记住的重要概念是安娜·卡列尼娜原则。列夫·托尔斯泰在《安娜·卡列尼娜》中写道："所有幸福的家庭都是相似的，不幸的家庭各有各的不幸"。统计学也有类似的原则：所有接受零假设的情况都是相似的，但每次拒绝零假设的原因都不同。零假设认为两个样本是从同一总体中随机抽取的。如果我们拒绝零假设，那么以下任何一项或多项都可能是正确的：两个样本可能是从不同总体中随机抽取的，或者两者都可能是同一总体中的样本，但不是随机选择的，或者可能存在抽样偏差，或者仅是因为巧合。我们确信拒绝零假设并不意味着我们确信零假设的哪一部分是不正确的。正如实证研究人员喜欢说的那样，"还需要进一步的研究"。

最后一个需要记住的细微差别是统计显著性水平和实际显著性水平之间的差异。一组棒球运动员样本的平均身高可能为 73.11in，另一组棒球运动员样本的平均身高可能为 73.12in，根据 t 检验，这两组样本的均值差异有统计学意义。我们可以合理地得出这两组不是来自同一总体的随机样本的结论，并因其不同的平均高度而不同地对待它们。然而，即使这个 0.01in 的差异在统计学上是显著的，我们也不清楚这个差异是否具有实际意义。这两组的成员应该能够穿同样的衣服，坐在飞机上相同的座位上，并可以摸到同样高的橱柜（平均而言）。我们没有理由认为在棒球比赛中，一组人会比另一组人更好。在这种情况下，我们可能希望忽略 t 检验的结果，因为即使存在统计上可检测到的差异，但这种差异不会产生任何实际后果。而实际意义一直是假设检验过程中需要考虑的重要内容。

现在，我们已经讨论了假设检验及其复杂的理论的细微差别，让我们来看一个实际的商业例子。

3.3   在实际环境中进行组间比较

到目前为止，本章的重点是统计理论。但对于数据科学家来说，理论都来源于实践。让我们从棒球运动员的例子切换到营销的例子。假设你正在经营一家生产计算机的公司。为了与客户保持联系并提高销售额，你的公司会维护电子邮件列表：对你公司计算机感兴趣的客户可以订阅他们喜欢的邮件列表，并定期收到你公司发来的与该主题相关的电子邮件。现在，只有两个电子邮件列表：desktop 列表和 laptop 列表。它们分别是专门为对台式计算机和笔记本计算机感兴趣的客户设计的。

截至目前，你的公司只生产台式计算机和笔记本计算机。但很快你将推出一套经过多年研发的新产品：顶尖的 Web 服务器。这是你的公司的主营业务，因为你已经制造了计算机硬件，并且拥有许多需要服务器这种基础设施的技术客户。但是由于这套产品是新的，几乎没有人知道它的存在。你的营销团队计划通过电子邮件向你的邮件列表订阅者宣传这些新产品，并希望Web 服务器的销售能够取得成功。

营销团队成员希望使这个电子邮件营销活动尽可能有效。他们与你讨论了该活动的策略。他们可以设计邮件并将其发送给两个邮件列表的每个人，或者他们可以为对台式计算机感兴趣的订阅者（以下简称台式计算机订阅者）设计一封邮件内容，并为对笔记本计算机感兴趣的订阅者（以下简称笔记本计算机订阅者）设计不同的邮件内容。你的营销团队的专家了解很多关于目标定位的知识：例如，他们知道外向型人格喜欢的电子邮件消息与内向型人格喜欢的电子邮件消息不同；其他个人特征（包括年龄、收入和文化）也对广告效果有强烈影响。

我们需要了解台式计算机订阅者和笔记本计算机订阅者是否具有不同的特征。如果这两个群体本质上是相同的，我们可以为营销团队节省时间，并让他们向每个人发送相同的电子邮件。如果这两个群体在我们的认知中存在显著差异，我们可以分别编写更好的内容来吸引每个群体，以提高销售额。

我们可以通过读取数据来开始调查。我们将读取两个虚构的数据集（不是基于真实人物或产品，只是为了说明本章中的观点而创建的）。你可以从 https://bradfordtuckfield.com/desktop.csv 和 https://bradfordtuckfield.com/laptop.csv 中下载这两个数据集，然后按照以下方式将其读入 Python：

```
desktop=pd.read_csv('desktop.csv')
```

```
laptop=pd.read_csv('laptop.csv')
```

你可以运行 print(desktop.head())和 print(laptop.head())来查看每个数据集的前 5 行。你会发现这两个数据集都有 4 列。

userid：包含一个唯一数字，用于标识特定的客户。

spending：包含客户在你公司网站上的支出记录。

age：用于保存客户的年龄，这可能是你在另一个调查中记录的。

visits：用于保存客户访问网站页面的次数。

我们的目标是确定 desktop DataFrame 中描述的客户与 laptop DataFrame 中描述的客户之间是否存在显著差异。我们绘制一些图表，看看是否存在明显的区别。

我们可以从绘制每个列表的订阅者在你公司产品上的支出开始。我们将使用以下代码创建一个箱线图：

```
import matplotlib.pyplot as plt
sns.reset_orig()
fig1, ax1 = plt.subplots()
ax1.set_title('Spending by Desktop and Laptop Subscribers')
ax1.boxplot([desktop['spending'].values,laptop['spending'].values])
ax1.set_ylabel('Spending ($)')
plt.xticks([1,2], ['Desktop Subscribers','Laptop Subscribers'])
plt.show()
```

在这里，我们导入 Matplotlib 来创建图表。我们使用它的 boxplot()方法，将 desktop 的 spending 列和 laptop 的 spending 列的数据作为输入。生成的结果如图 3-4 所示。

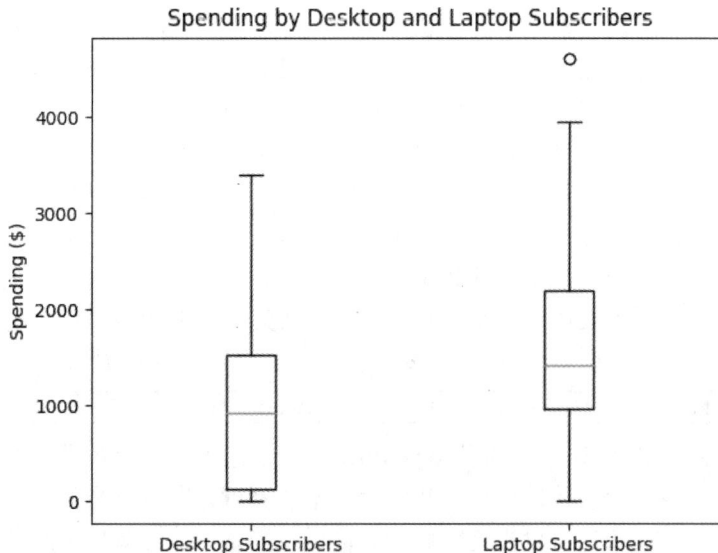

图 3-4　箱线图显示了 desktop 列表的订阅者和 laptop 列表的订阅者的支出水平

通过查看这些箱线图，我们可以了解到一些东西。两组都在 0 处有最小值。笔记本计算机订阅者有更高的第 25 百分位数、第 50 百分位数和第 75 百分位数，以及一个比台式计算机订阅者中任何观测值都高的异常值。二者的分布似乎没有太大的不同；台式计算机订阅者似乎与笔记本计算机订阅者没有巨大的差异。现在看来，两个组似乎没有太大的差异。我们应该更仔细地观察，看看是否有更精确的量化指标可以帮助我们判断它们之间的差异。

除了绘图，我们还可以进行简单的计算，以获取数据的汇总统计信息。通过下面的代码片段，我们将得到一些描述性统计量：

```
print(np.mean(desktop['age']))
print(np.mean(laptop['age']))
print(np.median(desktop['age']))
print(np.median(laptop['age']))
print(np.quantile(laptop['spending'],.25))
print(np.quantile(desktop['spending'],.75))
print(np.std(desktop['age']))
```

在这个代码片段中，我们获取了台式计算机订阅者和笔记本计算机订阅者的平均年龄。结果显示，台式计算机订阅者的平均年龄约为 35.8 岁，笔记本计算机订阅者的平均年龄约为 38.7 岁。我们可以得出结论，这些样本存在差异，从某种意义上说，它们不相同。但目前还不清楚这两个样本是否有足够的差异，我们应该告诉营销团队创建两个独立的电子邮件，而不是一个。为了做出这样的判断，我们需要使用假设检验。我们可以像下面这样指定零假设和备择假设。

假设 0：这两个电子邮件列表是来自同一总体的随机样本。

假设 1：这两个电子邮件列表不是来自同一总体的随机样本。

假设 0，即零假设，描述的是同一个群体，这些人对计算机（包括笔记本计算机和台式计算机）感兴趣。来自这个群体的人可能会订阅你公司的电子邮件列表。但当他们进行订阅时，完全随机地选择两个电子邮件列表中的任意一个进行订阅。在这种情况下，你的两个列表只有表面上的差异，它们实际上是来自同一群体的两个随机样本，并没有任何本质上的差异，因此你的公司可以将相同的邮件内容发送给这两个邮件列表中的客户。

假设 1，即备择假设，描述的是零假设不成立的情况。这意味着客户根据自己对台式计算机或笔记本计算机喜好的潜在差异来选择不同的邮件列表。如果假设 0 为真，那么向两个组发送相同的营销电子邮件是合理的。如果假设 1 为真，那么向每个组发送不同的营销电子邮件就更有意义。现在，业务决策取决于统计测试的结果。

我们运行 t 检验，看看这两个组是否真的不同。首先，我们应该指定一个显著性水平。我们使用研究中常见的 5% 显著性水平。只需要一行代码就可以运行 t 检验：

```
scipy.stats.ttest_ind(desktop['spending'],laptop['spending'])
```

从 t 检验的结果可以看出，p 值约为 0.04。由于我们使用常见的 5% 显著性水平，而这个 p 值足够低，我们可以得出台式计算机订阅者和笔记本计算机订阅者不是从同一总体中进行随机抽取而得到的样本，因此我们可以拒绝零假设。这样看来，台式计算机订阅者和笔记本计算机订阅者至少在某个方面略有不同。

在找到这些差异之后，我们可以与公司的营销团队进行讨论，并共同决定是否为不同的群体设计不同的电子邮件内容。假设营销团队决定这样做，我们可以为自己感到自豪，因为我们的统计分析带来了一个我们认为合理的实际决策。我们不仅是在分析数据，还使用数据来做出决策。这在数据科学中很常见：我们利用数据分析完成数据驱动的决策，以改善经营情况。

但接下来呢？我们在本章中已经学习了很多内容，却只是为了做出一个决策：是否向不同订阅者发送不同的电子邮件。接下来我们需要问的一系列问题是关于如何使我们发送给每个群体的电子邮件有所不同的：它们的内容应该是什么？我们应该如何设计它们？我们如何知道决策是否正确？在第 4 章中，我们将讨论 A/B 测试，这是一个强大的框架，能够用于回答这些困难的问题。

3.4 本章小结

在本章中，我们讨论了总体和样本，以及来自同一总体的样本的相似情况。我们介绍了假设检验，包括 t 检验，这是一种简单而实用的工具，用于检测两个群体是否可能是从同一总体中随机抽取的。我们讨论了一些适用于 t 检验的业务场景，包括营销场景（是否将不同的电子邮件发送给不同的邮件列表订阅者）。

第 4 章将在我们介绍的工具的基础上展开。我们将讨论如何进行实验，然后使用分组比较工具来检查实验处理之间的差异。

4

A/B 测试

在第 3 章中，我们进行了观察两组数据并对其相互关系进行定量判断的科学实践。但科学家（包括数据科学家）的工作不仅是观察已有的差异。科学的很大一部分内容是由实验创造差异，然后得出结论。在本章中，我们将讨论如何在商业领域进行实验，从而获得更大的商业价值。

我们将从讨论实验的必要性和测试的动机开始，介绍如何正确地设置实验，包括介绍随机化的必要性。接下来，我们将详细介绍 A/B 测试和冠军/挑战者框架的步骤。最后，我们将描述一些细节，例如探索/利用权衡以及道德问题。

4.1 实验的必要性

让我们回到第 3 章的后半部分概述的场景。假设你经营着一家生产计算机的公司，维护着客户可以选择订阅的电子邮件列表。其中一个电子邮件列表是为对台式计算机感兴趣的客户设计的，另一个电子邮件列表是为对笔记本计算机感兴趣的客户设计的。你可以从 https://bradfordtuckfield.com/desktop.csv 和 https://bradfordtuckfield.com/laptop.csv 中下载这两个虚构数据集。如果将它们保存到与运行 Python 的同一个目录中，你可以按照以下方式将这两个虚构数据集读入 Python：

```
import pandas as pd
desktop=pd.read_csv('desktop.csv')
laptop=pd.read_csv('laptop.csv')
```

你可以运行 print(desktop.head())和 print(laptop.head())来查看每个数据集的前 5 行。

在第 3 章中，你学习了如何使用简单的 t 检验来检测数据集之间的差异，检验方法如以下代码所示：

```
import scipy.stats
print(scipy.stats.ttest_ind(desktop['spending'],laptop['spending']))
print(scipy.stats.ttest_ind(desktop['age'],laptop['age']))
print(scipy.stats.ttest_ind(desktop['visits'],laptop['visits']))
```

在这里，我们导入了 SciPy 包的统计模块 stats，以便使用它进行 t 检验。然后输出了 3 个单独的 t 检验结果：一个用于比较台式计算机订阅者和笔记本计算机订阅者之间的支出，一个用于比较台式计算机订阅者和笔记本计算机订阅者的年龄，还有一个用于比较台式计算机订阅者和笔记本计算机订阅者的网站访问记录数量。我们可以看到第一个 p 值小于 0.05，表明这两组在支出水平上（在 5%显著性水平下）显著不同，正如我们在第 3 章中所推断的那样。

在确定台式计算机订阅者与笔记本计算机订阅者不同之后，我们可以得出结论，应该向他们发送不同的电子邮件。然而，这一事实并不能完全指导我们的营销策略。台式计算机订阅者的支出比笔记本计算机订阅者的支出略低，并不能告诉我们制作长信息还是短信息会带来更好的销售业绩，或者使用红色文本还是蓝色文本会获得更多点击量，或者使用非正式语言还是正式语言会提高客户忠诚度。在某些情况下，营销类学术期刊上发表的过去的研究可以给我们一些提示，让我们知道什么方法最有效。但是即使存在相关研究，每家公司都有自己独特的客户群体，这些客户可能不会以过去的研究所指示的方式对市场营销行为做出反应。

我们需要一种方法来生成从未收集或发布的新数据，这样我们就可以使用这些数据来回答我们所面临的新情况中关于哪些方法最有效的新问题。我们只有在能够生成这种新数据时，才能可靠地了解在我们努力增加特定客户群体业务规模的过程中哪些方法最有效。本章的其余部分将讨论实现这一目标的方法。

A/B 测试是本章的重点，它利用实验来帮助公司确定哪些做法将为他们带来最大的成功机会。A/B 测试包括几个步骤：实验设计、将实验对象随机分配到处理组和对照组、测量结果、对不同组之间的结果进行统计与比较。

尽管 t 检验是 A/B 测试过程的一部分，但它不是唯一的内容。A/B 测试是一种收集并测试新数据的过程，可以使用 t 检验等对其进行分析。由于我们已经在第 3 章中介绍了 t 检验，因此在本章中我们不会重点关注它。我们将重点关注 A/B 测试的其他步骤。

4.2 运行实验来检验新的假设

让我们考虑一个可能使我们感兴趣的关于客户的假设。假设我们想研究将电子邮件中的文本颜色从黑色改为蓝色是否会增加我们通过电子邮件营销获得的收入。让我们提出两个与此相关的假设。

假设 0：将电子邮件中的文本颜色从黑色改为蓝色将不会影响收入。

假设 1：将电子邮件中的文本颜色从黑色改为蓝色将导致收入的变化（增加或减少）。

我们可以使用第 3 章中介绍的假设检验来检验零假设（假设 0），并决定是否要拒绝它，而接受备择假设（假设 1）。区别是，在第 3 章中，我们检验了与已经收集的数据相关的假设，而本章的数据集不包括蓝色文本和黑色文本电子邮件的信息。因此，在进行假设检验之前需要做额外的工作：设计实验、运行实验、收集与实验结果相关的数据。

运行实验可能听起来不那么困难，但要做到完全正确，仍然要进行仔细设计。为了进行我们刚才概述的假设检验，我们需要来自两个组的数据：收到蓝色文本电子邮件组的数据和收到黑色文本电子邮件组的数据。我们需要知道我们从收到蓝色文本电子邮件组的每个成员那里获得了多少收入，以及我们从收到黑色文本电子邮件组的每个成员那里获得了多少收入。

在此之后，我们可以做一个简单的 t 检验来确定从收到蓝色文本电子邮件组获得的收入是否与从收到黑色文本电子邮件组获得的收入显著不同。在本章中，我们将对所有检验使用 5% 的显著性水平，也就是说，如果 p 值小于 0.05，则拒绝零假设，接受备择假设。当我们进行 t 检验时，如果收入显著不同，我们可以拒绝零假设。否则，我们不会拒绝零假设（除非有什么事情让我们改变看法），并接受其断言：蓝色文本和黑色文本不影响邮件所带来的收入。

我们需要将目标人群分成两个子组，并向一个子组发送蓝色文本电子邮件，向另一个子组发送黑色文本电子邮件，以便比较每个子组的收入。现在，让我们只关注台式计算机订阅者，并将我们的 desktop DataFrame 分成两个子组。

我们可以通过多种方法将一个组分成两个子组。一种可能的选择是将数据集分成年轻人和年长者两组。这样划分数据可能是因为我们相信年轻人和年长者对不同的产品感兴趣，或者年龄是出现在数据中的少数变量之一。稍后我们会看到，这种将组划分为子组的方法会给我们的分析带来问题，我们将讨论创建子组的更好方法。但由于这种划分子组的方法简单易行，让我们先试着使用这种方法并看看会发生什么：

```
import numpy as np
medianage=np.median(desktop['age'])
groupa=desktop.loc[desktop['age']<=medianage,:]
groupb=desktop.loc[desktop['age']>medianage,:]
```

这里，我们导入了 NumPy 包，并给它指定了别名 np，以便使用其中的 median() 方法。然后我们简单地取台式计算机订阅者的年龄中位数并创建 groupa（它是台式计算机订阅者的一个子集，这些订阅者的年龄小于或等于中位数年龄）和 groupb（它是台式计算机订阅者的另一个子集，这些订阅者的年龄大于中位数年龄）。

在创建 groupa 和 groupb 之后，你可以将这两个 DataFrame 发送给你的营销团队，并指示他们向每个子组发送不同的电子邮件。假设他们将黑色文本电子邮件发送给 groupa，将蓝色文本电子邮件发送给 groupb。每封电子邮件中都包含你想要销售的新产品的链接，通过跟踪谁点击了哪些链接以及邮件接收者购买了哪些商品，营销团队可以衡量从每个电子邮件收件人那里获得的总收入。

让我们读入一些虚构的数据，这些数据显示了两组成员的假设结果。这些数据可以从 https://bradfordtuckfield.com/emailresults1.csv 中下载。将这些数据存储在运行 Python 的同一个目录中。然后你可以在 Python 会话中读取它，如下所示：

```
emailresults1=pd.read_csv('emailresults1.csv')
```

如果在 Python 中运行 print(emailresults1.head())，就可以看到新数据集的第一行。该数据集是一个简单的数据集：每一行对应一个单独的台式计算机邮件订阅者，其 ID 由 userid 列确定；revenue 列记录了你的公司通过电子邮件营销活动从每个订阅者那里获得的收入。

将这个新的收入数据集与每个订阅者的其他信息放在同一个 DataFrame 中是非常有用的。通过如下代码将两个数据集连接起来：

```
groupa_withrevenue=groupa.merge(emailresults1,on='userid')
groupb_withrevenue=groupb.merge(emailresults1,on='userid')
```

在这个代码片段中，我们使用 pandas 的 merge()方法来合并 DataFrame。其中指定了 on='userid'，这意味着我们会获取特定 userid 对应的 emailresults1 行，并将其与 groupa 中相同 userid 对应的行合并。使用 merge()的最终结果是生成一个 DataFrame，其中每一行都对应一个由唯一 userid 标识的特定客户。DataFrame 中的信息不仅告诉我们特定客户的年龄等特征，还显示了通过最近的电子邮件营销活动从他们那里获得的收入。

在准备好数据之后，很容易执行 t 检验来检查我们的组是否存在差异。我们可以使用一行代码来完成 t 检验，如下所示：

```
print(scipy.stats.ttest_ind(groupa_withrevenue['revenue'],groupb_withrevenue['revenue']))
```

运行这行代码，会得到下面的结果：

```
Ttest_indResult(statistic=-2.186454851070545, pvalue=0.03730073920038287)
```

这个输出的重要部分是变量 pvalue，它告诉我们检验的 p 值。我们可以看到，结果表明 p 值近似等于 0.037。由于 $p < 0.05$，我们可以得出结论，这是一个具有统计学意义的差异。我们可以检查差异的大小：

```
print(np.mean(groupb_withrevenue['revenue'])-np.mean(groupa_withrevenue['revenue']))
```

以上代码的输出为 125.0。groupb 中客户的平均支出比 groupa 中客户的高出 125 美元。这种差异在统计学上是显著的，因此我们拒绝假设 0，支持假设 1。目前得出的结论是，蓝色文本的电子邮件比黑色文本的电子邮件在每个客户那里多带来 125 美元的收入。

我们刚才做的是一个实验。我们将人群分为两组，对每组执行不同的操作，并比较结果。在商业环境中，这样的实验通常被称为 A/B 测试。该测试名称中的 A/B 指的是两个组——A 组和 B 组，我们比较了它们对电子邮件的不同反馈。每个 A/B 测试都遵循我们在这里遇到的相同模式：分成两组，应用不同的处理方法（例如，发送不同的电子邮件），然后进行统计分析，比较两组的结果，并得出哪种处理方法更好的结论。

现在我们已经成功地进行了 A/B 测试，可以得出这样的结论：使用蓝色文本电子邮件的效果是增加 125 美元的收入。然而，我们运行的 A/B 测试有些问题：它很混乱。表 4-1 进行了更详细的说明。

表 4-1   组间差异

	A 组	B 组
人群特征	年轻人（其他指标与 B 组相同）	年长者（其他指标与 A 组相同）
电子邮件文本颜色	黑色	蓝色
每个客户平均支出	104 美元	229 美元

我们可以看到 A 组和 B 组的重要特征。比较客户平均支出的 t 检验发现他们的支出水平显著不同。我们需要解释它们为什么不同，任何对不同结果的解释都必须依赖表 4-1 中列出的差异。我们希望能够得出这样的结论：支出的差异可以通过文本颜色的差异来解释。然而，现在支出的差异还与另一种差异共存：年龄。

我们不能确定支出水平的差异是由文本颜色而不是年龄造成的。例如，也许没有人注意到文本颜色上的差异，但年长者往往比年轻人更富有，更渴望购买你的产品。如果是这样，我们的 A/B 测试就不会测试出蓝色文本的效果，而会测试出年龄或财富的效果。在这个 A/B 测试中，我们本打算只研究文本颜色的影响，现在不知道我们是真正研究了这个问题，还是研究了年龄、财富或其他东西的影响。如果 A/B 测试的设计像表 4-2 那样更简单、不容易混淆，就更好了。

表 4-2   更加清晰的 A/B 测试设计

	C 组	D 组
人群特征	与 D 组的每个指标都相同	与 C 组的每个指标都相同
电子邮件文本颜色	黑色	蓝色
每个客户平均支出	104 美元	229 美元

在表 4-2 中我们将客户分成了虚构的 C 组和 D 组，他们在所有人群特征上都相同，但仅在收到的电子邮件文本颜色方面有所不同。在这个假设的场景中，支出差异只能由发送给每个组的不同文本颜色来解释，因为这是 C 组和 D 组之间的唯一区别。我们应该以确保实验条件（本例中的文本颜色）是组间的唯一区别的方式来分组。这样就可以避免出现混淆实验的情况。

4.2.1   理解 A/B 测试的数学原理

我们也可以用数学方式表达 A/B 测试。我们可以使用常用的统计符号 $E()$ 来表示期望值。所以 E(A 使用黑色文本的收入)表示我们通过发送黑色文本电子邮件给 A 组所能获得的收入的期望值。我们用两个简单的方程来描述我们期望通过黑色文本电子邮件获得的收入、实验的效应和我们期望通过蓝色文本电子邮件获得的收入之间的关系：

E(A 使用黑色文本的收入)$+E$(A 文本颜色由黑色改为蓝色的效应)$=E$(A 使用蓝色文本的收入)

E(B 使用黑色文本的收入)$+E$(B 文本颜色由黑色改为蓝色的效应)$=E$(B 使用蓝色文本的收入)

为了确定是否拒绝假设 0，我们需要求解效应值：E(A 文本颜色由黑色改为蓝色的效应)和 E(B 文本颜色由黑色改为蓝色的效应)。如果这两个效应值中的任何一个不等于 0，我们应该拒绝假设 0。通过实验，我们发现 E(A 使用黑色文本的收入)= 104，E(B 使用蓝色文本的收入)= 229。在知道这些值之后，我们得到以下方程：

104+*E*(A 文本颜色由黑色改为蓝色的效应)=*E*(A 使用蓝色文本的收入)

E(B 使用黑色文本的收入)+*E*(B 文本颜色由黑色改为蓝色的效应)=229

其中仍然存在我们不了解的变量，我们目前无法解出 *E*(A 文本颜色由黑色改为蓝色的效应) 和 *E*(B 文本颜色由黑色改为蓝色的效应)。我们能够解出效应值的唯一方法是简化这两个方程。例如，如果我们知道 *E*(A 使用黑色文本的收入)= *E*(B 使用黑色文本的收入)，*E*(A 文本颜色由黑色改为蓝色的效应)=*E*(B 文本颜色由黑色改为蓝色的效应)，以及 *E*(A 使用蓝色文本的收入)=*E*(B 使用蓝色文本的收入)，那么我们可以将这两个方程简化为一个简单的方程。如果我们知道实验之前两个样本是相同的，那么所有期望值都将相等，我们可以将这两个方程简化为如下形式：

104 + *E*(对于每个人，文本颜色由黑色改为蓝色的效应) = 229

这样一来，我们可以确定蓝色文本的效应是增加 125 美元的收入。这就是为什么我们认为设计非混淆实验如此重要，在非混淆实验中，"组"对个人特征具有相同的期望值。通过这样做，我们能够解出上述方程，并确信我们测量的效应值即为我们所研究的特征所产生的效果，而不是其他不同潜在特征所产生的效果。

4.2.2 将数学转化为实践

现在，我们知道了用数学方式该怎么表达 A/B 测试，但需要将其转化为实际行动。应该如何确保 *E*(A 使用黑色文本的收入)= *E*(B 使用黑色文本的收入)呢？又应该如何确保其他期望值都是相同的呢？换句话说，如何确保我们的研究与设计看起来像表 4-2 而不是表 4-1 呢？我们需要找到一种方法来选择预期相同的台式计算机订阅者列表的子组。

选择预期相同的子组的最简单方法是随机选择。我们在第 3 章中简要提到了这一点：从一个总体中随机抽样的每个样本的期望值都与总体均值的期望值相等。因此，我们预计来自同一总体的两个随机样本彼此间不会存在显著差异。

我们在笔记本计算机订阅者列表上执行 A/B 测试，但这一次我们将使用随机方法选择组，以避免出现混淆实验。假设在这个新的 A/B 测试中，我们想测试在电子邮件中添加图片是否会提高收入。我们可以像之前那样做：将笔记本计算机订阅者列表分成两个子组，向每个子组发送不同的电子邮件。不同的是，这次我们执行的不是根据年龄进行划分，而是随机划分：

```
np.random.seed(18811015)
laptop.loc[:,'groupassignment1']=1*(np.random.random(len(laptop.index))>0.5)
groupc=laptop.loc[laptop['groupassignment1']==0,:].copy()
groupd=laptop.loc[laptop['groupassignment1']==1,:].copy()
```

在这个代码片段中，我们使用 NumPy 的 random.random()方法生成一个由随机生成的 0 和 1 组成的列表。我们可以将 0 解释为客户属于 C 组，将 1 解释为客户属于 D 组。当我们以这种方式随机生成 0 和 1 时，组可能会具有不同的大小。但是，在这里我们使用了随机种子（在代码片段第一行 np.random.seed(18811015)中设置）。每次使用此随机种子的人，他们"随机"生成的 0 和 1 的列表将是相同的。这意味着如果你使用此随机种子，你在家运行代码的结果应该与本书中运行代码的结果相同。使用随机种子不是必需的，但是如果你使用与此处相同的随机种子，你应该会发现 C 组和 D 组都有 15 个成员。

　　在生成表示每个客户组分配的随机 0 和 1 列表之后，我们创建了两个较小的 DataFrame groupc 和 groupd，它们包含客户 ID 和每个子组中客户的信息。

　　你可以将组成员信息发送给你的营销团队，并要求他们向正确的组发送正确的电子邮件。其中一个组（无论是 C 组还是 D 组），应该收到一个没有图片的电子邮件，而另一个组（无论是 D 组还是 C 组）应该收到一个带有图片的电子邮件。然后，假设营销团队向你发送了一份包含最新 A/B 测试结果的文件，你可以从 https://bradfordtuckfield.com/emailresults2.csv 中下载一个虚构的数据集，该数据集中包含假设的结果。在将数据存储到与运行 Python 相同的位置后，我们按照以下方式将此电子邮件营销活动的结果读入 Python：

```
emailresults2=pd.read_csv('emailresults2.csv')
```

然后，像之前那样，将电子邮件营销活动的结果加入 groupc 和 groupd，从而生成新的 DataFrame（groupc_withrevenue 和 groupd_withrevenue）：

```
groupc_withrevenue=groupc.merge(emailresults2,on='userid')
groupd_withrevenue=groupd.merge(emailresults2,on='userid')
```

同样，我们可以使用 t 检验来检查从 C 组获得的收入是否与从 D 组获得的收入存在差异：

```
print(scipy.stats.ttest_ind(groupc_withrevenue['revenue'],groupd_withrevenue['revenue']))
```

我们发现 p 值小于 0.05，表示组间差异在统计学上是显著的。这次的实验没有混淆因素，因为我们使用了随机分配来确保组间差异是由不同的电子邮件产生的结果，而不是每个组其他不同特征产生的结果。由于我们的实验没有混淆因素，并且我们发现来自 C 组和 D 组的收入之间存在显著差异，因此我们可以得出结论，在电子邮件中包含图片具有非零效应。如果营销团队只向 D 组发送了图片，我们可以轻松地估计效应的大小：

```
print(np.mean(groupd_withrevenue['revenue'])-np.mean(groupc_withrevenue['revenue']))
```

我们在这里使用减法计算效应：来自 D 组客户的平均收入减去来自 C 组客户的平均收入。来自 C 组和 D 组的平均收入之间的差异约为 260 美元，这是我们实验效应的大小。

　　进行 A/B 测试的过程非常简单，但 A/B 测试很强大。我们可以用 A/B 测试来回答各种各样的问题。当你不确定在业务中，尤其是在用户交互和产品设计中应该采取什么方法时，将 A/B 测试作为一种方法来获取答案是值得考虑的。现在你已经知道了 A/B 测试的过程，让我们继续并理解它的细微差别。

4.3　优化冠军/挑战者框架

　　当我们设计出一封优秀的电子邮件时，我们可能会称之为"冠军"电子邮件：根据目前我们所知道的信息，我们认为它会具有出色的表现。在拥有了一个"冠军"设计之后，我们可能希望停止进行 A/B 测试，而安于现状，从"完美"的电子邮件营销活动中无限期地获利。

　　但这并不是一个好主意，原因有以下几个。第一个原因是时代在变化。设计和营销的潮流变化得很快,今天看起来令人兴奋和有效的营销方法可能很快就会过时。像所有的冠军一样,你的"冠军"电子邮件随着时间的推移,其效果也会越来越差。即使设计和营销的潮流没有改变,你的"冠军"最终也会因为新鲜感消失而显得乏味,新的刺激更有可能吸引人们的注意力。

第二个不应该停止进行 A/B 测试的原因是你的客户群体会发生变化。你会失去一些老客户并获得新客户。你将发布新产品并进入新市场。随着客户群体的变化,他们对电子邮件内容的喜好也会发生变化,而持续的 A/B 测试将使你能够跟上他们不断变化的需求。

持续进行 A/B 测试的第三个原因是,尽管你的"冠军"可能很好,但你可能没有以尽可能多的方式对其进行优化。一个你尚未测试的维度可能会使你拥有一个更好的"冠军",并获得更好的表现。如果我们能成功地运行一次 A/B 测试并学到一些东西,我们自然会想继续使用 A/B 测试来学习更多东西,并不断提高收入。

假设你有一个"冠军"电子邮件,并且想继续进行 A/B 测试来尝试改进它。你对客户进行随机划分,将他们分成新的 A 组和新的 B 组。你向 A 组发送了"冠军"电子邮件,并向 B 组发送了一封与"冠军"电子邮件不同的电子邮件,这封电子邮件在你想了解的方面有所不同,例如,它可能使用了正式语言而不是非正式语言。当我们比较 A 组和 B 组对电子邮件营销活动的反应(观察收入的变化)后,我们将能够看到这封新电子邮件是否比"冠军"电子邮件表现得更好。

由于新电子邮件与"冠军"电子邮件处于直接竞争状态,因此我们将新电子邮件称为"挑战者"。如果"冠军"表现优于"挑战者",则"冠军"保留其"冠军"地位。如果"挑战者"表现优于"冠军",则该"挑战者"成为新的"冠军"。

这个过程可以无限期地继续下去。我们有一个代表我们所做工作的最新技术的"冠军"(在我们的例子中是电子邮件)。我们通过让"冠军"与一系列 A/B 测试中的"挑战者"进行直接竞争来不断测试"冠军"。每个带有比"冠军"更好结果的"挑战者"都将成为新的"冠军",并被放入与新"挑战者"的竞争中。

这个无尽的过程被称为 A/B 测试的"冠军/挑战者框架"(champion/challenger framework)。其作用是持续改进、不断精练和渐进优化公司的业务场景和目标,以在商业各个方面获得最佳性能。世界上最大的科技公司每天运行数百个 A/B 测试,数百个"挑战者"与数百个"冠军"竞争,"挑战者"有时击败"冠军",有时被"冠军"击败。对于业务中最重要的和最具挑战性的部分来说,"冠军/挑战者框架"是一种常见的设置和运行 A/B 测试的方法。

4.4　用泰曼定律和 A/A 测试预防错误

A/B 测试从头到尾都是一个相对简单的过程。然而,我们都是人,会犯错。在任何数据科学工作中,不仅需要进行 A/B 测试,重要的是要谨慎地进行,并不断检查我们是否存在错误。最常见的错误表现就是"一切进行得过于顺利"。

事情进展得太顺利怎么会是坏事呢?考虑一个简单的例子。你进行了一次 A/B 测试:A 组收到一封电子邮件，而 B 组收到另一封不同的邮件。之后，你计算了每个组所带来的收入，并发现从 A 组成员获得的平均收入约为 25 美元，而从 B 组成员获得的平均收入为 99999 美元。你为从 B 组获得的巨大收入感到兴奋。你召集所有同事参加紧急会议，告诉他们放下正在做的事情，立即使用 B 组收到的那封电子邮件，并围绕这封神奇的电子邮件对整家公司的策略进行调整。

当你的同事们在不停地向他们认识的每个人发送新邮件时，你开始感到一丝不安。你想起了单次电子邮件营销活动不太可能从每个收件人那里赚取近 10 万美元的收入，尤其是当你的其他营销活动只从每个客户那里赚取大约 25 美元时。你想起了从每个客户那里赚取的 99999 美元这个数字，它由 5 个相同的数字组成（由 5 个 9 组成）。也许你记得和一位数据库管理员的谈话，他告诉你公司数据库每次发生数据库错误或数据缺失时都会自动插入 99999。突然间，你意识到你的电子邮件营销活动实际上没有真的从每个客户那里赚取 99999 美元，而是 B 组的数据库错误导致了这个看似神奇的结果出现。

从数据科学的角度来看，A/B 测试是一个简单的过程，但从实际和社会角度来看，它可能相当复杂。例如，在任何除微型创业公司以外的公司中，设计电子邮件的创意人员与维护数据记录的数据库的技术人员可能来自不同的团队。其他团队可能只参与了 A/B 测试的一小部分工作，这些团队可能是一个维护用于安排和发送电子邮件的软件的团队，可能是一个为电子邮件营销团队提供所需艺术作品的团队，也可能是其他的团队。

由于涉及这么多的团队和步骤，存在许多可能导致沟通不畅和错误的机会。也许设计了两封不同的电子邮件，但负责发送它们的人不了解 A/B 测试，并将相同的电子邮件内容发送给 A、B 两组客户。也许他们意外地发送了一些根本不应该在 A/B 测试中出现的内容。在我们的例子中，也许记录收入的数据库遇到错误，并将 99999 作为错误代码放入结果中，这被其他人误解释为高收入。无论我们多么小心、谨慎，错误和误解总会在不经意之间发生。

错误的不可避免性使我们应该自然而然地对任何看似美好、糟糕、有趣或奇怪的事情抱持怀疑态度。这种自然怀疑态度是泰曼定律（Twyman Law）所倡导的，该定律指出："任何看起来有趣或不同寻常的数据通常是错误的"。该定律有多种表达方式，包括"任何看似有趣的统计数据几乎肯定是错误的"，"数据越不寻常或有趣，就越有可能是一个错误的结果"。

除了极端谨慎和对好消息的自然怀疑之外，我们还有另一种防止泰曼定律警告的那种解释性错误的方法：A/A 测试。这种测试就像它的名字一样：我们像进行 A/B 测试一样，通过随机化、处理和比较两组的步骤，但与向两组随机化的人群发送不同的电子邮件不同，我们向每个组发送相同的电子邮件。在这种情况下，我们期望零假设为真，不会轻易相信一个组可以比另一个组多带来近 10 万美元的收入。

我们如果始终发现 A/A 测试导致两组之间存在显著的统计学差异，则可以得出结论：我们的流程存在问题，例如数据库出现故障、t 检验运行错误、电子邮件粘贴错误、随机化执行错误或其他问题。A/A 测试还将帮助我们意识到本章中描述的第一个测试（其中 A 组包括年轻人，B 组包括年长者）是混淆的，因为我们会知道 A/A 测试结果之间的差异必须是年龄差异而不是电子邮件之间的差异。A/A 测试是一种有用的常识检查，可以防止我们被泰曼定律警告的那种不寻常、有趣、太好以至于难以置信的结果所迷惑。

4.5　理解效应值

在第一个 A/B 测试中,我们观察到我们从收到黑色文本电子邮件的 A 组客户和收到蓝色文本电子邮件的 B 组客户获得的收入差异为 125 美元。这个组之间的差异也称为 A/B 测试的效应值。我们会试图判断,这 125 美元的效应值应该被视为小效应、中效应还是大效应。

要判断一个效应是小还是大,我们必须将其与其他事物进行比较。以下是马来西亚、缅甸和马绍尔群岛的名义 GDP 数据(2019 年,单位为美元):

```
gdps=[365303000000,65994000000,220000000]
```

当我们看到这些数字时,125 美元开始显得非常小。例如,考虑 gdps 列表的标准差:

```
print(np.std(gdps))
```

结果是 158884197328.32672,或者约为 158884197328(接近 1590 亿美元)。标准差是衡量数据集分散程度的一种常见方法。如果我们观察到两个国家的 GDP 之间的差异大约为 800 亿美元,我们不会认为这个差异非常大或非常小,因为这意味着这些国家之间相差大约半个标准差,这是常见的差异量。你可能会说两个国家的 GDP 相差大约半个标准差,而不是用 800 亿美元的差距来表示,并期望任何有统计学基础的人都能理解。

相比之下,如果有人告诉你两个国家的 GDP 相差 112 万亿缅元(缅甸的货币),如果你从未了解 1 缅元的价值(在撰写本书时,112 万亿缅元大约等于 800 亿美元),你可能会不确定这个差异是大还是小。世界上存在许多种货币,它们的相对和绝对价值随时都在变化。然而,标准差并不特定于任何特定国家,不受通货膨胀的影响,因此是一个有用的度量单位。

我们也可以将标准差用于其他领域。来自欧洲的人可能习惯使用 m 来表示高度。当你告诉你的欧洲数据科学家朋友一个男人身高为 75in(约 190.5cm)时,如果他们不习惯将 in 转换为其他单位,他们可能会感到困惑,不知道这个男人是高、矮,还是正常。但是,如果你告诉他们他的身高比平均身高高出大约两个标准差,他们应该能够立即理解这个人相当高,但不是创纪录的高度。这也告诉我们无论使用的是 m、in 或其他单位进行测量,观察到一个人身高高于平均身高 3 个标准差的情况会更少见。

当我们谈论 A/B 测试的 125 美元效应值时,我们尝试将其与标准差联系起来。与我们已经看到的 GDP 测量的标准差相比,125 美元微不足道:

```
print(125/np.std(gdps))
```

上述代码的输出约为 7.9×10^{-10},这表明 125 美元的效应值略大于 GDP 数值的标准差的十亿分之一。与 GDP 测量的情况相比,GDP 之间的差异为 125 美元,就像你比你的朋友高出 $1\mu m$ 一样——如果没有极其精确的测量技术,这个差距根本无法察觉。

相比之下,假设我们对当地餐馆的汉堡价格进行调查。也许我们可以找到以下价格:

```
burgers=[9.0,12.99,10.50]
```

我们也可以检查这个标准差：

```
print(np.std(burgers))
```

汉堡价格数据的均值的标准差约为 1.65。因此，两个国家的 GDP 相差约 800 亿美元，大约相当于两个汉堡价格相差约 80 美分：两者在各自的领域中都代表着大约一半的标准差。当我们将 125 美元效应值与此进行比较时，我们发现它非常大：

```
print(125/np.std(burgers))
```

我们可以看到，125 美元大约是 75.9 个汉堡价格的标准差。因此，在你所在的城镇中看到汉堡价格相差 125 美元的情况就像看到一个身高超过 20ft（约 6.096m）的人一样——这是罕见的。

通过将效应值与不同数据集的标准差进行测量，我们可以轻松地进行比较——不仅可以在具有相同单位的不同领域之间（以美元表示的 GDP 与以美元表示的汉堡价格）进行比较，而且可以在采用完全不同的单位的不同领域之间（以美元表示的汉堡价格与以 in 表示的高度）进行比较。我们这里使用的指标标准——一个效应值除以相关标准差——被称为 Cohen's d，它是衡量效应大小的常见指标。Cohen's d 只是两个群体的均值之间的标准差数量。我们可以按照以下方式计算第一个 A/B 测试的 Cohen's d：

```
print(125/np.std(emailresults1['revenue']))
```

结果大约是 0.76。当我们使用 Cohen's d 时，通常会有一个共同的约定，即如果 Cohen's d 约为 0.2 或在 0.2 以下，我们认为效果欠佳；如果 Cohen's d 约为 0.5，我们认为效果适中；如果 Cohen's d 在 0.8 左右甚至更高，我们认为效果显著。由于我们的结果大约为 0.76——相当接近 0.8——因此我们可以认为这是一个相对较大的效应值。

4.6 计算数据的显著性

我们通常使用统计显著性作为关键证据，以说服我们在 A/B 测试中研究的效果是真实的。在数学上，统计显著性取决于以下 3 点。

❑ 所研究的效应大小（就像改变电子邮件文本颜色所带来的收入增加）。效应越大，统计显著性越强。

❑ 所研究的样本大小（订阅者列表上收到我们的电子邮件的人数）。样本越大，统计显著性越强。

❑ 我们使用的显著性水平（通常为 0.05）。显著性水平越高，统计显著性越强。

如果我们有一个大样本，并且正在研究一个很大的效应，t 检验很可能达到统计显著性。然而，如果我们研究一个非常小的效应，样本也非常小，可能注定会失败：即使电子邮件确实有影响，检测到具有统计显著性结果的概率基本上是 0——因此，我们最好不要浪费时间和金钱进行这样的测试，这样的测试注定无法达到统计显著性。

A/B 测试正确地拒绝错误零假设的概率称为 A/B 测试的统计功效。如果改变文本的颜色会使得从每个客户那里获取的收入增加 125 美元，我们就认为 125 美元是效应值，而由于效应值非零，我们就知道零假设（即改变文本的颜色对收入没有影响）是错误的。但是，如果我们只使用三四个电子邮件订阅者来研究这种真实效应，很可能这些订阅者都没有购买任何东西，因此我们无法检测出 125 美元的真实效应。相比之下，如果我们使用 100 万订阅者的电子邮件列表来研究改变文本颜色的效应，更有可能检测到 125 美元的效应，并将其视为统计显著性。有了 100 万订阅者的电子邮件列表，我们能准确地计算统计功效。

我们可以在 Python 中导入一个模块，简化统计功效的计算：

```
from statsmodels.stats.power import TTestIndPower
```

为了使用这个模块计算统计功效，我们需要定义决定统计显著性的 3 个参数（alpha、nobs 和 effectsize）。我们定义 alpha，即我们选择的统计显著性水平，如第 3 章所述。

```
alpha=0.05
```

我们选择 alpha 的标准水平 0.05，它是许多实证研究的标准。我们还需要定义样本大小。假设我们要对一组总共有 90 人的电子邮件订阅者进行 A/B 测试。这意味着 A 组有 45 人，B 组有 45 人，因此我们定义每组的观测数为 45。我们将这个数字存储在一个名为 nobs 的变量中，nobs 是 number of observation（观测数）的缩写：

```
nobs=45
```

我们还必须定义一个估计的效应值。在之前的 A/B 测试中，观察到的效应值为 125 美元。然而，对于这个模块执行的统计功效计算，我们不能用美元或其他货币单位来表示效应值。我们将使用 Cohen's d，并指定一个中等大小：

```
effectsize=0.5
```

最后，我们可以使用一个函数，它将接收我们定义的 3 个参数，并计算我们期望的统计功效：

```
analysis = TTestIndPower()
power = analysis.solve_power(effect_size=effectsize, nobs1=nobs, alpha=alpha)
```

如果运行 print(power)，可以看到我们假设的 A/B 测试的估计统计功效约为 0.65。这意味着我们预计从 A/B 测试中检测到效应的概率约为 65%，即使存在真正的效应，但 A/B 测试没有发现它的概率约为 35%。如果一个特定的 A/B 测试预计成本较高，那么这些概率似乎是不利的；你必须自己决定你可以接受的最低统计功效水平。统计功效计算可以帮助你在规划阶段了解会发生什么并做好准备。一个常见的约定是，统计功效水平至少要达到 80%，才能进行 A/B 测试。

你还可以使用前面代码片段中使用的 solve_power() 方法来"反向"计算功效：首先假设一个特定的统计功效水平，然后计算达到该统计功效水平所需的参数。例如，在下面的代码片段中，我们会定义功效、alpha 和效应值，并运行 solve_power() 方法，这不是为了计算功效，而是为了计算观测数，即达到指定的统计功效水平所需的每组观测数：

```
analysis = TTestIndPower()
alpha = 0.05
effect = 0.5
power = 0.8
observations = analysis.solve_power(effect_size=effect, power=power, alpha=alpha)
```

如果运行 print(observations)，你会看到结果约为 63.8。这意味着，为了在我们计划的 A/B 测试中达到 80%的统计功效，我们需要招募至少 64 名参与者加入两个组。在 A/B 测试的规划阶段进行观测数的计算对于 A/B 测试的规划是很有帮助的。

4.7　应用及注意事项

到目前为止，我们考虑了与电子邮件相关的 A/B 测试。但是 A/B 测试不仅适用于最佳电子邮件设计，还适用于各种各样的商业挑战。A/B 测试最常见的应用之一是用户界面/体验设计。一个网站可以将访问者随机分配到两个组（通常称为 A 组和 B 组），并为每个组展示不同版本的网站。然后，衡量哪个版本带来了更大的用户满意度、更高的收入、更多的链接点击量、更多的停留时间，或者公司感兴趣的其他指标。整个过程可以完全自动化进行，这使得今天的顶尖科技公司实施高速、高容量 A/B 测试成为可能。

电子商务公司对产品定价进行的测试就包括 A/B 测试。通过对价格进行 A/B 测试，你可以测量经济学家所说的需求的价格弹性，即需求随价格变化而变化的程度。如果你通过 A/B 测试发现，当提高价格时，需求只有很小的变化，你应该提高商品的价格，并获得更大的收入。如果你通过 A/B 测试发现，略微提高价格时，需求会显著减少，那么你可以得出结论，客户对价格很敏感，他们的购买决定在很大程度上取决于价格。如果客户对价格很敏感，并一直在关注价格的变化，他们可能会对价格下降做出积极的反应。如果是这样，你应该降低商品的价格，并期望需求大幅增加。有些企业必须根据直觉或艰苦的计算来设定价格，但 A/B 测试使确定正确的价格变得相对简单。

电子邮件设计、用户界面设计和产品定价都是企业对用户（Business To Customer，B2C）商业模式的共同关注点，在这种商业模式下，企业直接向消费者销售商品。A/B 测试非常适合 B2C 场景，因为相较于其他类型的业务，B2C 业务的客户数量、产品种类数和交易次数通常更多，因此我们可以获得较大的样本量和更高的统计功效。

但这并不意味着 B2B（Business To Business，企业对企业）商业模式下无法进行 A/B 测试。事实上，A/B 测试在世界各地的许多领域已经有数百年的应用历史。例如，医学研究人员对新药物进行随机对照试验，采用的方法通常与冠军/挑战者框架下的 A/B 测试基本相同。各种类型的企业始终需要了解市场和客户，而 A/B 测试是一种自然、严谨的学习方式，几乎可以学习任何事情。

在业务中应用 A/B 测试时，你应该尽可能多地了解它，而不仅是了解本章所介绍的有限内容。你应该涉足贝叶斯统计学。一些数据科学家更喜欢使用贝叶斯方法而不是使用显著性检验和 p 值来测试 A/B 测试是否成功。

一个有趣且实用的话题是学习 A/B 测试中的探索/利用权衡（exploration/exploitation

trade-off）。在这种权衡中，有两个目标始终处于紧张状态：探索（例如，使用可能有缺陷的电子邮件设计进行 A/B 测试，以了解哪种效果最佳）和利用（例如，仅发送"冠军"电子邮件，因为它似乎表现最佳）。如果"挑战者"之一的表现比"冠军"的差很多，则"探索"可能会导致错失机会，你最好只将"冠军"发送给所有人。如果你的"冠军"不如尚未测试过的其他"挑战者"优秀，那么"利用"可能会导致错失机会，因为你太忙于"利用"你的"冠军"而没有足够的时间进行必要的"探索"。

在运筹学中，你会发现大量的关于多臂老虎机问题的研究领域，这是"探索/利用困境"（exploration/exploitation dilemma）的数学形式化。如果你真的对优化 A/B 测试感兴趣，你可以研究一些科学家提出的解决多臂老虎机问题的策略，并尽可能高效地运行 A/B 测试。

4.8　A/B 测试的伦理问题

A/B 测试充满了棘手的伦理问题。这可能看起来令人惊讶，但请记住，A/B 测试是一种实验方法，我们可故意改变人类受试者的经历，以便为自己谋取利益。这意味着 A/B 测试是人类实验。思考其他人类实验的例子，看看为什么人们对其存在伦理顾虑：

1. 乔纳斯・索尔克开发了一种未经测试的前所未有的脊髓灰质炎疫苗，他在自己和他的家人身上试验过之后，又在美国数百万儿童身上进行了试验以确保其有效性。（这种疫苗确实有效，消除了世界大部分地区由脊髓灰质炎引发的疾病。）

2. 我的祖母为她的孙子孙女做了一块馅饼，观察我们对它有何反应，第二天又做了另一块馅饼，观察我们是否有更积极的反应。（两块馅饼都很美味。）

3. 一位教授假扮成学生，给 6300 位教授发送电子邮件，要求他们安排时间与她交谈。在试图确定她的虚假身份是否会成为歧视目标的过程中，她对自己和她的目的进行了伪装。为了发表一篇关于她收到的回复的论文，她没有为不知情的研究参与者提供任何补偿或调整日程安排，也没有事先确认他们同意成为实验对象。（这项研究的每一个细节都得到了大学伦理委员会的批准。）

4. 一家公司故意操纵用户的情绪，以更好地了解他们和销售产品给他们。

5. 你进行了一次 A/B 测试。

这份人类实验名单上的前 5 个实际上都发生过，除了第二个之外，所有实验都引发了社会科学家之间的公共伦理讨论。你必须决定第六个是否会发生，以及你将采取何种立场来处理涉及的伦理问题。由于可以被称为人类实验的活动范围非常广泛，因此不可能对所有形式做出单一的伦理判断。当我们决定我们的 A/B 测试是否使我们成为像我祖母或索尔克这样的"英雄"，或者像门格勒这样的恶棍，或者介于两者之间的人时，我们必须考虑几个重要的伦理概念。

我们应该考虑的第一个概念是知情同意。索尔克在对其他人进行大规模测试之前，先对自己的疫苗进行了测试。相比之下，门格勒对被关押在集中营中的不愿成为受试者的人进行了实验。知情同意总是使人类实验更加道德化。在某些情况下，获得知情同意是不可行的。例如，如果我们对户外广告牌设计的最佳效果进行实验，我们不能从所有可能的人类研究对象那里获得知情同意，因为世界上任何人都有可能看到户外广告牌，而且我们无法联系到每个人。

其他情况构成了一个很大的灰色地带。例如，进行 A/B 测试的网站可能有一个"条款和条件"部分，其中包含小字和法律术语，声称每个网站访问者在浏览该网站时都同意（通过用户界面功能的 A/B 测试）被实验。这在技术上可能符合知情同意的定义，但只有极少数网站访问者可能阅读并理解了这些条款和条件。在存在灰色地带的情况下，考虑其他伦理概念是对我们有帮助的。

与 A/B 测试相关的另一个重要的伦理概念是风险。风险本身涉及两个方面：作为人类受试者参与的潜在缺点和遭遇这些缺点的概率。索尔克的疫苗具有巨大的潜在缺点——受试者可能感染小儿麻痹症——但由于索尔克充分的准备和他具备知识，受试者遭遇它的概率非常低。通常，用于营销活动的 A/B 测试的潜在缺点非常微小，因为不同的营销活动几乎不会给参与者带来任何伤害，比如，在一封营销邮件中使用蓝色文本而不是黑色文本，并不会给受试者带来伤害。对受试者而言，风险较低的实验比风险较高的实验更加道德。

我们还应该考虑实验可能带来的潜在好处。索尔克的疫苗实验具有在世界范围内消除大部分地区小儿麻痹症的潜在效果（后来已经被实现）。A/B 测试旨在提高利润，而不是治愈疾病，因此你对其好处的判断将取决于你对公司利润的道德地位的看法。唯一可能从公司的营销实验中获得的其他好处可能是对人类心理学的理解。事实上，公司的营销实践者会将他们的营销实验结果发表在心理学期刊上，这已经不是什么新鲜事。

伦理和哲学问题永远无法达成每个人都同意的最终结论。你可以自己决定是否认为 A/B 测试本质上是善意的（就像索尔克的疫苗实验一样），或者本质上是恶意的（就像门格勒的恐怖行径一样）。大多数人都认为多数在线 A/B 测试的风险极低，而且人们很少拒绝同意良性 A/B 测试，因此，在适当的情况下进行 A/B 测试是一种伦理上合理的活动。无论如何，你应该仔细考虑自己的情况并得出自己的结论。

4.9 本章小结

在本章中，我们讨论了 A/B 测试。我们从简单的 t 检验开始，探讨了随机、非混淆的数据收集作为 A/B 测试过程的一部分的必要性，涵盖了 A/B 测试的一些细节，包括冠军/挑战者框架和泰曼定律，以及伦理问题。在第 5 章中，我们将讨论二分类，它是任何数据科学家必备的技能。

5

二分类算法

许多复杂的问题可以简单地用"是/否"的问题来表述：是否购买股票？是否接受工作？是否雇用申请人？本章涉及二分类，这是回答"是/否"问题的技术术语，或在真/假、1/0之间做出决定。

首先，我们将介绍一个依赖于二分类的常见业务场景。然后，我们将讨论线性概率模型，它是一种基于线性回归的简单但强大的二分类方法。我们还将介绍逻辑回归，它是一种先进的分类方法，它改进了线性概率模型的一些缺点。最后，我们将回顾一些二分类的应用，包括风险分析和预测。

5.1 减少客户流失

想象你正在经营一家拥有大约 10000 个大型客户的科技公司。每个客户都与你公司签订了一份长期合同，这些客户在合同上承诺他们会定期支付使用你公司软件的费用。然而，你的所有客户都可以随时终止他们的合同，并在决定不再使用你公司软件时停止向你支付费用。你希望拥有尽可能多的客户，因此你尽最大努力做两件事：一是通过与新客户签署新合同来扩大公司规模；二是确保现有客户不会终止合同，即防止客户流失。

在本章中，我们将重点关注你的第二个目标：防止客户流失。无论哪个行业的企业都普遍关注这个目标，并且每个企业都在努力实现这个目标。众所周知，获取新客户花费的资源比保留现有客户花费的资源更多，因此防止客户流失尤为重要。

为了防止客户流失，你需要一个客户经理团队与客户保持联系，确保客户满意，解决出现的任何问题，并总体上确保客户满意以无限期地延续合同。你的客户经理团队很小——只有几个人，他们必须共同努力让 10000 个客户满意。他们不可能与所有 10000 个客户保持持续联系，因此不可避免地在一些客户有顾虑和疑问时，你的客户经理团队没有发现或解决这些问题。

作为公司领导，你需要指导客户经理的工作方向，以尽量减少客户流失。客户经理花时间在那些具有高流失风险的客户上是有意义的，若他们花费过多时间在一个没有流失风险的客户身上，他们的时间就会被白白浪费。客户经理最有效的时间管理方式是专注于那些最有可能终止合同的客户。所有客户经理都需要一份高流失风险客户列表，然后他们可以最大限度地高效利用时间来最小化客户流失。

获取高流失风险客户列表并不是一项容易的任务，因为你无法知道客户在想什么，也无法立即知道哪些客户有可能终止合同，哪些客户是你公司的忠实客户。许多公司依赖直觉或猜测来决定哪个客户具有最高的流失风险。但是直觉和猜测很少能带来准确的结果。通过使用数据科学工具来确定每个客户具有高流失风险还是低流失风险，将获得更高的准确性，可以在提高客户经理工作效率的同时，降低客户的流失风险。

客户的流失风险是高还是低是一个二分类问题，它是一个回答是或否的问题：这个客户是否具有高流失风险？这个问题最初是一个令人望而生畏的商业问题（如何用有限的资源增加收入），但现在已经简化为一个简单的数据分析问题（如何对流失风险进行二分类预测）。我们将读取并分析与过去流失客户相关的历史数据，从而在其中找到有用的模式，并将我们对这些模式的知识应用于近期的数据，然后进行二分类预测，以得出有效的商业建议。

5.2　利用线性概率模型发现高流失风险客户

在数据科学中进行二分类，有很多种方法可供我们选择。但在我们探索这些方法之前，应该将一些数据读入 Python。这里将使用我们虚拟公司的虚构数据。你可以使用以下代码片段直接从这些虚构数据的在线主页将其加载到你的 Python 会话中：

```
import pandas as pd
attrition_past=pd.read_csv('https://bradfordtuckfield.com/attrition_past.csv')
```

在这个代码片段中，我们导入了 pandas 并读取了数据文件。这次，我们直接从一个网站上读取了该文件，该文件以.csv 格式存储。你已经在前文中遇到过这种格式的文件。你可以按照以下方式输出 attrition_past 数据集的前 5 行：

```
print(attrition_past.head())
```

你将看到如下输出结果：

```
   corporation  lastmonth_activity  ...  number_of_employees  exited
0         abcd                  78  ...                   12       1
1         asdf                  14  ...                   20       0
2         xyzz                 182  ...                   35       0
3         acme                 101  ...                    2       1
4         qwer                   0  ...                   42       1
```

输出的最后一行告诉我们数据集有 5 列。假设数据集的前 4 列是在大约 6 个月前生成的。第一列是表示每个客户的 4 个字符的代码。第二列是 lastmonth_activity，这是在生成此数据集之前的最后一个月（6～7 个月前）的客户访问我们软件次数的指标（即活动水平）。第三列是 lastyear_activity，这是在生成此数据集之前的整年（18 个月前～6 个月前）的客户访问我们软件次数的指标。在上述代码片段中，我们只能看到第二列和第四列之间的省略号。这是因为 pandas 包具有默认的显示设置，这种设置能够确保 pandas 输出所占空间足够小，可以轻松地适应屏幕。如果你想更改 pandas 输出的最大列数，可以在 Python 中运行以下代码：

```
pd.set_option('display.max_columns', 6)
```

在这里，我们使用 pandas 参数 display.max_columns 将 pandas 输出显示的最大列数更改为 6。这个更改确保如果我们再次输出 attrition_past 数据集，我们将看到其所有 5 列，当我们向数据集中添加一个列时，我们将能够看到其所有 6 列。如果你想显示每个数据集中的所有列（无论有多少列），你可以将 6 更改为 None，这意味着 pandas 输出显示的列数没有最大限制。

除了记录活动水平的列之外，我们还在 number_of _employees 列中记录了 6 个月前公司的员工数量。最后，假设最后一列 exited 是在今天生成的。该列记录了最近 6 个月内，客户是否终止了合同。该列以二进制值来表示：1 表示在过去 6 个月内客户已经终止合同，0 表示客户依旧延续合同。exited 列是二进制流失指标，它是我们最感兴趣的列，因为该列中的数据是我们要预测的值。

有 4 列是 6 个月前的，而有 1 列是新的，这似乎有点像一个 bug 或不必要的复杂形式。然而，这些列之间的时间差异使我们能够找到过去和未来之间的关系模式。我们将在数据中找到这些关系模式，它们显示了在某个特定时间的活动水平和员工数量如何用于预测未来的客户流失概率。最终，在数据中发现的关系模式将使我们能够使用当前客户活动水平来预测他们在未来 6 个月内的流失概率。如果能够预测客户在未来 6 个月的流失概率，我们可以在接下来的 6 个月内采取行动来改变他们的想法并留住他们。说服客户留下来是客户经理的工作，而数据科学的贡献在于预测可能流失的客户。

5.2.1 绘制流失情况数据图表

在开始寻找所有数据之间的关系模式之前，让我们检查一下数据中客户的流失概率：

```
print(attrition_past['exited'].mean())
```

我们得到的结果大约为 0.58，这意味着在数据中约有 58%的客户在过去 6 个月内终止了合同。这表明客户流失对公司运营来说是一个大问题。

接下来，我们绘制数据图表。在任何数据分析场景中，尽早、经常地绘制数据图表是一个好主意。我们感兴趣的是每个变量如何与二进制值的 exited 变量相关联，因此我们可以先绘制表示 lastmonth_activity 和 exited 之间关系的图表：

```
from matplotlib import pyplot as plt
plt.scatter(attrition_past['lastmonth_activity'],attrition_past['exited'])
plt.title('Historical Attrition')
plt.xlabel('Last Month\'s Activity')
plt.ylabel('Attrition')
plt.show()
```

绘制的结果如图 5-1 所示。

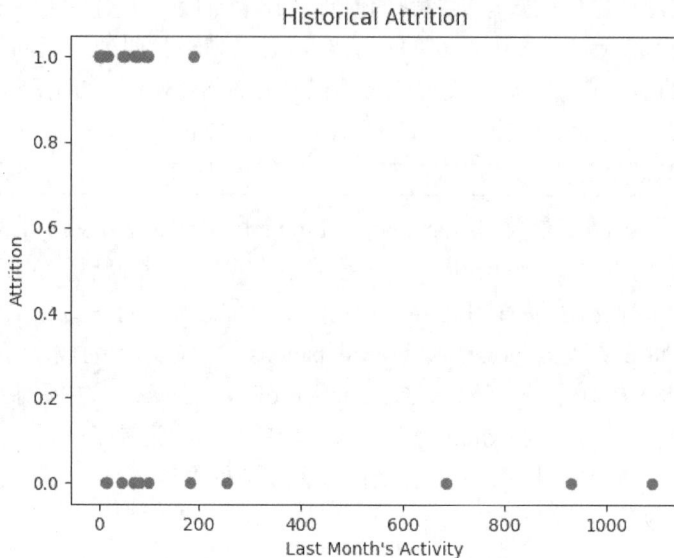

图 5-1　一个虚拟公司的历史客户流失情况

在 *x* 轴上，我们看到的是上个月的活动水平，但由于数据是在 6 个月前记录的，所以实际上我们看到的活动水平是六七个月前的活动水平。*y* 轴显示了 exited 变量所隐含的流失概率，该值反映了在最近的 6 个月中所有值都是 0（没有终止合同）或 1（终止合同）的原因。观察图 5-1 我们可以得到客户过去活动水平和未来客户流失风险之间的基本趋势。特别是让我们知道了，那些活动最多的客户（活动数量 > 600）在他们高频活动之后的 6 个月里并没有终止合同。高频活动似乎是一种客户忠诚度高的预测因素，如果是这样，低频活动就会成为客户流失的预测因素。

5.2.2　用线性回归确定关系

我们希望通过进行更严格的定量测试来确认通过图 5-1 获得的想法。具体而言，我们可以使用线性回归。请记住，在第 2 章中，我们有一些点，并使用线性回归找到一条线，这条线很好地拟合了由数据点组成的"云"。在这里，由于 *y* 变量的范围有限，我们的点看起来并不像"云"：我们的"云"是两条分散在 *y*=0 和 *y*=1 处的线。然而，线性回归是一种线性代数的数学方法，它并不关心我们的图看起来是否像"云"。我们可以使用与之前几乎相同的代码对客户流失数据进行线性回归：

```
x = attrition_past['lastmonth_activity'].values.reshape(-1,1)
y = attrition_past['exited'].values.reshape(-1,1)

from sklearn.linear_model import LinearRegression
regressor = LinearRegression()
regressor.fit(x, y)
```

在这个代码片段中，我们创建了一个名为 regressor 的变量（回归器），然后将其拟合到数据中。在拟合完回归器之后，我们可以像在第 2 章中所做的那样绘制穿过数据点云的回归线：

```
from matplotlib import pyplot as plt
plt.scatter(attrition_past['lastmonth_activity'],attrition_past['exited'])
prediction = [regressor.coef_[0]*x+regressor.intercept_[0] for x in \
list(attrition_past['lastmonth_activity'])]
plt.plot(attrition_past['lastmonth_activity'], prediction, color='red')
plt.title('Historical Attrition')
plt.xlabel('Last Month\'s Activity')
plt.ylabel('Attrition')
plt.show()
```

代码运行的结果如图 5-2 所示。

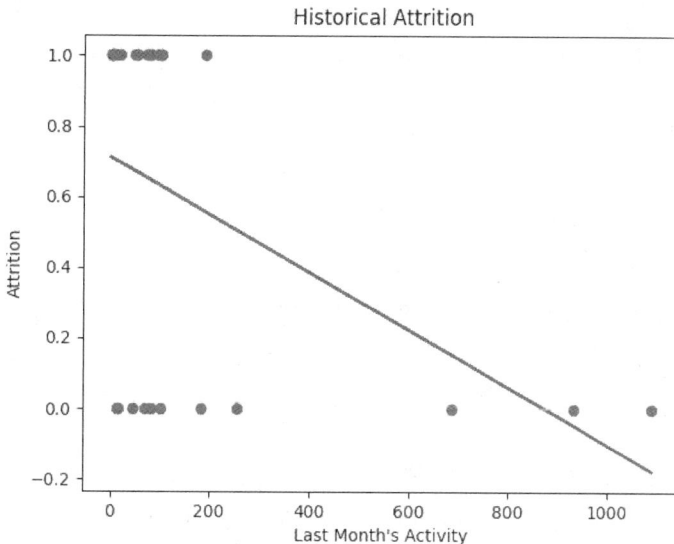

图 5-2　通过线性回归预测 0/1 客户流失结果

你可以将图 5-2 与图 2-2 进行比较。正如我们在图 2-2 中所展示的那样，我们有一组点，并添加了一条回归线，我们知道它是那些点的拟合线。请记住，我们将回归线的值解释为期望值。在图 2-2 中，我们看到回归线大致通过了点(109,17000)，我们将其解释为在第 109 个月预计的汽车销售量大约为 17000 辆。

在图 5-2 中，解释期望值的方法可能看起来并不明显。例如，当 x=400 时，回归线的 y 值约为 0.4。这意味着我们对 exited 的期望值约为 0.4，但这不是合理的陈述，因为 exited 只能是 0 或 1（要么终止合同，要么延续合同，没有中间选择）。因此，预期 exited=0.4 或在该活动水平上 "0.4 单位的终止合同" 究竟意味着什么？

我们将 "0.4 单位的终止合同" 的期望值解释为概率，可以得出结论：在最近一个月内客户活动水平大约为 400 的客户，有大约 40%的可能性终止合同。由于我们的数据集包括记录活动水平后的 6 个月内的终止合同数据，我们将回归线的值解释为在记录活动水平后接下来的 6 个月内客户的流失概率为 40%。可以用另一种方式来描述我们估计的 40%的流失概率，即我们估计活动水平为 400 的客户具有 40% 的流失风险。

图 5-2 中的回归是标准的线性回归，与我们在第 2 章中创建并绘制到图 2-2 中的线性回归模型几乎相同。对二进制数据［仅包含两个值（0 和 1）的数据］执行的标准线性回归有一个特殊的名称：线性概率模型（Linear Probability Model，LPM）。这种模型简单易用，而且它在我们需要知道难以预测的事物的预测概率时非常有用。

在我们进行了线性回归并解释了其值之后，最后一个重要的步骤是根据我们所学到的知识做出商业决策。图 5-2 显示了活动水平与终止合同概率之间的简单关系：较低的活动水平与较高的终止合同概率相关，而较高的活动水平与较低的终止合同概率相关。我们所说的终止合同概率即为流失风险，因此我们可以认为上个月客户的活动水平与未来 6 个月客户的流失风险呈负相关。这种负相关从商业角度来看是有意义的：如果客户非常积极地使用你的产品，我们预计他们不太可能终止合同；而如果客户非常不活跃，我们预计他们有可能终止合同。

了解活动水平与流失风险之间存在一般性的负相关是有帮助的。但是，如果我们计算每个客户的确切预测流失风险，我们的推理和决策就可以更加具体，这将使我们能够根据每个客户的预测流失风险做出个性化的决定。以下代码计算每个客户的流失风险（来自回归的预测值），并将其值存储在名为 predicted 的新列中：

```
attrition_past['predicted']=regressor.predict(x)
```

如果运行 print(attrition_past.head())，你可以看到 attrition_past 数据集现在有 6 列。它的新的第六列是基于回归预测到的每个客户的流失概率。当然，这对我们来说没什么用。我们不需要预测客户的流失概率，因为这是过去客户流失的情况，我们已经确切知道这些客户是否已经终止合同。

总的来说，流失风险预测有两个步骤：第一步，使用过去数据来学习特征和目标变量之间的关系；第二步，利用过去数据中学习到的关系来进行未来的预测。到目前为止，我们只完成了第一步：拟合了一种回归模型，该模型能够捕捉客户属性与流失风险之间的关系。接下来，我们需要进行对未来的预测。

5.2.3　预测未来

我们下载并打开更多的虚构数据。这次，假设所有数据都是今天生成的，因此它的 lastmonth_activity 列指的是上个月的活动水平，而它的 last year-activity 列指的是截至今天的 12 个月内的活动水平。我们可以按照以下方式读取数据集：

```
attrition_future=pd.read_csv('http://bradfordtuckfield.com/attrition2.csv')
```

我们之前使用的数据集 attrition_past 使用了旧数据（超过 6 个月的历史数据）来预测最近发生的客户流失情况（在过去 6 个月内）。相比之下，新下载的数据集将使用新数据（今天生成的）来预测在不久的将来发生的客户流失情况（在未来 6 个月内）。这就是我们称该数据集为 attrition_future 的原因。如果你运行 print(attrition_future.head())，你可以查看这个数据集的前 5 行：

	corporation	lastmonth_activity	lastyear_activity	number_of_employees
0	hhtn	166	1393	91
1	slfm	824	165920	288
2	pryr	68	549	12
3	ahva	121	1491	16
4	dmai	4	94	2

你可以看到，这个数据集的前 4 列与 attrition_past 的前 4 列具有相同的名称和解释。然而，这个数据集没有第五列，即 exited 列。该数据集缺少此列是因为 exited 列是我们要预测的目标，换句话说，该列数据是通过观察前 4 列的数据推断出来的结果。我们需要使用从 attrition_past 数据集学到的知识来预测新客户的流失概率。当我们这样做时，我们将对未来进行预测而不是对过去进行预测。

attrition_future 数据集第一列表示的所有客户的 4 个字符的代码都是新的——它们没有出现在 attrition_past 数据集中。我们无法直接从 attrition_past 数据集中了解这个新数据集。但是，我们可以使用我们拟合的回归器来预测此新数据集中客户的流失概率。换句话说，我们不使用来自 attrition_past 的实际数据来预测 attrition_future 中客户的流失概率，但我们使用在 attrition_past 中发现的关系模式（将其编码在一个线性回归中）来对 attrition_future 进行预测。

我们可以按照与预测 attrition_past 数据集的客户的流失概率完全相同的方式预测 attrition_future 数据集的客户的流失概率，如下所示：

```
x = attrition_future['lastmonth_activity'].values.reshape(-1,1)
attrition_future['predicted']=regressor.predict(x)
```

这个代码片段向 attrition_future 数据集中添加了一个名为 predicted 的新列。我们可以运行 print(attrition_future.head()) 来查看更改后的数据集的前 5 行：

	corporation	lastmonth_activity	...	number_of_employees	predicted
0	hhtn	166	...	91	0.576641
1	slfm	824	...	288	0.040352
2	pryr	68	...	12	0.656514
3	ahva	121	...	16	0.613317
4	dmai	4	...	2	0.708676

你可以看到，对于高度活跃客户而言，预测出较低的终止合同概率，这个结果与我们观察到的 attrition_past 数据集的结果相匹配。这是因为我们的预测概率是使用在 attrition_past 数据集上训练的回归器生成的。

5.2.4 提出业务建议

在计算预测概率之后，我们希望将它们转换为对客户经理团队的业务建议。最简单的方法是向团队成员提供一份高流失风险客户列表，以便他们将精力集中在这些客户上。我们可以通过指定一个数字 n，获得流失风险最高的 n 个客户，即生成一份带有前 n 个最高流失风险客户信息的名单。我们可以这样做，例如 $n = 5$：

```
print(attrition_future.nlargest(5,'predicted'))
```

运行这行代码，会得到如下输出：

```
       corporation  lastmonth_activity  ...  number_of_employees  predicted
8             whsh                   0  ...                   52   0.711936
12            mike                   0  ...                   49   0.711936
24            pian                   0  ...                   19   0.711936
21            bass                   2  ...                 1400   0.710306
4             dmai                   4  ...                    2   0.708676
[5 rows x 5 columns]
```

你可以看到，前 5 个流失风险最高的客户预测流失概率超过 0.7（70%），此概率代表了相当高的客户流失风险。

现在，假设你的客户经理对于他们能够关注的客户数量感到不确定。他们不想了解特定的前 *n* 个客户，而是希望获得一个按照流失概率从高到低排列的所有客户的列表。客户经理可以从列表的开头开始，与尽可能多的客户沟通，从而降低客户的流失率。你可以按照以下方式轻松输出这个列表：

```
print(list(attrition_future.sort_values(by='predicted',ascending=False).loc[:,'corporation']))
```

上面代码的输出是一个按流失概率从高到低排列的 attrition_future 数据集中所有客户的列表：

```
['whsh', 'pian', 'mike', 'bass', 'pevc', 'dmai', 'ynus', 'kdic', 'hlpd',\
 'angl', 'erin', 'oscr', 'grce', 'zamk', 'hlly', 'xkcd', 'dwgt', 'pryr',\
 'skct', 'frgv', 'ejdc', 'ahva', 'wlcj', 'hhtn', 'slfm', 'cred']
```

这个列表中的前三家公司——whsh、pian 和 mike——被估计具有最高的流失风险（终止合同的概率最高）。在这种情况下，数据显示这三家公司具有相同的较高的流失风险，而其他公司的预测流失风险较低。

最后，你可以决定对预测流失概率大于某个阈值 *x* 的客户予以关注。如果想让 *x* = 0.7，我们可以这样做：

```
print(list(attrition_future.loc[attrition_future['predicted']>0.7,'corporation']))
```

你将看到一份预测在未来 6 个月内流失风险大于 70%的所有客户的名单。这可以作为客户经理的工作优先列表。

5.2.5　测量预测准确性

前面我们完成了所有必要的步骤，并将一份高流失风险客户列表发送给了客户经理。在报告了流失风险预测后，我们可能会觉得任务已经完成，可以进行下一个任务了，但其实任务还没有完成。一旦我们将预测结果交给客户经理，他们很可能会立即询问我们预测的准确性有多高。他们想知道在他们付出巨大努力之前，可以有多少信心来采取行动。

在第 2 章中，我们介绍了衡量线性回归准确性的两种常见指标：均方根误差（RMSE）和平均绝对误差（MAE）。线性概率模型在技术上也是一种线性回归，因此可以再次使用这两种指标。然而，在分类问题中，常见的惯例是使用一组不同的指标，以更容易理解的方式来表达分类准确性。首先，我们需要分别创建预测值和实际值的列表：

```
themedian=attrition_past['predicted'].median()
prediction=list(1*(attrition_past['predicted']>themedian))
actual=list(attrition_past['exited'])
```

在这段代码中，我们计算了 predicted 列的中位数。然后我们创建了一个 prediction 列，当线性概率模型预测的概率低于中位数时，预测值将为 0；当线性概率模型预测的概率高于（或等于）中位数时，预测值将为 1。我们这样做是因为在测量分类任务的准确性时，我们将使用计算精确匹配的指标，例如 predicted = 1、actual = 1，以及 predicted = 0、actual = 0 。典型的分类准确性指标不会给出"部分得分"，比如实际值为 1，预测概率为 0.99，所以我们需要把概率转换为 1 和 0，以便在可能的情况下获得"完全得分"。我们还将实际值列表（来自 exited 列）转换为 Python 列表。

现在，数据格式正确，我们可以创建混淆矩阵（它是衡量分类模型精确率的标准方法）：

```
from sklearn.metrics import confusion_matrix
print(confusion_matrix(prediction,actual))
```

输出的混淆矩阵显示了我们在对数据集进行预测时得到的真阳性、真阴性、假阳性和假阴性的数量。混淆矩阵如下所示：

```
>>> print(confusion_matrix(prediction,actual))
[[7 6]
 [4 9]]
```

每个混淆矩阵的结构如下：

```
[[真阳性 假阳性]
 [假阴性 真阴性]]
```

因此，当查看混淆矩阵时，我们发现模型给出了 7 次真阳性结果，这表示对于 7 个客户，模型预测出高于中位数的终止合同概率（高流失风险），并且这 7 家公司确实终止了合同。假阳性情况有 6 次，这表示我们预测出高于中位数的终止合同概率，但这些客户没有终止合同。假阴性情况发生 4 次，在这些情况中，我们预测出低于中位数的终止合同概率，但这些客户终止了合同。最后，真阴性情况发生 9 次，在这些情况中，我们对没有终止合同的客户预测出低于中位数的终止合同概率。

我们总是对真阳性和真阴性感到满意，并且希望两者（混淆矩阵的主对角线上的值）都尽可能高。我们对假阳性和假阴性感到不满意，并且希望两者（混淆矩阵的主对角线以外的值）都尽可能低。

混淆矩阵包含我们所做分类及其正确性的所有可能信息。然而，数据科学家永远无法满足于对数据进行切割、解析和重新表示的新方法。我们可以从混淆矩阵中计算出大量的派生指标。

我们可以从混淆矩阵中推导出两个最受欢迎的指标：精确率（precision）和召回率（recall）。精确率定义为真阳性数量 /(真阳性数量+假阳性数量)。召回率也称为敏感度，定义为真阳性数量/(真阳性数量 + 假阴性数量)。精确率回答了一个问题：在我们认为是阳性的所有样本中，有多少个实际上是阳性的？（在我们的例子中，问题指的是在所有我们认为客户具有高流失风险的情况下，实际上有多少次他们真的终止合同了？）召回率则回答了一个稍微不同的问题：在所有实际上是阳性的样本中，有多少我们认为是阳性的？（换句话说，在所有实际上终止合同的客户中，我们预测有多少客户具有高流失风险？）如果假阳性数量多，精确率就会低。如果假阴性数量多，召回率就会低。理想情况下，精确率和召回率都应尽可能高。

我们可以按照以下方式计算精确率和召回率：

```
conf_mat = confusion_matrix(prediction,actual)
precision = conf_mat[0][0]/(conf_mat[0][0]+conf_mat[0][1])
recall = conf_mat[0][0]/(conf_mat[0][0]+conf_mat[1][0])
```

你会发现精确率约为 0.54，召回率约为 0.64。这些数值并不是非常令人满意。精确率和召回率的取值始终在 0 和 1 之间，并且理想情况下应尽可能接近 1。结果高于 0，这是好消息，但我们还有很大的改进空间。在后文中，我们将尽可能通过一些改进来提高精确率和召回率。

5.2.6   使用多变量线性概率模型

到目前为止，我们所有的结果都很简单：活动水平最低的客户也是预测流失概率最高的客户。这个模型非常简单，可能看起来不值一提。你可能会认为客户活动水平与客户流失风险之间的关系在图 5-2 中表现得直观且明显，因此认为用回归来确认它是多余的。但用回归来确认是合理的，即使在看似直观且明显的情况下，从回归中寻求严格的确认也是明智的。

当没有直观且明显的关系和可以立即显示它们的简单图表时，回归就会变得更加有效。例如，我们可以使用 3 个预测变量来预测客户流失风险：上个月的活动水平、去年的活动水平和客户的员工数量。如果想要同时绘制显示所有 3 个变量（预测变量）与客户流失风险之间的关系的图表，我们需要创建一个四维图，但它很难阅读。如果不想创建四维图，我们可以为每个独立变量与客户流失风险之间的关系创建单独的图表。但是，这些图表只会显示一个变量与客户流失风险之间的关系，因此无法捕捉整个数据集所表达的内容。

与通过绘图和直觉来发现流失风险不同，我们可以使用我们感兴趣的预测变量作为预测因子，运行多变量线性回归。

```
x3 = attrition_past.loc[:,['lastmonth_activity', 'lastyear_activity',\
'number_of_employees']].values.reshape(-1,3)
y = attrition_past['exited'].values.reshape(-1,1)
regressor_multi = LinearRegression()
regressor_multi.fit(x3, y)
```

这是一个多变量线性回归（我们在第 2 章中介绍过）。由于我们正在运行它以预测 0 到 1 的数据，因此它也是一个多变量线性概率模型（Multivariate LPM）。就像我们为之前创建的回归所做的一样，我们可以使用这个新的多变量线性回归器来预测 attrition_future 数据集的概率：

```
attrition_future['predicted_multi']=regressor_multi.predict(x3)
```

运行 print(attrition_future.nlargest(5,'predicted_multi'))，我们可以基于这个新的多变量线性回归器看到具有最高预测流失风险的 5 个客户。代码输出如下所示：

	corporation	lastmonth_activity	lastyear_activity	number_of_employees	\
11	ejdc	95	1005	61	
12	mike	0	0	49	

```
13      pevc            4              6              1686
4       dmai            4              94             2
22      ynus            9              90             12
        predicted  predicted_multi
11      0.634508        0.870000
12      0.711936        0.815677
13      0.708676        0.788110
4       0.708676        0.755625
22      0.704600        0.715362
[5 rows x 5 columns]
```

因为我们使用 3 个变量来预测流失概率，而不是使用一个变量，所以哪个客户的预测流失风险最高、哪个客户的预测流失风险最低并不明显。在这种更复杂的情况下，回归的预测能力将很有帮助。

让我们看一份所有客户的列表，根据刚才使用的回归，按客户流失风险从高到低对这些客户进行排列：

```
print(list(attrition_future.sort_values(by='predicted_multi',\
ascending=False).loc[:,'corporation']))
```

代码的运行结果如下所示：

```
['ejdc', 'mike', 'pevc', 'dmai', 'ynus', 'wlcj', 'angl', 'pian', 'slfm',\
 'hlpd', 'frgv', 'hlly', 'oscr', 'cred', 'dwgt', 'hhtn', 'whsh', 'grce',\
 'pryr', 'xkcd', 'bass', 'ahva', 'erin', 'zamk', 'skct', 'kdic']
```

这些客户与我们之前看到的相同，但他们的顺序不同，因为他们的流失风险是用 regressor_multi 而不是用 regressor 预测的。你可以看到，在某些情况下，顺序是相似的。例如，dmai 客户在 regressor 的预测中排名第六，在 regressor_multi 的预测中排名第四。在其他情况下，顺序是完全不同的。例如，whsh 客户被 regressor 排在第一位（与另外两个客户并列），但在 regressor_multi 的预测中它排在第 17 位。顺序会改变，因为不同的回归变量考虑了不同的信息，并发现了不同的模式。

5.2.7 创建新指标

在运行使用数据集内所有数值预测变量的回归后，你可能会认为我们已经完成了所有可能的回归。但是其实我们还可以做更多的事情，因为我们并不严格限制于只使用客户流失数据集原始列创建线性概率模型。我们还可以创建派生特征或工程特征——通过转换或组合现有变量而创建的特征或指标。以下是派生特征的一个例子：

```
attrition_future['activity_per_employee']=attrition_future.loc[:,\
'lastmonth_activity']/attrition_future.loc[:,'number_of_employees']
```

在这里，我们创建了一个名为 "activity_per_employee" 的新指标。它是整个公司上个月的活动水平与客户的员工数量之比。使用这个新派生指标对客户流失风险进行预测的效果可能比单独使用原始活动水平或仅凭员工数量进行预测的效果要好。

例如，两个客户可能都具有较高的活动水平，比如他们的活动水平为 10000。然而，如果其中一个客户有 10000 名员工，而另一个只有 10 名员工，我们可能会对他们的流失风险有非常不同的预期。较小客户的员工平均每月使用我们的软件 1000 次，而较大客户的员工平均每月仅使用一次。尽管根据我们原始的测量结果，两个客户的活动水平相同，但较小客户似乎更不会流失，因为我们的软件似乎在他们每个员工的工作中都发挥着重要的作用。我们可以在回归中使用这个新的 activity_per_employee 指标：

```
attrition_past['activity_per_employee']=attrition_past.loc[:,\
'lastmonth_activity']/attrition_past.loc[:,'number_of_employees']
x = attrition_past.loc[:,['activity_per_employee','lastmonth_activity',\
'lastyear_activity', 'number_of_employees']].values.reshape(-1,4)
y = attrition_past['exited'].values.reshape(-1,1)

regressor_derived= LinearRegression()
regressor_derived.fit(x, y)
attrition_past['predicted3']=regressor_derived.predict(x)

x = attrition_future.loc[:,['activity_per_employee','lastmonth_activity',\
'lastyear_activity', 'number_of_employees']].values.reshape(-1,4)
attrition_future['predicted3']=regressor_derived.predict(x)
```

这个代码片段包含很多代码，但我们在这里所做的一切都是之前做过的。首先，我们定义了 activity_per_employee 指标，这是我们新派生的特征。然后，我们定义了 x 和 y 变量。x 变量是特征：我们将使用 4 个变量来预测客户流失风险。y 变量是目标，即我们试图预测的一个变量。我们创建并拟合了一个使用 x 预测 y 的线性回归，然后我们创建了 predicted3，它是一个新列，其中包含这个新回归的客户流失风险预测结果。我们为过去数据和当前数据都创建了一个predicted3 列。

和之前一样，我们可以看看这个模型的预测结果：

```
print(list(attrition_future.sort_values(by='predicted3',ascending=False).loc[:,'corporation']))
```

你会看到，这个预测结果中的顺序与我们之前使用的回归器给出的顺序不同：

```
['pevc', 'bass', 'frgv', 'hlpd', 'angl', 'oscr', 'zamk', 'whsh', 'mike',\
 'hhtn', 'ejdc', 'grce', 'pian', 'ynus', 'dmai', 'kdic', 'erin', 'slfm',\
 'dwgt', 'pryr', 'hlly', 'xkcd', 'skct', 'ahva', 'wlcj', 'cred']
```

和之前一样，我们可以检查最新模型的混淆矩阵。首先，我们将预测值和实际值转换为正确的 0 和 1 之间的值：

```
themedian=attrition_past['predicted3'].median()
prediction=list(1*(attrition_past['predicted3']>themedian))
actual=list(attrition_past['exited'])
```

现在可以计算最新模型的混淆矩阵了：

```
>>> print(confusion_matrix(prediction,actual))
[[9 4]
[2 11]]
```

这个混淆矩阵应该比我们之前的混淆矩阵看起来更好。如果你需要更多的证据来证明我们最新的模型更好，可以看看这个模型的精确率和召回率：

```
conf_mat = confusion_matrix(prediction,actual)
precision = conf_mat[0][0]/(conf_mat[0][0]+conf_mat[0][1])
recall = conf_mat[0][0]/(conf_mat[0][0]+conf_mat[1][0])
```

你会看到精确率约为 0.69，召回率约为 0.82——仍然不完美，但与我们之前较低的值相比，有了很大的改进。

5.2.8　线性概率模型的缺点

线性概率模型有很多优点：它们的值很容易解释，它们很容易用古老的方法和许多有用的 Python 模块来进行估计，并且它们是简单的直线形式。然而，线性概率模型也有缺点，其中之一是它们不能很好地拟合数据集的点：虽然它们穿过了数据点云，但只接近其中的几个点。

如果你观察图 5-2 的右侧，就会发现线性概率模型最大的缺点很明显。在图 5-2 中，回归线出现在 $y = 0$ 以下。如果我们试图解释图 5-2 中这部分的回归线的值，我们会得出一个荒谬的结论：我们预测拥有 1200 个员工的客户的流失概率约为−20%。没有合理的方式来解释负概率，这个预测结果只能是无稽之谈。不幸的是，对于每一个非水平线的线性概率模型来说，这种"无稽之谈"是不可避免的。任何非水平的回归线都会对某些值做出概率低于 0%或高于 100%的预测。这些不可避免的荒谬预测是线性概率模型最大的缺点，也是你应该学习其他二分类方法的原因。

5.3　用逻辑回归预测二分类结果

我们需要一种二分类的方法，它不应受线性概率模型的缺点限制。如果你研究一下图 5-2，你会意识到无论我们使用什么方法，都不能完全依赖图中的直线，因为除了完全水平的直线之外，任何直线都不可避免地会做出概率低于 0%或高于 100%的预测，也会远离它应该拟合的许多点。如果我们要用一条线来进行二分类拟合，那么它必须是一条不会低于 y=0 或高于 y=1 的曲线，并且还能接近许多点（这些点都在 $y = 0$ 或 $y = 1$ 处）。

一条符合这些条件的重要曲线称为逻辑曲线（logistic curve）。从数学上讲，逻辑曲线可以通过以下函数来描述：

$$\text{logistic}(x) = \frac{1}{1 + e^{-(\beta_0 + \beta_1 x)}}$$

逻辑函数用于对人口、流行病、化学反应和语言变迁等情况进行建模。如果你仔细观察这个函数表达式的分母，你会看到 $\beta_0 + \beta_1 x$。如果这让你想起我们在第 2 章进行线性回归时使用的表达式，那就对了——它与标准回归公式中的表达式完全相同（二者都具有截距、斜率和一个 x 变量）。

我们将介绍一种使用逻辑函数的新型回归方法。这将使用之前已经使用过的许多相同元素，因此接下来要做的大部分事情应该会让你感觉很熟悉。我们将使用逻辑函数来对客户流失风险进行建模，我们可以将使用的方法应用于任何需要对是/否或 0/1 答案的概率进行建模的场景。

5.3.1 绘制逻辑曲线

我们可以在 Python 中绘制一条简单的逻辑曲线，代码如下所示：

```
from matplotlib import pyplot as plt
import numpy as np
import math
x = np.arange(-5, 5, 0.05)
y = (1/(1+np.exp(-1-2*x)))
plt.plot(x,y)
plt.xlabel("X")
plt.ylabel("Value of Logistic Function")
plt.title('A Logistic Curve')
plt.show()
```

上述代码运行的结果如图 5-3 所示。

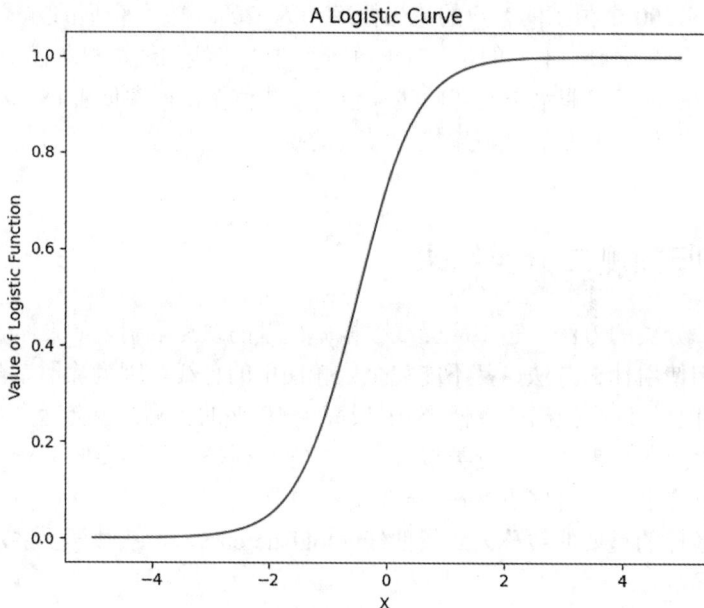

图 5-3　逻辑曲线示例

逻辑曲线具有类似 S 形的形状，因此在其定义域的大部分范围内，它保持接近 $y = 0$ 和 $y = 1$。此外，它永远不会高于 $y = 1$，也不会低于 $y = 0$，因此不会受线性概率模型的缺点限制。

如果我们将逻辑方程中的系数改为正数而不使用负数，则会颠倒逻辑曲线的方向，使其成为一条反向的 S 形曲线，而不是标准的 S 形曲线：

```
from matplotlib import pyplot as plt
import numpy as np
import math
x = np.arange(-5, 5, 0.05)
y = (1/(1+np.exp(1+2*x)))
plt.plot(x,y)
plt.xlabel("X")
plt.ylabel("Value of Logistic Function")
```

```
plt.title('A Logistic Curve')
plt.show()
```

这个代码片段与上一个代码片段相同，只是将两个数字从负数改为正数（以粗体显示）。我们可以在图 5-4 中看到最终绘制的图表。

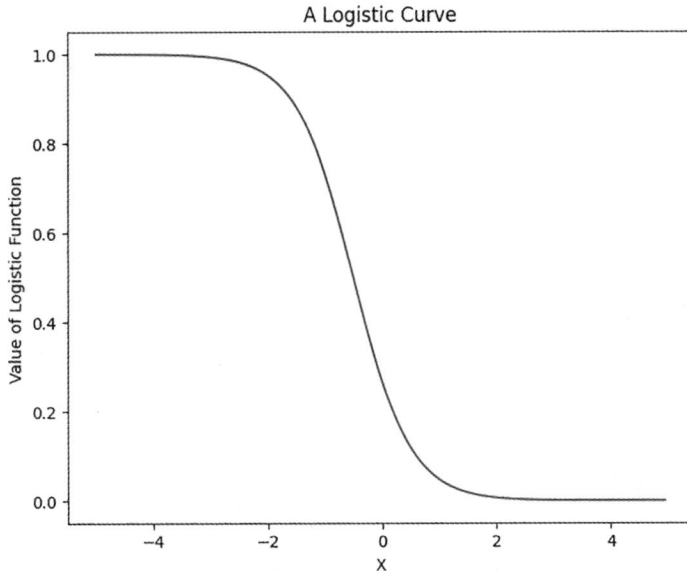

图 5-4　另一个逻辑曲线的示例，显示反向 S 形曲线

下面我们使用逻辑曲线来处理数据。

5.3.2　逻辑回归

我们可以通过类似的方式用逻辑曲线拟合二进制数据，就像我们在创建线性概率模型时用直线拟合二进制数据一样。用逻辑曲线拟合二进制数据也称为执行逻辑回归，它是二分类问题中常见且标准的线性回归替代方法。我们可以从几个 Python 模块中选择执行逻辑回归：

```
from sklearn.linear_model import LogisticRegression
model = LogisticRegression(solver='liblinear', random_state=0)
x = attrition_past['lastmonth_activity'].values.reshape(-1,1)
y = attrition_past['exited']
model.fit(x, y)
```

用逻辑曲线拟合二进制数据后，可以访问每个元素的预测概率，如下所示：

```
attrition_past['logisticprediction']=model.predict_proba(x)[:,1]
```

然后我们可以对结果进行绘制：

```
fig = plt.scatter(attrition_past['lastmonth_activity'],attrition_past['exited'], color='blue')
attrition_past.sort_values('lastmonth_activity').plot('lastmonth_activity',\
'logisticprediction',ls='--', ax=fig.axes,color='red')
plt.title('Logistic Regression for Attrition Predictions')
plt.xlabel('Last Month\'s Activity')
```

```
plt.ylabel('Attrition (1=Exited)')
plt.show()
```

你可以在图 5-5 中看到我们得到了想要的结果：一个回归模型，它永远不会预测高于 100% 或低于 0% 的概率，并且非常接近我们的"云"中的一些点。通过这种新方法，我们不再受线性概率模型的缺点限制。

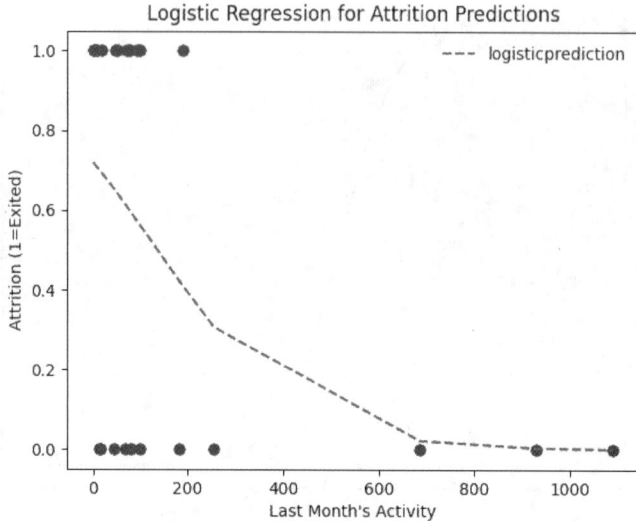

图 5-5   使用逻辑回归预测客户流失风险

你可能会提出异议：我们介绍逻辑回归时提到它会产生图 5-3 和图 5-4 所示的 S 形曲线，而图 5-5 中没有出现 S 形曲线。其实图 5-5 只展示了完整 S 形曲线的一部分；可以将图 5-5 看作对图 5-4 右下方进行了放大而显示出的图像，所以我们只看到了反向 S 形曲线的右侧部分。如果我们缩小绘图并考虑为负数的活动水平，我们将看到更完整的反向 S 形曲线，其中包括接近 1 的预测客户流失概率。由于活动水平不可能为负数，因此我们只能看到逻辑函数所确定的完整 S 形曲线的一部分。

就像我们在其他回归中所做的那样，我们可以查看逻辑回归的预测结果。特别是，我们可以预测 attrition2 数据集内每个客户的流失概率，并按照流失风险从高到低的顺序将其输出：

```
x = attrition_future['lastmonth_activity'].values.reshape(-1,1)
attrition_future['logisticprediction']=model.predict_proba(x)[:,1]
print(list(attrition_future.sort_values(by='logisticprediction',\
ascending=False).loc[:,'corporation']))
```

我们可以看到输出结果包括 attrition2 中的每个客户，根据逻辑回归的结果，按照预测的流失概率从高到低对这些客户进行排列：

```
['whsh', 'pian', 'mike', 'bass', 'pevc', 'dmai', 'ynus', 'kdic', 'hlpd',\
'angl', 'erin', 'oscr', 'grce', 'zamk', 'hlly', 'xkcd', 'dwgt', 'pryr',\
'skct', 'frgv', 'ejdc', 'ahva', 'wlcj', 'hhtn', 'slfm', 'cred']
```

你可以查看这些结果并将其与其他回归的预测结果进行比较。使用不同的信息和不同的函数来对数据进行建模，可能会导致每次进行回归时得到不同的结果。在这种情况下，由于我们所用的逻辑回归使用了与线性概率模型相同的预测因子（上个月的活动水平），因此它以相同的顺序将客户按照流失风险从高到低进行排列。

5.4 二分类的应用

逻辑回归和线性概率模型常用于预测二分类结果。我们不仅可以用它们预测客户是否会流失，还可以用它们预测股票是否会上涨、申请人是否可以申请到职位、项目是否会盈利、团队是否会赢得比赛，或者任何可以用真/假、0/1 答案来表达的二分类问题。

在本章中学到的线性概率模型和逻辑回归是统计工具，它们可以告诉我们客户的流失概率。但是，仅知道客户的流失概率并不能完全解决客户流失所代表的业务问题。需要向业务领导传达这些客户流失的预测结果，并确保客户经理有效地采取行动。许多业务考虑因素可能会改变业务领导为应对客户流失问题而采取的策略。例如，客户的流失概率并不是决定处理客户问题优先级的唯一因素。这个优先级还将取决于客户的相对重要性，可能包括公司预计从客户那里获得的收入、客户规模以及其他战略考虑因素。数据科学始终是更大业务流程中的一部分，其中的每一步都是重要的。

线性概率模型和逻辑回归有一个重要的共同点：它们是单调的，即它们表达的趋势只朝一个方向移动。在图 5-1、图 5-2 和图 5-5 中，较低的活动水平总是与较高的流失风险相关，反之亦然。然而，想象一个更复杂的情况：低活动水平与高流失风险相关，中等活动水平与低流失风险相关，而高活动水平再次与高流失风险相关。本章中所研究的单调函数是无法捕捉这种情况的，因此我们需要转向更复杂的模型。第 6 章将介绍机器学习的方法，包括捕捉复杂多变量数据中非单调趋势的方法，从而更准确地进行预测和分类。

5.5 本章小结

本章讨论了二分类问题。我们从一个简单的业务场景开始，展示了线性回归如何帮助我们预测概率以解决业务问题。我们考虑了线性概率模型的缺点，并引入了逻辑回归作为一个更复杂的模型来弥补这些缺点。二分类问题可能看起来不是一个重要的主题，但我们可以用它来分析风险、预测未来和做出困难的回答"是/否"问题的决策。在后文讨论机器学习时，我们将探讨除回归预测和分类以外的方法。

6

监督学习

计算机科学家使用术语"监督学习"来指代广泛的定量方法，这些方法用于预测和分类。实际上，你已经进行过监督学习了：第 2 章中的线性回归以及第 5 章中的线性概率模型和逻辑回归都是监督学习的例子。通过学习这些方法，你已经熟悉了监督学习的基本思想。本章将介绍一些高级的监督学习方法，并将讨论监督学习的整体概念。我们详细地探讨这个主题，是因为它是数据科学非常关键的组成部分。

我们将从介绍一个业务挑战入手，描述监督学习如何帮助我们解决它。本章将线性回归作为一个不完美的解决方案进行讨论，并对监督学习进行一般性的讨论。然后，我们将介绍 kNN，这是一种简单而优雅的监督学习方法。我们还将简要介绍决策树、随机森林和神经网络，并讨论如何将它们用于预测和分类。最后，我们将讨论如何测量预测准确性以及这些不同方法的共同点。

6.1 预测网站流量

想象一下你在经营一个网站，网站的商业模式很简单：你发表主题有趣的文章，通过访问你网站的人来赚钱。无论你的收入来自广告销售、订阅还是捐赠，你的收入都与网站的访问量正相关：访问量越高，收入越高。

业余作家向你提交文章，希望能在你的网站上发表。你收到了大量的文章，但你没有时间阅读所有文章，更不用说将它们全部发表。因此，你需要进行一些筛选。在决定发表哪些文章时，你可能会考虑许多因素。当然，你会尽量考虑文章的质量。你还希望考虑哪些文章与你网站的"品牌"相符。但最终，你是在经营一个企业，最大化网站的收入对于确保你的企业能够长期生存至关重要。由于你的收入与网站访问者数量成比例，最大化收入取决于你将选择哪些可能吸引更多访问者的文章进行发表。

你可以尝试依靠直觉来决定哪些文章可能会吸引许多访问者。这将需要你或你的团队阅读每篇文章，并对哪些文章可能吸引最多访问者做出艰难的判断。这将非常耗时，而且即使花费了很多时间阅读文章，你的团队也不一定能对哪些文章会吸引更多访问者做出正确的判断。

解决这个问题的一种更快且可能更准确的方法是使用监督学习。想象一下，如果你可以编写代码，在文章到达你的收件箱后，代码可以读取文章并利用从每篇文章中获取的信息准确预测它将吸引的访问者数量，那该多好。如果你有这样的代码，甚至可以完全自动化你的发表流程：一个机器人可以阅读来自电子邮箱中的文章，预测每篇文章的预期收入，并发表所有预期收入高于特定阈值的文章。

这个过程中最困难的部分是预测文章的预期收入，而这部分就是我们需要依靠监督学习来完成的部分。在本章，我们将逐步介绍监督学习所需的步骤，通过监督学习来使本章要构建的用于根据文章内容预测访问者数量的系统能够预测一篇给定文章将吸引的访问者数量。

6.2 读取并绘制文章数据

与大多数数据科学场景类似，监督学习需要我们读取数据。我们将读取一个免费提供的数据集，该数据集可以从加利福尼亚大学欧文分校（University of California, Irvine，UCI）机器学习仓库获取。该仓库包含数百个数据集，供机器学习研究人员和爱好者研究和娱乐。

我们将使用的特定数据集包含有关 2013 年和 2014 年在 Mashable 上发表的新闻文章的详细信息。这个 Online News Popularity（在线新闻热度）数据集中提供了有关数据的详细信息，包括数据的来源、包含的信息，以及已发表的包含数据分析的论文。

你可以从 https://archive.ics.uci.edu/ml/machine-learning-databases/00332/OnlineNewsPopularity.zip 中获取数据的 ZIP 文件。下载 ZIP 文件后，你需要在计算机上对它进行解压缩。然后，你将看到 OnlineNewsPopularity.csv 文件，它就是数据集本身，你可以按以下方式将其读入 Python 会话中：

```
import pandas as pd
news=pd.read_csv('OnlineNewsPopularity.csv')
```

我们导入了熟悉的 pandas 包，并将 Online News Popularity 数据集读入一个名为 news 的变量中。Online News Popularity 数据集中的每一行包含有关在 Mashable 上发表的特定文章的详细信息。第一列 url 包含原始文章的 URL（Uniform Resource Locator，统一资源定位符）。如果你访问特定文章的 URL，你可以看到与之相关的文本和图片。

Online News Popularity 数据集一共有 61 列。除第一列外的每一列都包含关于文章的某个方面的数值测量。例如，第三列的名称为 n_tokens_title，这是标题中的标记数量，在我们的例子中指的是标题中的单词数。Online News Popularity 数据集中的许多列的名称都涉及自然语言处理（Natural Language Processing，NLP）中的高级方法。NLP 是一个相对较新的领域，涉及使用计算机科学和数学算法来快速自动地分析、生成和翻译自然人类语言，而不需要人的参与。

数据集的第 46 列 global_sentiment_polarity 包含每篇文章的情感评分，指标范围为从−1（非常负面）到 0（中性）到 1（非常积极）。自动测量自然人类语言文本情感是 NLP 领域一个令人兴奋的发展方向之一。通过最先进的情感分析算法得到的评分能够与人类的情感评分非常接近，因此一篇关于死亡、恐怖和悲伤的文章将被人类和 NLP 算法都认为具有非常负面的情感（情感指标接近−1）；而一篇关于喜悦、自由的文章则被普遍认为具有非常积极的情感（情感指标接近 1）。Online News Popularity 数据集创建者已经运行了情感分析算法，以测量数据集内每篇文章的情感指标，并将结果存储在 global_sentiment_polarity 中。数据集的其他列包含其他测量结果，包括简单的文章长度以及其他高级 NLP 结果。

数据集的最后一列 shares 记录了每篇文章在社交媒体平台上的分享次数。我们真正的目标是通过增加访问量来增加收入。但是 Online News Popularity 数据集内没有直接衡量收入或访问量的指标！这在数据科学实践中是常见的情况：我们想要分析某个指标，但我们的数据集只包含其他指标。在这种情况下，可以合理地假设文章在社交媒体平台上的分享次数与文章的访问量相关，因为访问量高的文章通常会被频繁分享，而分享次数多的文章也会被频繁访问。正如之前提到的，我们的收入与网站的访问量直接相关。因此，我们可以合理假设一篇文章在社交媒体平台上的分享次数与该文章所获得的收入密切相关。这意味着我们将使用分享次数作为访问量和收入的代理指标。

如果我们能确定文章的哪些特征与分享次数呈正相关，将有助于我们的分析。例如，如果我们认为人们喜欢分享快乐的事物，我们可能会猜测情感评分高的文章会经常被分享。如果这是真的，了解一篇文章的情感评分将有助于我们预测该文章的分享次数。通过学习如何预测分享次数，我们可以学习如何预测访问量和收入。而且，如果我们知道了一篇分享次数很高的文章的特征，我们就会知道如何设计未来的文章以最大化收入。

和之前（尤其是第 1 章）一样，我们可以从简单的探索开始。我们将从绘制一个图表开始。让我们考虑情感评分模型与分享次数之间的关系的图表：

```
from matplotlib import pyplot as plt
plt.scatter(news[' global_sentiment_polarity'],news[' shares'])
plt.title('Popularity by Sentiment')
plt.xlabel('Sentiment Polarity')
plt.ylabel('Shares')
plt.show()
```

你可能会注意到，在这个 Python 代码片段中，访问数据集的列时，我们在每个列名的开头放了一个空格。例如，我们写的是 news[' shares']，而不是 news['shares']，以引用记录分享次数的列。我们这样做是因为在原始数据文件中，列名是包含空格的，而不只是包含列名本身。由于某种原因，该文件中的每个列名前都有一个空格，因此当我们告诉 Python 按名称访问每个列时，需要包括该空格。在本章中，你将在整个数据集内看到这些空格；每个数据集都有自己的特点，想要成为成功的数据科学家，能够理解和适应这种特点是非常重要的。

图 6-1 展示了 Online News Popularity 数据集内每篇文章的情感评分和分享次数之间的关系。

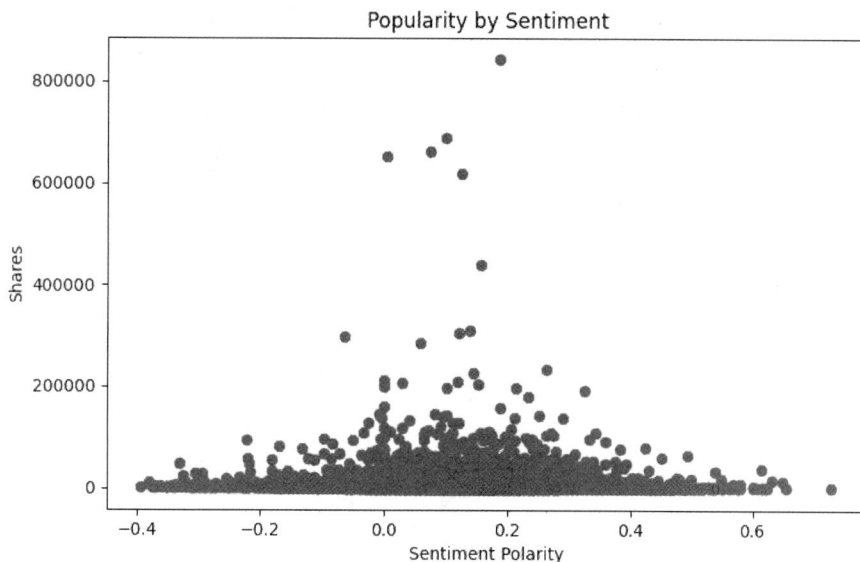

图 6-1　Online News Popularity 数据集内每篇文章的情感评级和分享次数之间的关系

关于图 6-1，我们可以注意到的一件事是，至少肉眼看来，文章的情感评分和分享次数之间不存在明确的线性关系。具有非常积极的情感的文章似乎并不比具有非常负面的情感的文章更容易被分享；反之，负面情绪很高的文章也不比正面情绪很高的文章获得更多的分享次数。通过观察发现，接近情感评分中性的文章似乎被分享的次数更多。

6.3　使用线性回归作为预测方法

我们可以像第 2 章和第 5 章那样，使用线性回归对这种线性关系进行更严格的检验（这个例子中不存在线性回归）：

```
from sklearn.linear_model import LinearRegression
x = news[' global_sentiment_polarity'].values.reshape(-1,1)
y = news[' shares'].values.reshape(-1,1)
regressor = LinearRegression()
regressor.fit(x, y)
print(regressor.coef_)
print(regressor.intercept_)
```

这个代码片段执行线性回归，使用情感评分预测分享次数。实现方法与第 2 章中介绍的相同。首先从 sklearn.linear_model 导入回归器，其中包含我们要使用的 LinearRegression()函数。然后，对数据进行重塑，以便我们导入的模块可以使用它。我们创建了一个名为 regressor 的变量，并对数据进行回归拟合。最后，我们输出拟合回归得到的系数和截距：499.3 和 3335.8。

你应该还记得，在第 2 章中，我们将这些数字分别解释为回归线的斜率和截距。我们使用线性回归估计的情感评分（global_sentiment_polarity）和分享次数（shares）之间的关系如下：

分享次数=3335.8+499.3×情感评分

我们可以把显示这个关系的回归线和数据一起绘制出来，如下所示：

```
regline=regressor.predict(x)
plt.scatter(news[' global_sentiment_polarity'],news[' shares'],color='blue')
plt.plot(sorted(news[' global_sentiment_polarity'].tolist()),regline,'r')
plt.title('Shares by Sentiment')
plt.xlabel('Sentiment')
plt.ylabel('Shares')
plt.show()
```

代码运行的结果如图 6-2 所示。

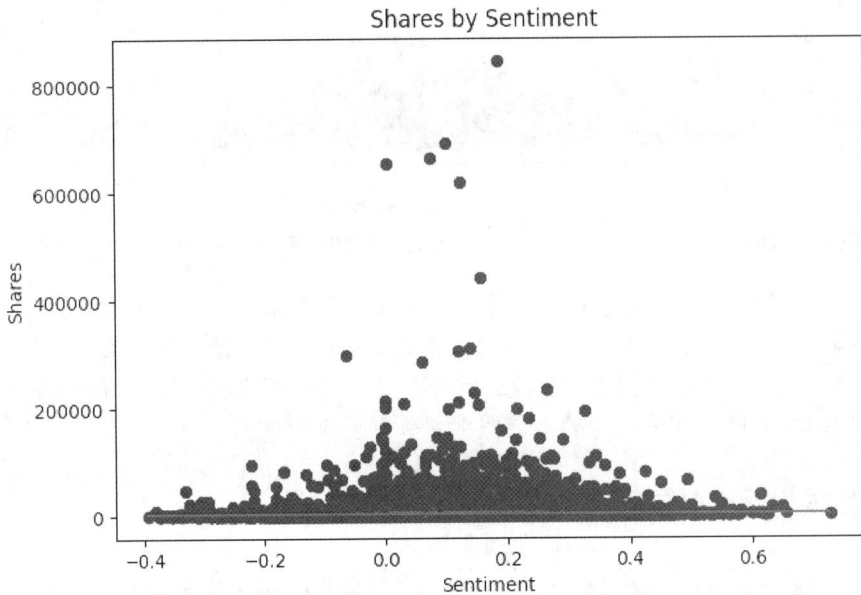

图 6-2　一条显示情感评级和分享次数之间关系的回归线

这条回归线（如果你在自己的环境中运行程序的话，这条线应该显示为红色）看起来相当平缓，它只显示了情感评分和分享次数之间的微弱关系。使用这条回归线来预测分享次数可能不会有太大帮助，因为它对每种情感预测的分享次数几乎相同。我们还将探索其他监督学习方法，以获得更好、更准确的预测结果。在开始之前，我们先了解一下监督学习的概念，这包括线性回归是什么，它为何被归为监督学习的一种类型，以及在我们的业务场景下还可以使用哪些其他类型的监督学习。

6.4　理解监督学习

我们刚才进行的线性回归就是监督学习的一个例子。本章已经多次提到监督学习，但没有对监督学习给出精确的定义。我们可以将监督学习定义为学习一个将特征变量映射到目标变量的函数的过程。为了更清楚地进行说明，请看图 6-3。

图 6-3　监督学习的过程

考虑一下应该如何将图 6-3 展示的监督学习过程应用于本章前面完成的线性回归。我们使用情感评分作为唯一的特征变量（左侧的椭圆），目标变量是分享次数（右侧的椭圆）。下面的等式展示我们学习到的函数（中间的箭头）：

分享次数=3335.8+499.3×情感评级

这个函数完成了监督学习中每个学习函数应该做的事情：它接收一个（或多个）特征作为输入，输出对目标变量值的预测。在代码中，我们从 sklearn 模块导入了确定系数或学习函数的功能（就 sklearn 而言，它是通过线性代数方程来学习函数的，这些方程能保证找到最小化目标变量均方误差的系数，我们在第 2 章中已经讨论过）。

监督学习这个术语指的是确定（学习）这个函数的过程。目标变量是监督该过程的因素，因为在确定学习的函数时，我们检查它是否能准确预测目标变量。如果没有目标变量，我们将无法学习这个函数，因为我们无法确定哪些系数导致了较高的精确率，哪些导致了较低的精确率。

你将使用的每种监督学习方法都可以通过图 6-3 来描述。在某些情况下，我们可以使用特征工程，对数据集内的变量进行选择，以便实现最准确的预测。在其他情况下，我们会调整目标变量，例如使用原始变量的代理或转换。在所有的监督学习方法中最重要的部分是学习函数，它会将特征变量映射到目标变量。掌握新的监督学习方法包括掌握确定这些学习函数的新方法。

当我们选择线性回归作为监督学习方法时，我们得到的学习函数总是如方程 6-1 所示：

目标=截距+系数$_1$×特征$_1$+系数$_2$×特征$_2$+⋯+系数$_n$×特征$_n$

方程 6-1　线性回归学习函数的一般形式

对于已经学过很多代数课程的人来说，这种函数形式（系数乘特征并将结果相加）看起来可能很自然。当我们在二维空间中这样做时，我们会得到一条线，就像图 6-2 中的那条线一样。

然而，这并不是学习函数的唯一形式。如果我们对这种形式进行更深入的思考，我们会意识到，线性回归的函数隐式地表达了一种对世界的假设或模型。尤其是线性回归隐含的假设是世界可以用直线来描述：每当我们有两个变量 x 和 y 时，都存在一种方式可以准确地将它们关联起来，关联形式为 $y = a + bx$，其中 a 和 b 是常数。世界上的许多事物可以用直线来描述，但并非所有事物都可以。宇宙没有边际，有许多关于世界的模型、学习函数和监督学习方法可以通过放弃线性假设来为我们提供更准确的预测。

如果世界不是由直线和线性关系来描述的，那么哪种对世界描述的模型是正确的、最准确的或最有用的呢？这个问题有许多可能的答案。例如，我们可以认为世界是由点周围的独特小区域组成的，而不是由直线组成的。我们可以通过测量点周围的小区域的特征，并使用这些小区域来进行预测，而不是使用一条直线进行预测（这种方法将在下文中详细讨论）。

如果我们观察到的世界中的一切都是由直线和线性关系关联的，那么选择线性回归作为模型是正确的。如果世界是由小区域组成的，那么另一种合适的监督学习模型是 k 近邻算法。我们将在下一节中研究这种算法。

6.5　k 近邻

假设你有一位从未学过统计学、线性回归、监督学习或数据科学的实习生。你刚刚收到一篇新的文章，该文章的作者希望在你的网站上发表。你把这篇新文章、Online News Popularity 数据集和一些 NLP 软件交给了这位实习生。你要求实习生预测这篇新文章的分享次数。如果实习生预测这篇文章的分享次数很高，你将发表这篇文章；否则，你不会发表。

你的实习生使用 NLP 软件确定这篇文章的 global_sentiment_polarity 等于 0.42。实习生不知道如何进行线性回归。但他有一个简单的想法来预测分享次数。他的简单想法是浏览 Online News Popularity 数据集，直到找到一篇与这篇新文章非常相似的文章。如果数据集中的某篇现有文章与新文章非常相似，那么可以合理地假设新文章的分享次数将与现有文章的分享次数相似。

例如，假设他在数据集中找到一篇现有文章，其 global_sentiment_polarity 等于 0.4199。他会合理地得出结论：这篇现有文章与新文章相似，因为它们的 global_sentiment_polarity 几乎相同。如果这篇现有文章获得了 1200 次分享，我们可以预期，具有几乎相同的 global_sentiment_polarity 的新文章应该有类似的分享次数。"相似的文章获得相似的分享次数"是总结这个简单思维过程的一种方式。在监督学习的语境中，我们可以重新将其表述为"相似的特征值导致相似的目标值"，尽管你的实习生从未听说过监督学习。

既然我们处理的是数值数据，就不能只简单地以定性方式讨论文章的相似性。我们可以直接测量数据集中任意两个观测值之间的距离。与新文章相似的现有文章的 global_sentiment_polarity 为 0.4199，与新文章的 global_sentiment_polarity 值 0.42 相差 0.0001。由于 global_sentiment_polarity 是我们目前考虑的唯一变量，我们可以认为这两篇文章之间的距离为 0.0001。

你可能认为距离是一个毫无争议的概念。但在数据科学和机器学习中，我们经常发现自己测量的距离的定义与日常生活中的距离的定义不符。在这个例子中，我们使用情感评分的差异作为距离，即使它不是一个可以实际测量的距离。在其他情况下，我们可能会表达真值和假值之间的距离，特别是在进行分类时，就像第 5 章中所述的一样。当我们谈论距离时，通常是使用这个术语作为一种宽松的类比，而不是进行字面上的实际测量。

距离较小的观测值可以称为邻居，对于我们的例子来说，我们找到了两个距离相近的邻居。另一篇情感评分为 0.41 的文章与新文章的距离为 0.01：这两篇文章也是邻居，但距离稍微远一点。对于任意两篇文章，我们可以测量它们在我们感兴趣的所有变量上的距离，并将这个距离作为衡量任意两篇文章邻近程度的指标。

我们可以找到数据集中 global_sentiment_polarity 最接近 0.42 的 15 个最近邻,并考虑与这 15 篇文章相关联的分享次数。这 15 个最近邻的分享次数的均值是我们预期新文章获得的分享次数的合理预测值。

我们可以预期新文章获得的分享次数。你的实习生并不认为他的预测方法有什么特别之处。这似乎是一种自然、简单的预测方法,不需要使用任何微积分或计算机科学知识。然而,他的简单思维过程实际上是一个强大的监督学习算法,这个算法称为 k 近邻(k-Nearest Neighbor, kNN)。我们可以将整个算法描述为 4 个简单的步骤。

(1)选择一个点 p 作为预测的目标变量。

(2)选择一个自然数 k。

(3)找出数据集内指向 p 的 k 个最近邻。

(4)k 个最近邻的目标值均值就是对 p 目标值的预测值。

你可能已经注意到,kNN 过程不需要使用任何矩阵乘法或其他任何数学知识。虽然 kNN 通常只在研究生水平的计算机科学课程中教授,但它只不过体现了一个简单的想法,小学生或者实习生都可以直观地掌握它:如果某些事物在某些方面彼此相似,它们也可能在其他方面相似。如果这些事物在相同的区域内,它们可能彼此相似。

6.5.1　使用 kNN

为 kNN 编写的代码非常简洁。我们首先定义 k,即我们要考虑的最近邻数量,以及 newsentiment,newsentiment 将保存我们想要进行预测的新文章的 global_sentiment_polarity。假设我们收到一篇新文章,它的情感评分为 0.5:

```
k=15
newsentiment=0.5
```

我们将预测一篇情感评分为 0.5 的新文章的分享次数。我们将查看新文章的 15 个最近邻来进行预测。为了方便,我们将情感评分和分享次数数据转换为列表(list),如下所示:

```
allsentiment=news[' global_sentiment_polarity'].tolist()
allshares=news[' shares'].tolist()
```

接下来,我们可以计算数据集内每一篇文章与新文章之间的距离:

```
distances=[abs(x-newsentiment) for x in allsentiment]
```

这个代码片段使用列表推导式来计算数据集内每篇文章的情感评分和新文章的情感评分之差的绝对值。

现在我们已经得到了所有需要的距离,我们需要找出其中最小的距离。记住,与新文章距离最小的文章就是新文章的最近邻,我们将使用它们来进行最终的预测。Python 的 NumPy 包中有一个有用的函数可以帮助我们轻松地找到最近邻:

```
import numpy as np
idx = np.argsort(distances)
```

在这段代码中，我们导入了 NumPy，并定义了一个名为 idx（index 的缩写）的变量。如果你运行 print(idx[0:k])，你可以看到这个变量的内容：

```
[30230, 30670, 13035, 7284, 36029, 19361, 29598, 22546, 25556, 6744, 26473,\
7211, 9200, 15198, 31496]
```

这 15 个数字是最近邻的索引。数据集中第 30230 篇文章的 global_sentiment_polarity 最接近 0.5，第 30670 篇文章的 global_sentiment_polarity 次接近，依此类推。我们使用 argsort()方法将距离列表从距离最小到距离最大进行排列，这个方法也可以为我们提供最小的 *k* 个距离（即最近邻的索引）。

在知道了最近邻的索引之后，我们可以创建一个包含每个最近邻的分享次数的列表：

```
nearbyshares=[allshares[i] for i in idx[0:k]]
```

我们最终的预测结果就是这个列表的均值：

```
print(np.mean(nearbyshares))
```

得到的输出约为 7344.466666666666，这表明过去情感评分约为 0.5 的文章在社交媒体平台上平均获得大约 7344 次分享。如果我们相信 kNN 的逻辑，我们应该预期任何未来情感评分约为 0.5 的文章也将在社交媒体平台上获得大约 7344 次分享。

6.5.2　使用 Python 的 sklearn 执行 kNN

我们不必在每次使用 kNN 进行预测时都重复整个过程。某些 Python 包可以为我们执行 kNN，比如 sklearn 包，我们可以将其相关模块导入 Python 中，如下所示：

```
from sklearn.neighbors import KNeighborsRegressor
```

你可能会惊讶地发现，我们在这里导入的模块被称为 KNeighborsRegressor。我们刚刚描述了 kNN 与线性回归之间的区别，那么为什么一个 kNN 模块会像线性回归模块一样使用 "regressor" 这个词呢？

kNN 当然不是线性回归，它不使用线性回归所依赖的任何矩阵代数，并且不会像线性回归那样输出回归线。然而，由于它是监督学习方法，它与线性回归会实现相同的目标：确定将特征变量映射到目标变量的函数。自过去一个多世纪以来，回归一直是占主导地位的监督学习方法，因此人们开始将回归视为监督学习的同义词。之所以人们称 kNN 函数为 kNN 回归器，是因为它们实现了与回归相同的目标，尽管它们没有进行任何实际的线性回归。

今天，回归和回归器这两个词被用于所有关于连续、数值目标变量的预测的监督学习方法中，无论它们是否与线性回归有关。由于监督学习和数据科学是相对新的领域（与存在数千年的数学相比），许多类似于这些混淆或冗余术语的例子仍然存在，尚未进行明确的定义，学习数据科学时要了解这些令人困惑的名称。

就像我们对线性回归所做的那样，我们需要重塑情感评分和分享次数数据列表，使其符合所需的格式：

```
x=np.array(allsentiment).reshape(-1,1)
y=np.array(allshares)
```

现在，我们不必计算距离和索引，只需创建一个"回归器"并将其拟合到数据中：

```
knnregressor = KNeighborsRegressor(n_neighbors=15)
knnregressor.fit(x,y)
```

我们只要正确地重塑情感评分数据列表，就可以找到回归器对任何情感的预测：

```
print(knnregressor.predict(np.array([newsentiment]).reshape(1,-1)))
```

这个 kNN 回归器预测新文章将获得 7344.46666667 次分享。这与我们手动执行 kNN 过程时得到的数字完全匹配。你应该很高兴这些数字能够匹配：这意味着你像备受推崇、广受欢迎的 sklearn 包的作者一样了解如何编写 kNN 代码了。

既然你已经学习了一种新的监督学习方法，请思考它与线性回归的相似之处和不同之处。正如图 6-3 所示，线性回归和 kNN 都依赖于特征变量和目标变量。两者都创建了一个将特征变量映射到目标变量的学习函数。在线性回归的情况下，学习函数是变量乘系数的线性总和，如图 6-1 所示。在 kNN 的情况下，学习函数是找到相关数据集中 k 个最近邻的平均目标值的函数。

线性回归隐含了一个宇宙模型，其中所有变量之间都可以用直线关联起来，kNN 也隐含了一个宇宙模型，其中点的邻域彼此非常相似。这些宇宙模型和所隐含的学习函数之间的差异非常大。由于学习函数不同，线性回归和 kNN 可能对文章分享次数或我们想要预测的任何其他内容进行不同的预测。但是不论是线性回归还是 kNN，"准确预测目标变量"的目标是相同的，因此这两种方法都是常用的监督学习算法。

6.6 使用其他监督学习算法

线性回归和 kNN 只是众多可用于我们的预测场景的监督学习算法中的两种。sklearn 包不仅可以方便地使用 kNN，还可以让我们使用其他监督学习算法。代码清单 6-1 展示了如何使用 5 种不同的方法进行监督学习，每种方法都使用相同的特征和目标变量，但使用不同的监督学习算法（不同的学习函数）：

代码清单 6-1　5 种监督学习方法的集合

```
#线性回归
from sklearn.linear_model import LinearRegression
regressor = LinearRegression()
regressor.fit(np.array(allsentiment).reshape(-1,1), np.array(allshares))
print(regressor.predict(np.array([newsentiment]).reshape(1,-1)))

#kNN
from sklearn.neighbors import KNeighborsRegressor
knnregressor = KNeighborsRegressor(n_neighbors=15)
knnregressor.fit(np.array(allsentiment).reshape(-1,1), np.array(allshares))
print(knnregressor.predict(np.array([newsentiment]).reshape(1,-1)))
```

```
#决策树
from sklearn.tree import DecisionTreeRegressor
dtregressor = DecisionTreeRegressor(max_depth=3)
dtregressor.fit(np.array(allsentiment).reshape(-1,1), np.array(allshares))
print(dtregressor.predict(np.array([newsentiment]).reshape(1,-1)))

#随机森林
from sklearn.ensemble import RandomForestRegressor
rfregressor = RandomForestRegressor()
rfregressor.fit(np.array(allsentiment).reshape(-1,1), np.array(allshares))
print(rfregressor.predict(np.array([newsentiment]).reshape(1,-1)))

#神经网络
from sklearn.neural_network import MLPRegressor
nnregressor = MLPRegressor()
nnregressor.fit(np.array(allsentiment).reshape(-1,1), np.array(allshares))
print(nnregressor.predict(np.array([newsentiment]).reshape(1,-1)))
```

这个代码片段包含 5 个部分，每个部分包含 4 行代码。前 2 个部分是线性回归和 kNN，它们与我们之前运行的代码相同，我们可以使用 sklearn 的预构建包来轻松获得线性回归和 kNN 预测。其他 3 个部分的结构与前 2 个部分的完全相同：

（1）引入包；

（2）定义"回归器"；

（3）用回归器拟合数据；

（4）使用回归器输出预测结果。

不同之处在于，这 5 个部分中的每一部分都使用了不同类型的回归器：第三部分使用决策树回归器，第四部分使用随机森林回归器，第五部分使用神经网络回归器。你可能不知道这些类型的回归器是什么，但你可以认为这是一件很方便的事情：监督学习非常简单，你甚至可以在知道模型是什么之前编写代码来构建模型并进行预测！（这并不是说这是一种好的实践——对所使用的每个算法都有扎实的理论理解总是更好的。）

描述所有这些监督学习算法的细节超出了本书的范围。但我们可以提供它们的主要思想。每种方法都实现了相同的目标（预测目标变量），但使用了不同的学习函数。这些学习到的函数隐含地表达了不同的假设和不同的数学原理，或者说，不同的宇宙模型。

6.6.1 决策树

我们先来看看决策树。决策树不假设变量之间存在直线关系（如线性回归）或邻域关系（如 kNN），而是假设变量之间的关系可以用二元分割的树来表示。如果这个描述看起来不太清楚，也不用担心；我们将使用 sklearn 的决策树绘图函数来绘制决策树的回归器 dtregressor，该回归器是由代码清单 6-1 中的代码创建的：

```
from sklearn.tree import plot_tree
import matplotlib.pyplot as plt
plt.figure(figsize=(16,5))
plot_tree(dtregressor, filled=True, fontsize=8)
plt.savefig('decisiontree.png')
```

执行上面的代码，将得到图 6-4 所示的结果。

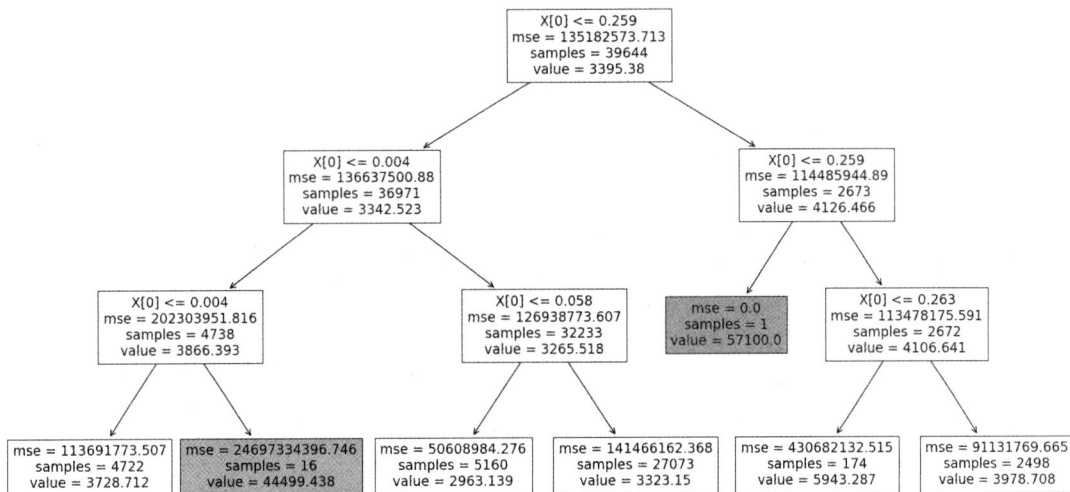

图 6-4 基于情感评分预测文章分享次数的决策树

在给定 global_sentiment_polarity 的情况下，我们可以按照图 6-4 所示的决策树进行分享次数的预测。

我们从树的顶部的方框开始。方框的第一行表示一个条件：X[0] <= 0.259。在这里，X[0]指的是 global_sentiment_polarity 变量，它是我们数据集内唯一的特征。如果这个条件成立，我们沿着向左的箭头前进到下一个较低层级的方框。否则，我们沿着向右的箭头前进到树的另一侧。我们继续检查每个方框中的条件，直到我们到达一个没有指定条件的框，并且它没有箭头指向其他更低层级的方框。然后我们检查该方框中指定的值，并将其作为预测结果。

对于我们在前文示例中使用的情感评分（0.5），我们从第一个方框向右前进，因为 0.5 > 0.259；然后我们在第二个方框处基于相同的理由向右前进；然后我们在第三个方框处向右前进，因为 0.5 > 0.263。最后，我们到达了第四个方框，它没有任何条件需要检查，我们得到了预测结果：情感评分为 0.5 的文章大约会获得 3979 次分享。

如果你在自己的环境中创建这棵决策树，你会发现一些方框被着色或标记。这种着色是自动完成的，并且所应用的着色程度与决策树预测的值成比例。例如，在图 6-4 中可以看到一个方框表示预测为 57100 次分享，并且它具有最深的着色。预测的较低数量的分享次数的方框将具有较浅的着色或者根本没有着色。这种自动着色是为了突出显示那些较高的预测值。

你可以在高级机器学习教材中找到 sklearn 如何创建图 6-4 所示的决策树的详细信息。对于大多数标准的商业应用，优化决策树的细节和数学运算并不重要，更重要的是编写几行简单的 Python 代码来创建一棵决策树，然后读取它的图形。

图 6-4 中的决策树只需几行代码就能生成，并且你不需要任何特殊训练就能解释它。这意味着决策树非常适用于商业应用。你可以快速生成一棵决策树并向客户或公司领导展示，并且

可以在不需要涉及数学、计算机科学或其他困难主题的情况下解释它。因此，与神经网络等更为不透明且难以快速理解或解释的模型相对应，数据科学家经常说决策树是可解释的模型。决策树可以是任何演示文稿或报告的自然、快速补充，它可以提供视觉吸引力，并帮助他人理解数据集或预测问题。这些是决策树在商业应用中的重要优势。但是，与其他更复杂的方法（如随机森林，见下一节）相比，决策树往往具有较低的准确性。

就像线性回归和 kNN 一样，决策树使用数据的特征（在本例中是情感评分）来对目标（在本例中是分享次数）进行预测。决策树与线性回归和 kNN 的不同之处在于，决策树不依赖于变量被线性关联的假设（即线性回归假设），也不依赖于变量在点周围形成邻域的假设（即 kNN 假设），它是在图 6-4 所示的分支结构的基础上构建的。

6.6.2   随机森林

代码清单 6-1 的第四部分使用随机森林进行预测。随机森林是一种集成方法。集成方法之所以得名，是因为它们由许多更简单的方法组成。顾名思义，随机森林是由一些更简单的决策树组成的。每次使用随机森林回归器进行预测时，sklearn 代码都会创建许多决策树回归器。每个决策树回归器都是由不同的训练数据子集和不同的训练特征子集创建的。最终的随机森林预测结果是每棵独立决策树预测结果的均值。

随机森林学习一个复杂的函数：一个由从多棵随机选择的决策树中学习到的许多函数的均值组成的函数。然而，由于随机森林学习的是一个将特征映射到目标变量的函数，因此与线性回归、kNN 等方法一样，随机森林也是一种标准的监督学习方法。

随机森林之所以流行，是因为它的代码相对容易编写，而且通常它的准确性比决策树或线性回归的准确性高得多。这些是它的主要优点。虽然我们可以绘制出一棵易于解释的决策树，如图 6-4 所示，但随机森林通常是由数百棵不同的决策树组成的，要以人类可以理解的方式绘制出随机森林并不容易。选择随机森林作为你的监督学习方法可能会提高准确性，但代价是降低可解释性。每种监督学习方法都有它自身的优缺点，对于任何想在监督学习领域取得成功的数据科学家来说，选择适合自己情况的模型很重要。

6.6.3   神经网络

近年来，由于计算机硬件已经成熟到能够处理神经网络的复杂计算，神经网络变得非常流行。神经网络的复杂性也使得它们难以被简洁地描述，只能说我们可以用它们进行监督学习。我们可以先通过展示一个神经网络图（见图 6-5）来说明这一点。

图 6-5 表示了一个神经网络学习函数。在图 6-5 中，你可以看到左侧一列有 13 个圆圈，这些圆圈被称为节点。这 13 个节点构成神经网络的输入层。输入层的每个节点代表训练数据的某个特征。最右侧的一个节点代表神经网络对目标变量的最终预测。左右两侧的节点之间的每个线条都代表一个复杂的学习函数，它们将特征输入映射到对目标变量的最终预测。

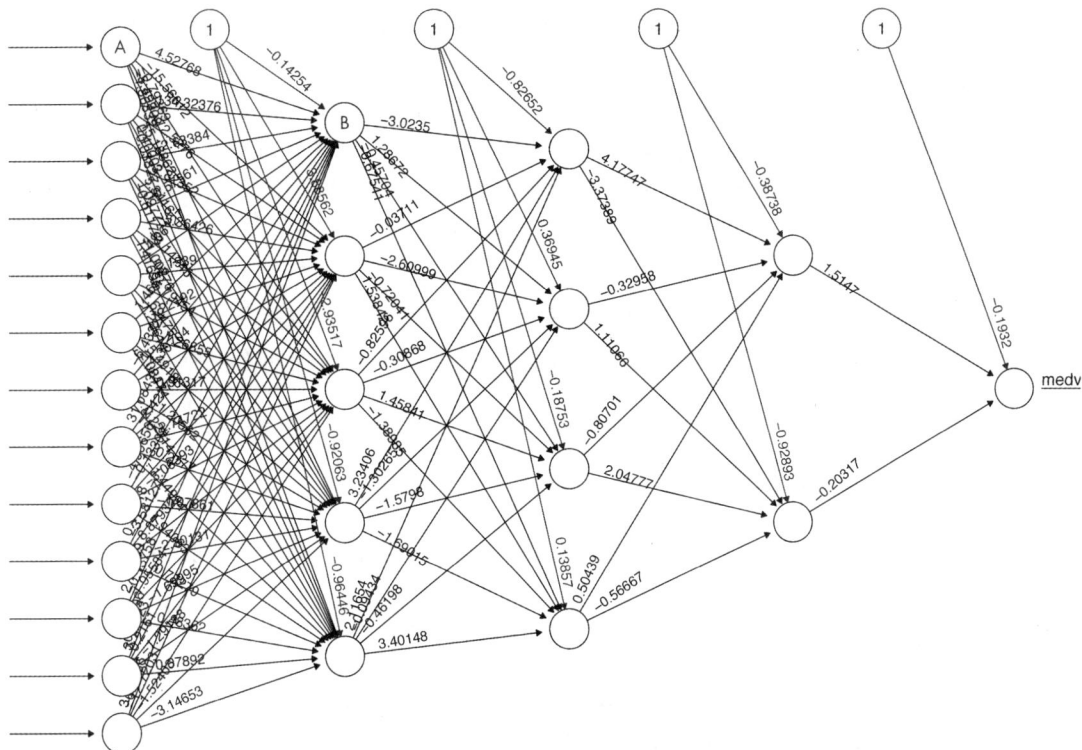

图 6-5 一个神经网络图

例如，你可以看到左列最上面的节点（标记为 A）有一个箭头指向另一个节点（标记为 B），箭头旁边写着 4.52768 这个数字。这个数字是权重，我们应该用这个权重乘与节点 A 对应的特征值。然后，我们将乘法的结果加到与节点 B 对应的累计值中。你可以看到有 14 个箭头指向节点 B，输入层中的每个节点都有一个箭头指向节点 B。每个特征值都会乘不同的权重，特征值和权重的乘积将加到与节点 B 对应的累计值中。然后，−0.14254 会被加到结果中；−0.14254 被写在左上角带有 1 的节点［这个节点也称为偏置节点（bias node）］和节点 B 之间的箭头上。

经过这些乘法和加法运算之后，节点 B 得到一个累计值，然后它将应用一个新的叫作激活函数的函数。存在许多可能的激活函数，其中一个是你在第 5 章中遇到的逻辑函数。在应用激活函数之后，我们将为节点 B 计算最终的节点值。这只是计算神经网络的学习函数过程的开头。你可以看到有 4 个箭头从节点 B 发出，每个箭头指向更右侧的其他节点。对于这些箭头中的每一个，我们都必须遵循相同的步骤：用权重乘节点值，再将结果添加到该箭头指向的节点对应的累计值中，并应用激活函数。在我们完成图 6-5 中所有节点和所有箭头的所有操作之后，最右侧的节点将获得最终值：这将是我们对目标变量的最终预测。

神经网络的设计使得整个过程，包括重复乘法、加法和应用激活函数，能够给出高度准确的预测并将其作为最终输出。神经网络的复杂性可能是一个挑战，但也正是这种复杂性使得它们能够准确地模拟复杂的非线性世界。

图 6-5 所示的由箭头和节点组成的网络称为神经网络，因为图中的节点和箭头看起来类似于大脑中的神经元和突触。

要真正掌握神经网络，你需要学习更多知识。一些有趣的神经网络来自对节点的不同结构或架构进行的实验。例如，深度神经网络在最左侧的输入节点和最右侧的输出节点之间有许多层。卷积神经网络添加了一种额外的层，该层对网络结构执行称为卷积的特殊操作。循环神经网络允许连接在多个方向上流动，而不仅是从左到右流动。

研究人员已经发现神经网络在计算机视觉（例如识别狗、猫、车或人）和语言处理（例如机器翻译和语音识别）等领域具有良好的应用。然而，神经网络难以解释、理解和正确训练，有时需要使用专用硬件，尽管它们具有强大的能力，但这些缺点使得神经网络在商业应用中变得不够有吸引力。

6.7　测量预测准确性的指标

无论我们选择哪种监督学习模型，在对其进行拟合后，我们都希望测量其预测准确性。以下是我们对文章分享次数进行预测的操作：

```
allprediction=regressor.predict(np.array([allsentiment]).reshape(-1,1))
predictionerror=abs(allprediction-allsentiment)
print(np.mean(predictionerror))
```

这个简单的代码片段计算了 MAE，就像我们之前做过的一样。在第一行中，我们使用 regressor 的 predict()方法来预测数据集中每篇文章的分享次数。请记住，这个回归器是我们在本章开始时创建的线性回归模型。你也可以用 rfregressor 或 nnregressor 替换 regressor 来测量随机森林或神经网络的准确性。在第二行中，我们计算这些预测误差，即预测值与实际值之间的差的绝对值。在第三行中计算的预测误差的均值是衡量监督学习方法表现的指标，其中 0 是最佳值，数值越高表现越差。我们可以使用这个过程来计算许多监督学习算法的预测准确性，然后选择拥有最高准确性（最低 MAE）的算法作为我们场景中的最佳方法。

这种方法的唯一问题是它并不像真实的预测场景一样。在现实生活中，我们需要对不在训练集内的文章进行预测，也就是对回归器在训练过程中从未见过的文章进行预测。我们选取了 2013 年和 2014 年的文章数据集，并用回归器拟合了该数据集，然后根据同样用于训练回归器的 2013 年、2014 年的数据集来评估预测的准确性。因为我们是基于用于训练回归器的相同数据来评估预测准确性的，所以我们所做的并不是真正的预测，是在事件发生后而不是之前说出发生了什么。当我们进行事后预测时，很容易出现过拟合的问题，这是我们在第 2 章中已经遇到过的问题。

为了避免过拟合的问题，我们可以采用第 2 章中的方法：将数据集分成两个子集，即一个训练集和一个测试集。我们使用训练集来训练数据，换句话说，即让监督学习模型通过这些数据来学习其学习函数。在仅使用训练集训练模型后，再使用测试集对其进行测试。由于测试集未用于训练过程，因此它"仿佛"来自未来，即使它实际上来自过去。

sklearn 包有一个函数，我们可以使用它方便地将数据划分为训练集和测试集：

```
from sklearn.model_selection import train_test_split
x=np.array([allsentiment]).reshape(-1,1)
y=np.array(allshares)
trainingx,testx,trainingy,testy=train_test_split(x,y,random_state=1)
```

这段代码的 4 个输出分别是 trainingx、trainingy（训练集的 x 和 y 分量），以及 testx、testy（测试集的 x 和 y 分量）。让我们检查每个输出的长度：

```
>>> print(len(trainingx))
29733
>>> print(len(trainingy))
29733
>>> print(len(testx))
9911
>>> print(len(testy))
9911
```

你可以看到，训练集包括 trainingx（训练样本的情感评分）和 trainingy（训练样本的分享次数）。这两个训练集都包含 29733 个观测值，即数据的 75%。测试集（testx 和 testy）包含 9911 个观测值，即数据的 25%。这种拆分遵循我们在第 2 章中采取的方法：使用大部分数据来训练模型，并使用较少数据进行测试。

我们在第 2 章中进行的训练/测试拆分和我们在这里进行的训练/测试拆分的一个重要区别是，在第 2 章中，我们使用较早的数据（数据集的前几年的数据）作为训练数据，并将较晚的数据（数据集的最后几年的数据）作为测试数据。在这里，我们没有对训练数据和测试数据进行之前与之后的拆分。我们使用 train_test_split()函数执行随机拆分：随机选择训练集和测试集。这是一个重要的区分点：对于时间序列数据（以规律、有序间隔记录的数据），我们根据早期数据和晚期数据来选择训练集和测试集，但对于所有其他数据集，我们随机选择训练集和测试集中的数据。

接下来，用上面划分的训练集来训练模型，用测试集来计算预测误差：

```
rfregressor = RandomForestRegressor(random_state=1)
rfregressor.fit(trainingx, trainingy)
predicted = rfregressor.predict(testx)
predictionerror = abs(predicted-testy)
```

在这个代码片段中，我们可以看到仅使用了训练数据来拟合回归器。然后，仅使用了测试数据来计算预测误差。尽管所有数据都来自过去，但通过对未包含在训练集内的数据（测试集中的数据）进行预测，可以确保该预测过程类似于真实的预测过程，而没有进行事后预测。

我们可以通过运行 print(np.mean(predictionerror))来查看测试集上的预测误差。你会发现，在使用随机森林回归器时，测试集上的平均预测误差约为 3816。

我们也可以对其他回归器进行同样的操作。例如，下面我们检查 kNN 回归器的预测误差：

```
knnregressor = KNeighborsRegressor(n_neighbors=15)
knnregressor.fit(trainingx, trainingy)
predicted = knnregressor.predict(testx)
predictionerror = abs(predicted-testy)
```

同样地，我们可以使用 print(np.mean(predictionerror))来判断 kNN 是否比其他监督学习方法表现得更好。我们发现，kNN 回归器在测试集上的平均预测误差约为 3292。对于我们的例子来说，从测试集的预测误差来衡量，kNN 的性能优于随机森林的性能。当我们想要为特定场景选择最佳的监督学习方法时，最简单的方法就是选择在测试集上具有最低预测误差的方法。

6.8   使用多变量模型

到目前为止，在本章中，我们只使用了单变量的监督学习，也就是说，我们仅使用了一个特征（情感评分）来预测分享次数。一旦你掌握了单变量的监督学习，转向多变量的监督学习，即使用多个特征来预测目标变量，就非常简单了。我们只需要在 x 变量中指定更多的特征，如下所示：

```
x=news[[' global_sentiment_polarity',' n_unique_tokens',' n_non_stop_words']]
y=np.array(allshares)
trainingx,testx,trainingy,testy=train_test_split(x,y,random_state=1)
from sklearn.ensemble import RandomForestRegressor
rfregressor = RandomForestRegressor(random_state=1)
rfregressor.fit(trainingx, trainingy)
predicted = rfregressor.predict(testx)
predictionerror = abs(predicted-testy)
```

在这里，我们指定了一个 x 变量，其中包含文章的情感评分及来自数据集内其他列的两个特征。之后的过程与之前的相同：将数据集划分为训练集和测试集，创建一个回归器，并使用训练集进行拟合，然后在测试集上计算预测误差。当运行 print(np.mean(predictionerror)) 时，我们发现多变量模型的平均预测误差约为 3474，这表明多变量随机森林模型在测试集上的表现优于单变量随机森林模型。

6.9   使用分类代替回归

到目前为止，在本章中，我们介绍了各种预测文章分享次数的方法，给定了不同的特征。shares 变量可以取从 0 到无穷大的任意整数值。对于这种类型的数据（连续的数值变量），使用回归方法来预测其取值是合适的。我们使用了线性回归、kNN 回归、决策树回归、随机森林回归和神经网络回归，这 5 种回归方法都用于预测可以是连续数值的目标变量。

除了进行预测和回归之外，我们可能希望进行分类，就像我们在第 5 章中所做的那样。在我们的业务场景中，我们可能对预测具体的分享次数不感兴趣，而只对一篇文章的分享次数能否高于中位数感兴趣。判断某个值是否高于中位数是一个分类问题，因为它涉及对一个只有两个可能答案（真/假）的问题进行判断。

我们可以创建一个变量来进行分类，如下所示：

```
themedian=np.median(news[' shares'])
news['abovemedianshares']=1*(news[' shares']>themedian)
```

在这里，我们创建了一个名为 themedian 的变量，它表示数据集中分享次数的中位数。然后我们在 Online News Popularity 数据集中添加了一个名为 abovemedianshares 的新列。当一篇文章的分享次数高于中位数时，这个新列的值为 1，否则为 0。这个新的测量结果是从一个数值测量（分享次数）中衍生出来的，但我们可以将其视为一个分类测量：判断一篇文章是否属于高分享次数的文章。由于我们的业务目标是发表高分享次数的文章而不是发表低分享次数的文章，能够准确分类新文章是高分享次数文章还是低分享次数文章对我们很有用。

为了进行分类而不是回归，我们需要修改监督学习代码。幸运的是，我们需要进行的修改很少。在下面的代码片段中，我们对新的分类目标变量使用分类器而不是回归器：

```
x=news[[' global_sentiment_polarity',' n_unique_tokens',' n_non_stop_words']]
y=np.array(news['abovemedianshares'])
from sklearn.neighbors import KNeighborsClassifier
knnclassifier = KNeighborsClassifier(n_neighbors=15)
trainingx,testx,trainingy,testy=train_test_split(x,y,random_state=1)
knnclassifier.fit(trainingx, trainingy)
predicted = knnclassifier.predict(testx)
```

你可以看到，之前的回归代码和现在的分类代码之间的差异非常小。修改之处使用粗体进行标记。特别是，我们导入了 KNeighborsClassifier 模块，而不是之前的 KNeighborsRegressor 模块。这两个模块都使用了 kNN 算法，但一个用于回归，另一个用于分类。我们将变量的名称从 knnregressor 改为 knnclassifier，但除此之外，监督学习的过程完全相同：导入一个监督学习模块，将数据集划分为训练集和测试集，将模型拟合到训练集上，最后使用拟合的模型对测试集进行预测。

你应该还记得，在第 5 章中，我们在分类场景和回归场景中测量精确率的方法是不同的。下面的代码片段创建一个混淆矩阵，和第 5 章中的操作一样：

```
from sklearn.metrics import confusion_matrix
print(confusion_matrix(testy,predicted))
```

请记住，这段代码的输出是一个混淆矩阵，其中显示了测试集中真阳性、真阴性、假阳性和假阴性的数量。混淆矩阵如下所示：

```
[[2703 2280]
 [2370 2558]]
```

请记住，每个混淆矩阵都有以下结构：

```
[[真阳性 假阳性]
 [假阴性 真阴性]]
```

因此，我们查看混淆矩阵时，发现模型找出了 2703 个真阳性：模型预测了 2703 篇文章的分享次数高于中位数，这些文章的分享次数确实高于中位数。有 2280 个假阳性：预测文章的分享次数高于中位数，但实际低于中位数。有 2370 个假阴性：预测文章的分享次数低于中位数，而实际高于中位数。还有 2558 个真阴性：正确地预测了具有低于中位数的分享次数的文章。

我们可以这样计算精确率和召回率：

```
from sklearn.metrics import precision_score
from sklearn.metrics import recall_score

precision = precision_score(testy,predicted)
recall = recall_score(testy,predicted)
```

可以看到，精确率大约等于 0.53，召回率大约等于 0.52。这些数值并不能令人满意，因为精确率和召回率应该尽可能接近 1。这两个值如此低的一个原因是我们试图做出困难的预测。无论你的算法有多好，你都很难知道一篇文章会获得多少分享次数。

重要的是，尽管监督学习是一套基于巧妙想法并在强大硬件上执行的复杂方法，但它并不是魔法。宇宙中的许多事物本质上是难以预测的，即使使用最好的方法。但是，不能因为完美的预测可能不存在，就不去尝试做出预测。对我们的例子来说，一个对我们只有一点点帮助的模型也比什么都没有强。

6.10   本章小结

本章中，我们探讨了监督学习。我们从一个与预测相关的业务场景开始，回顾了线性回归，包括它的缺点；然后，讨论了监督学习的一般内容，并介绍了其他几种监督学习方法；最后讨论了监督学习的一些细节，包括多变量监督学习和分类。

第 7 章中，我们将讨论监督学习的"兄弟"：无监督学习。无监督学习为我们提供了探索和理解数据中隐藏关系的强大方法，甚至无须使用目标变量进行监督。监督学习和无监督学习共同构成了机器学习的主体，而机器学习是最重要的数据科学技能之一。

7

无监督学习

本章首先介绍无监督学习的概念，并将无监督学习与监督学习进行比较。然后，我们将生成用于聚类的数据，这是无监督学习中最常见的任务。我们会先关注一种叫作 EM 聚类的复杂方法。最后，本章还会介绍其他聚类方法与无监督学习的关系。

7.1 无监督学习与监督学习

理解无监督学习最简单的方法是将其与监督学习进行比较。第 6 章介绍过，监督学习的过程如图 7-1 所示。

图 7-1 监督学习的过程

图 7-1 中的目标指的是数据集中我们想要预测的变量。特征是数据集中用来预测目标的变量。学习函数是一个将特征映射到目标的函数。我们可以通过比较预测值和目标值来检查学习函数的准确性。如果预测值与目标值的差异很大，我们应该尝试找到一个更好的学习函数。目标值就像是在监督我们的过程，它告诉我们函数的准确性，并使我们朝着可能的最高准确性前进。

无监督学习没有监督过程，因为它没有目标变量。图 7-2 展示了无监督学习的过程。

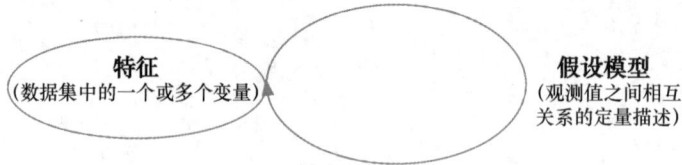

图 7-2　无监督学习的过程

与监督学习试图将特征映射到目标变量不同，无监督学习关注的是创建特征本身的模型，它通过发现观测值和特征中的自然组之间的关系来实现这一点。总的来说，无监督学习是探索特征的一种方法。在数据中找到观测值之间的关系可以帮助我们更好地理解它们，也有助于我们发现异常情况并对数据集进行简化。

图 7-2 中的箭头将特征与特征自身连接起来。这个箭头表示我们正在寻找特征彼此之间的关系，例如它们形成的自然组；这个箭头并不表示一个循环或重复过程。这听起来可能有点抽象，让我们通过一个具体的例子来进行详细的说明。

7.2　生成和探索数据

我们先了解一些数据。在本章中，我们将使用 Python 的随机数生成功能来生成数据。随机生成的数据通常比来自现实生活的数据更简单、更容易处理，这有助于我们对无监督学习的复杂性进行讨论。

重要的是，无监督学习的主要目标之一是理解数据子集之间的关系。自己生成数据意味着我们可以判断无监督学习方法是否在我们的数据子集中找到了正确的关系，因为我们确切知道这些子集的来源以及它们之间的关系。

7.2.1　掷色子

我们将从生成一些掷色子的简单示例数据开始研究：

```
from random import choices,seed
numberofrolls=1800
seed(9)
dice1=choices([1,2,3,4,5,6], k=numberofrolls)
dice2=choices([1,2,3,4,5,6], k=numberofrolls)
```

在这个代码片段中，我们从 random 模块中导入了 choices()和 seed()函数。它们是我们用来进行随机数生成的函数。我们定义了一个名为 numberofrolls 的变量，它存储了值 1800，这是 Python 模拟掷色子的次数。我们调用了 seed()函数，虽然它不是必需的，但它可以确保你的结果与本书中的结果相同。

接下来，我们使用 choices()函数创建两个列表 dice1 和 dice2。我们向 choices()函数传递了两个参数：一个列表[1,2,3,4,5,6]（表示 choices()函数从 1 到 6 之间的整数中进行随机选择）以及 k=numberofrolls（表示 choices()函数进行 1800 次这样的选择）。dice1 列表代表 1800 次掷一个独立的色子的结果，而 dice2 列表代表 1800 次掷另一个独立的色子的结果。

你可以像下面这样查看 dice1 的前 10 个元素：

```
print(dice1[0:10])
```

你应该看到以下输出（如果你在前面的代码片段中使用了 seed(9)）：

```
[3, 3, 1, 6, 1, 4, 6, 1, 4, 4]
```

这个列表看起来像是对 10 次掷一个"公平色子"的结果的记录。在生成了两个色子各 1800 次随机掷出的结果的列表后，我们可以得到两个色子投掷 1800 次掷出的结果的和：

```
dicesum=[dice1[n]+dice2[n] for n in range(numberofrolls)]
```

在这里，我们使用列表推导式创建了 dicesum 变量。dicesum 的第一个元素是 dice1 和 dice2 的第一个元素之和，dicesum 的第二个元素是 dice1 和 dice2 的第二个元素之和，依此类推。所有这些代码模拟了一个常见的场景：同时掷两个色子并查看掷出后色子朝上一面上的数字之和。但是，我们没有自己掷色子，而是让 Python 帮我们模拟了 1800 次掷色子。

一旦有了掷色子结果的和，我们就可以绘制一幅所有这些结果的直方图：

```
from matplotlib import pyplot as plt
import numpy as np
fig, ax = plt.subplots(figsize =(10, 7))
ax.hist(dicesum,bins=[2,3,4,5,6,7,8,9,10,11,12,13],align='left')
plt.show()
```

代码运行的结果如图 7-3 所示。

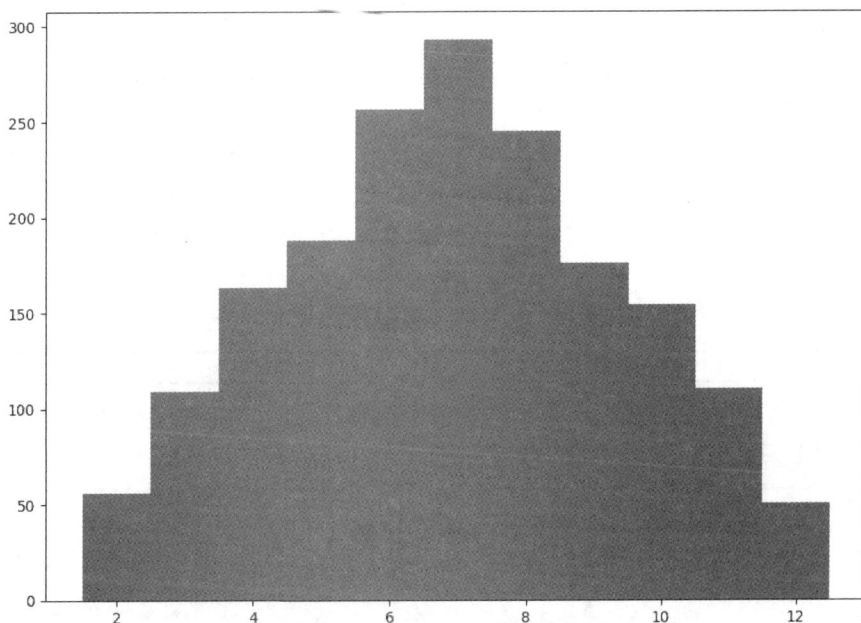

图 7-3　模拟 1800 次掷色子的代码运行的结果

图 7-3 所示的是一幅直方图，就像我们在第 1 章和第 3 章中看到的那样。每个条形表示掷

色子的一种结果的频数。例如，最左侧的条形表示在 1800 次掷出中，大约有 50 次掷出了 2；中间最高的条形表示在 1800 次投掷中，大约有 300 次掷出了 7。

图 7-3 这样的直方图向我们展示了数据的分布，即不同观测值出现的相对频率。数据的分布显示出最高值和最低值（如 12 和 2）相对较为少见，而中间值（如 7）则较为常见。我们还可以将分布解释为概率：如果我们掷两个公平的色子，通过观察直方图中每个条形的高度，可以大致确定每个结果的概率，其中 7 是一个非常常见的结果，而 2 和 12 则不是常见的结果。我们可以通过观察直方图中每个条形的高度来了解每个结果的概率。

我们可以看到，这个直方图呈现出类似钟形的形状。我们掷色子的次数越多，直方图就越像一个钟形。使用大量掷色子的结果绘制的直方图与某种特殊的分布相似，这种特殊的分布被称为正态分布或高斯分布。在第 3 章中你也遇到过这种分布，尽管在该章中我们用它的另一个名称——钟形曲线——来称呼它。当我们测量某些事物的相对频率（例如第 3 章中的均值差异或这里的掷色子结果的和）时，正态分布是一种常见的模式。

每条钟形曲线都可以用两个数字来完全描述：一个数字是均值，它用来描述钟形曲线的中心和最高点；另一个数字是方差，它用来描述钟形曲线的分布范围。方差的平方根是标准差，它是另一个用来描述钟形曲线的分布范围的指标。我们可以使用以下简单的函数计算掷色子结果数据的均值和标准差：

```
def getcenter(allpoints):
center=np.mean(allpoints)
stdev=np.sqrt(np.cov(allpoints))
return(center,stdev)

print(getcenter(dicesum))
```

getcenter()函数将观测值列表作为输入。它使用 np.mean()函数获取列表的均值，并将其存储在名为 center 的变量中。然后，它使用 np.cov()方法。np.cov()方法的名字 cov 是 covariance（协方差）的缩写，协方差也是数据变化的一种度量方式。当我们计算两个独立的观测值列表的协方差时，它告诉我们这些数据集是如何一起变化的。当我们仅计算一个观测值列表的协方差时，我们称该协方差为方差。

如果运行上述代码片段，将得到掷色子结果数据的均值和标准差：

```
(6.9511111111111115, 2.468219092930105)
```

这个输出结果告诉我们，我们观察到的掷色子结果数据的均值约为 7，标准差约为 2.5。现在，我们知道了这些数字，可以在直方图上叠加一条钟形曲线，代码如下所示：

```
fig, ax = plt.subplots(figsize =(10, 7))
ax.hist(dicesum,bins=range(2,14),align='left')
import scipy.stats as stats
import math
mu=7
sigma=2.5
x = np.linspace(mu - 2*sigma, mu + 2*sigma, 100)*1
plt.plot(x, stats.norm.pdf(x, mu, sigma)*numberofrolls,linewidth=5)
plt.show()
```

代码运行的结果如图 7-4 所示。

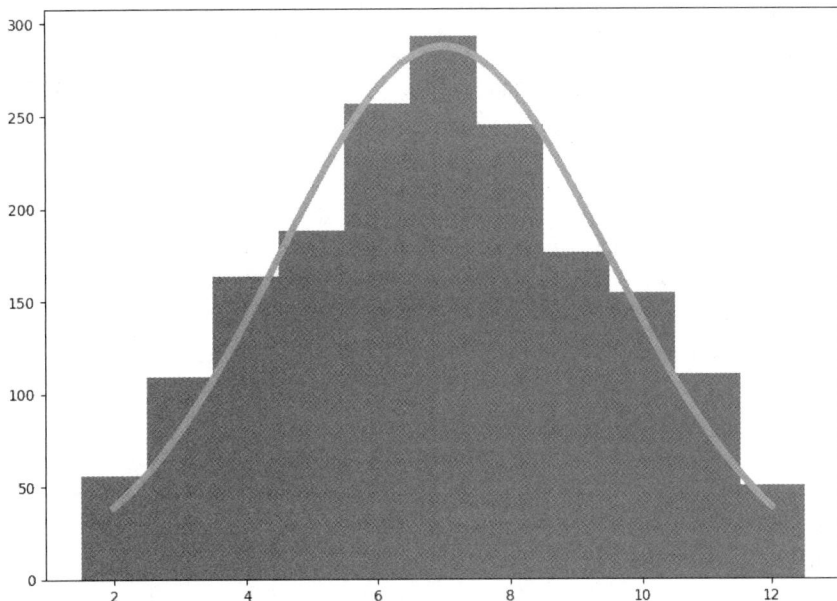

图 7-4 在掷色子结果对应的直方图上叠加钟形曲线

你可以看到，钟形曲线是我们在直方图上绘制的连续曲线。钟形曲线上的值代表相对概率：它在 7 处具有相对较高值，而在 2 和 12 处具有相对较低值，这意味着我们更有可能掷出 7 而不是 2 或 12。我们可以看到，这些理论概率与我们观察到的掷色子结果非常接近，因为钟形曲线的高度接近每个直方图条形的高度。我们可以轻松地检查由钟形曲线预测的掷色子次数，如下：

```
stats.norm.pdf(2, mu, sigma)*numberofrolls
# 输出结果：38.8734958894954

stats.norm.pdf(7, mu, sigma)*numberofrolls
# 输出结果：287.23844188903155

stats.norm.pdf(12, mu, sigma)*numberofrolls
# 输出结果：38.8734958894954
```

在这里，我们使用 stats.norm.pdf()函数来计算 2、7 和 12 的期望掷色子次数。该函数来自 stats 模块，其名称 norm.pdf 是正态分布的概率密度函数的缩写。上面的代码片段使用 stats.norm.pdf()来计算在 $x=2$、$x=7$ 和 $x=12$ 时的钟形曲线高度（换句话说，基于我们之前计算的均值和标准差，计算掷出 2、掷出 7 和掷出 12 的可能性有多大）。然后，将这些可能性乘我们想要掷色子的次数（在这个例子中为 1800 次），分别获得期望得到的掷出 2 的次数、掷出 7 的次数以及掷出 12 的次数。

7.2.2 使用另一种色子

我们已经计算了同时掷两个 6 面色子的假设场景的概率，因为掷色子引导我们使用一种简单、熟悉的方式来学习重要的数据科学概念，如概率和分布。但这当然不是我们可以分析的唯一类型的数据，甚至不是我们可以分析的唯一类型的色子。

想象一下，掷两个非标准的 12 面的色子，色子的每个面分别标有数字 4,5,6,⋯,14,15。把这两个色子放在一起时，它们朝上一面上的数字的和可以是 8 到 30 之间的任何整数。我们可以再次随机生成 1800 个假设的掷色子结果，并使用与之前相似的代码绘制这些结果的直方图，只需对代码稍加改动：

```
seed(913)
dice1=choices([4,5,6,7,8,9,10,11,12,13,14,15], k=numberofrolls)
dice2=choices([4,5,6,7,8,9,10,11,12,13,14,15], k=numberofrolls)
dicesum12=[dice1[n]+dice2[n] for n in range(numberofrolls)]
fig, ax = plt.subplots(figsize =(10, 7))
ax.hist(dicesum12,bins=range(8,32),align='left')
mu=np.mean(dicesum12)
sigma=np.std(dicesum12)
x = np.linspace(mu - 2*sigma, mu + 2*sigma, 100)*1
plt.plot(x, stats.norm.pdf(x, mu, sigma)*numberofrolls,linewidth=5)
plt.show()
```

代码运行结果如图 7-5 所示。

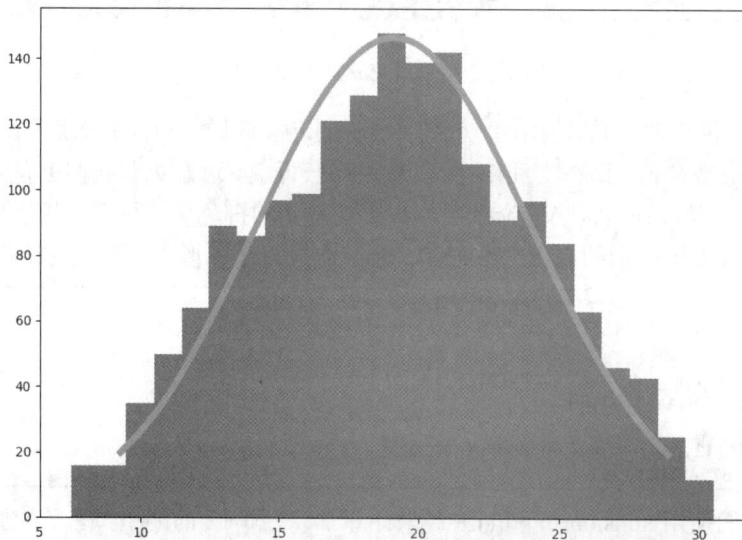

图 7-5　使用一对自定义的 12 面色子，绘制掷色子结果对应的钟形曲线和直方图

图 7-5 所示的钟形曲线和直方图与图 7-4 所示的大致相同，但在这个例子中，最可能得到的掷色子结果是 19，而不是 7，而且结果范围从 2 到 12 变为从 8 到 30。图 7-5 所示的依旧是正态分布，或者说钟形曲线，但均值和标准差与图 7-4 所示曲线的不同。

我们可以把这两个直方图和两条钟形曲线（见图 7-4 和图 7-5）一起绘制出来：

```
dicesumboth=dicesum+dicesum12
fig, ax = plt.subplots(figsize =(10, 7))
ax.hist(dicesumboth,bins=range(2,32),align='left')
import scipy.stats as stats
```

```
import math
mu=np.mean(dicesum12)
sigma=np.std(dicesum12)
x = np.linspace(mu - 2*sigma, mu + 2*sigma, 100)*1
plt.plot(x, stats.norm.pdf(x, mu, sigma)*numberofrolls,linewidth=5)
mu=np.mean(dicesum)
sigma=np.std(dicesum)
x = np.linspace(mu - 2*sigma, mu + 2*sigma, 100)*1
plt.plot(x, stats.norm.pdf(x, mu, sigma)*numberofrolls,linewidth=5)
plt.show()
```

代码运行的结果如图 7-6 所示。

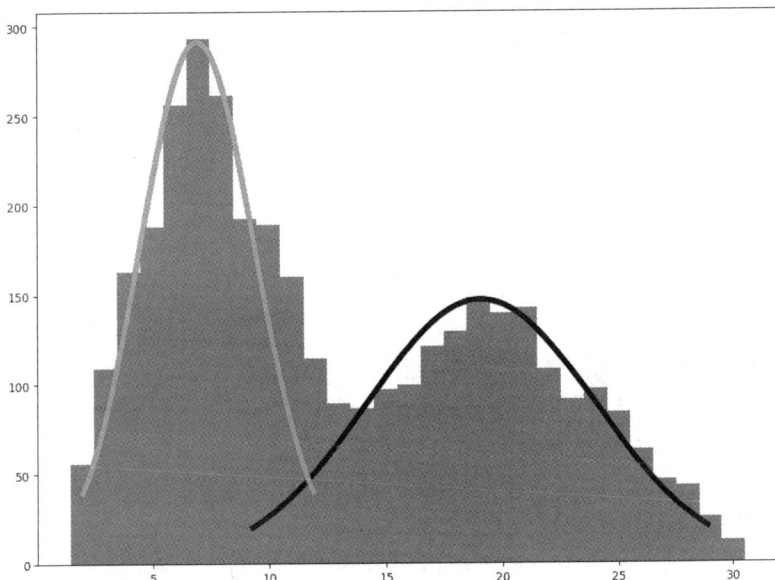

图 7-6   显示掷两个 6 面色子和掷两个 12 面色子的结果的综合直方图和钟形曲线

从技术上讲，图 7-6 所示的直方图是一个直方图，尽管我们知道它是由两个单独的直方图的数据组合生成的。记住，对于两个 6 面色子，7 是最常见的掷出结果，而对于两个 12 面色子，19 是最常见的掷出结果。我们可以在直方图中看到，在 7 处的局部峰值和在 19 处的局部峰值反映了这一点。这两个局部峰值被称为众数（mode）。由于图 7-6 中的直方图有两个众数，因此我们称其为双峰直方图。

观察图 7-6，应该能帮助你理解图 7-2 的含义。这里不像第 6 章中监督学习那样对掷色子结果进行预测或分类。我们使用简单的理论模型（这里是钟形曲线）来表达对数据的理解并展示观测值之间的关系。在下一节中，我们将使用钟形曲线对数据进行推理，并更好地理解聚类。

7.3 聚类观测的来源

假设我们在图 7-6 中绘制的所有掷色子结果中随机选择一个：

```
seed(494)
randomselection=choices(dicesumboth, k=1)
print(randomselection)
```

你应该会看到输出结果为[12]，它表明我们随机地从数据中选择了一个实例，在这个实例中掷色子结果为12。在不提供任何其他信息的情况下，想象一下，我让你根据经验猜测哪一对色子可以掷出这个特定的12。这对色子可以是任意一对色子：两个6朝上的6面色子；12面色子可以以多种组合出现，比如色子的8和4朝上。如何有根据地猜测哪一对色子最有可能表示这个实例呢？

你可能已经有很强的直觉，即认为两个6面色子不太可能掷出12。毕竟，使用两个6面色子掷出12（需要同时掷出两个6）的可能性很小。但12这个值更接近图7-5的中间位置，这表明在两个12面色子的掷出结果中，它更常见。

我们可以查看图7-4和图7-5中直方图条形的高度，发现掷两个色子1800次时，6面色子得到了大约50个12的结果，而12面色子得到了超过60个12的结果。从理论角度来看，图7-6中钟形曲线的高度使我们能够直接比较每对色子的每种结果的相对概率，因为我们掷两个色子的次数相同。

我们可以用同样的推理来考虑除12以外的掷色子结果。例如，对于6面色子，我们认为很有可能得到8的结果，这不仅因为我们的直觉，还因为当x值为8时，图7-6左侧的钟形曲线比右侧的钟形曲线高。如果没有图7-6，我们可以计算每条钟形曲线的高度：

```
stats.norm.pdf(8, np.mean(dicesum), np.std(dicesum))*numberofrolls
# 输出结果: 265.87855493973007

stats.norm.pdf(8, np.mean(dicesum12), np.std(dicesum12))*numberofrolls
# 输出结果: 11.2892030357587252
```

在这里我们可以看到，6面色子更可能是观察到的结果为8的生产者：在1800次掷6面色子的过程中，大约有266次出现的结果为8，而在1800次掷12面色子的过程中，只有约12次出现的结果为8。我们可以采用完全相同的步骤来确认12面色子更有可能是观察到的结果为12的生产者：

```
stats.norm.pdf(12, np.mean(dicesum), np.std(dicesum))*numberofrolls
# 结果为 35.87586208537935

stats.norm.pdf(12, np.mean(dicesum12), np.std(dicesum12))*numberofrolls
# 结果为 51.42993240324318
```

如果我们使用比较钟形曲线高度的方法，那么对于观测到的任何一次掷色子结果，我们都可以判断得到这种结果时掷出的是哪种色子。

现在我们可以对掷色子结果使用的是哪种色子进行有根据的猜测。这涉及聚类问题。聚类是无监督学习中最重要、最常见的任务之一。聚类可以回答我们考虑的一个宏观层面的问题：我们的观测值是投掷哪种色子产生的？

聚类的推理过程与前文的推理过程类似。但我们不是对单个色子掷出的结果进行推理，而是试图确定哪种色子是数据观测值的生产者。

❑ 对于掷出结果 2，第一对色子（6 面色子）的钟形曲线比第二对色子（12 面色子）的高，因此，在不知道其他信息的情况下，我们假设所有掷出结果为 2 的生产者都是第一对色子。

❑ 对于掷出结果 3，第一对色子的钟形曲线比第二对色子的高，因此，在不知道其他信息的情况下，我们假设所有掷出结果为 3 的生产者都是第一对色子。

❑ ……

❑ 对于掷出结果 12，第二对色子的钟形曲线比第一对色子的高，因此，在不知道其信息的情况下，我们假设所有掷出结果为 12 的生产者都是第二对色子。

❑ ……

❑ 对于掷出结果 30，第二对色子的钟形曲线比第一对色子的高，因此，在不知道其他信息的情况下，我们假设所有掷出结果为 30 的生产者都是第二对色子。

通过单独考虑 29 种可能的掷色子结果，我们可以对数据中每个观测值的生产者做出较为准确的猜测。我们也可以编写代码来实现：

```
from scipy.stats import multivariate_normal
def classify(allpts,allmns,allvar):
    vars=[]
    for n in range(len(allmns)):
        vars.append(multivariate_normal(mean=allmns[n], cov=allvar[n]))
    classification=[]
    for point in allpts:
        this_classification=-1
        this_pdf=0
        for n in range(len(allmns)):

            if vars[n].pdf(point)>this_pdf:
                this_pdf=vars[n].pdf(point)
                this_classification=n+1
        classification.append(this_classification)
    return classification
```

我们来看看 classify() 函数。该函数需要 3 个参数。其中一个参数是 allpts，它表示数据中每个观测值的列表。另外两个参数是 allmns 和 allvar，这两个参数分别代表数据中每个观测值的均值和方差。

classify() 函数需要完成图 7-6 所示的可视化所完成的工作，即找出每次得到的结果来自哪对色子。我们考虑每对色子的钟形曲线，每次掷色子的点数，在哪个钟形曲线中的值较大，就认为这个结果来自哪对色子。通过本函数，我们不是直观地查看钟形曲线，而是计算钟形曲线的值并看哪个值更大。这就是我们创建一个名为 vars 的列表的原因。这个列表一开始是空的，我们用 multivariate_normal() 函数将钟形曲线添加到列表中。

在获得了钟形曲线之后，我们会考虑钟形曲线上的每个点。如果第一条钟形曲线在某个点的高度超过第二条钟形曲线，我们称该点与第一对色子相关。如果第二条钟形曲线在该点的高度超过第一条钟形曲线，我们称该点与第二对色子相关。如果钟形曲线多于两条，我们可以将它们进行比较，根据最高的钟形曲线对每个点进行分类。我们找到最高的钟形曲线的思路与之前在图 7-6 中使用的一样，但现在是用代码来找到，而不是用观察的方法找到。每次对一个点进行分类，都将其对应的色子对编号添加到 classification 列表中。当 classify() 函数结束运行时,该列表将包含每个点对应的色子对编号表示的分类结果,该函数将分类结果作为最终值返回。

我们尝试一下使用新的分类函数。首先,我们定义一些点、均值和方差:

```
allpoints = [2,8,12,15,25]
allmeans = [7, 19]
allvar = [np.cov(dicesum),np.cov(dicesum12)]
```

allpoints 列表是我们想要分类的一系列假设的掷出结果。allmeans 列表包含两个数字:7(表示 6 面色子对应的平均掷出结果)和 19(表示 12 面色子对应的平均掷出结果)。allvar 列表包含两对色子掷出结果对应的方差。现在有了这 3 个必需的参数,我们可以调用 classify() 函数:

```
print(classify(allpoints,allmeans,allvar))
```

运行结果如下所示:

```
[1, 1, 2, 2, 2]
```

这个运行结果告诉我们,在 allpoints 列表中,前两个掷出结果 2 和 8 更有可能与 6 面色子相关。而 allpoints 列表中的其他掷出结果 12、15 和 25,更有可能与 12 面色子相关。

我们刚才所做的是对相差很大的掷出结果列表进行分类,将它们分成了两个不同的组。你可能会将这种操作称为分类或分组,但在机器学习领域,它被称为聚类。6 面色子的掷出结果似乎聚集在值 7 周围,而 12 面色子的掷出结果似乎聚集在值 19 周围。它们构成了观察结果的小型聚焦区域,我们将它们称为聚类,不论它们的形状或大小如何。

在实践中,数据往往具有这种聚类结构,其中有一小部分子集(聚类)是明显可见的,每个子集中的大多数观测值都接近该子集的均值,只有少数观测值位于子集之间或远离均值。通过对数据进行聚类,并将每个观测值分配给一个聚类,我们已经完成了本章的主要任务,即对数据中存在的聚类进行简单的推断。

7.4   实际业务中的聚类

掷色子结果的概率很容易理解和推断。但在商业场景中,没有多少情况需要直接关注掷色子结果。然而,聚类在商业场景中很常用,对营销人员来说尤为如此。

假设图 7-6 不是掷色子结果的记录,而是你经营的一家零售商店的交易金额记录。较小的聚类在 7 左右,表示一组人在你的商店中消费了大约 7 美元;较大的聚类在 19 左右,表示另一组人在你的商店中消费了大约 19 美元。你可以说,你有一组低消费客户和一组高消费客户。

现在你知道你有两组不同的客户,并且你知道他们是谁,你可以根据这些信息采取行动。例如,与其对所有客户使用相同的广告策略,你可能更想对每个群体使用不同的广告策略。也许强调价格便宜和实用性的广告对低消费人群更有说服力,而强调优等质量和社会声望的广告对高消费人群更有吸引力。一旦你牢牢把握了两组客户之间的界限、每组客户的规模,以及他们的消费习惯,你就有了制定复杂的双管齐下的广告策略所需的大部分内容。

然而,当在数据中发现了聚类后,你也可能希望消除它们,而不是迎合它们。例如,你可能认为你的低消费客户的消费较低不是出于预算考虑,而只是他们对一些更昂贵但实用的产品不太了解。你可能会专门为他们提供更积极、包含更多信息的广告,以鼓励所有客户都成为高消费客户。你的具体方法将取决于你的业务、产品和策略的许多其他细节。通过聚类分析,你可以了解到不同的客户群体及其显著特征,从而为战略决策提供重要的参考,但聚类分析并不能提供完整且清晰的商业策略。

除了交易金额之外,我们还可以将图 7-6 中的直方图的横轴变量设想为其他变量,比如客户年龄。然后,聚类分析将告诉我们,我们有两个不同的客户群体:年轻群体和年长群体。你可以对与客户相关的任何数值变量进行聚类,并可能发现有趣的客户群体。

在数据科学和当代聚类算法出现之前,企业营销人员多年来一直将客户分成不同的群体,他们称这种将客户分组的做法为客户细分。

在实践中,企业营销人员通常以一种非科学的方式进行客户细分,他们不是通过从数据中找到聚类和边界来进行,而是根据猜测或直觉选择一个整数。例如,电视制片人可能会委托调查公司对观众进行调查,并以看起来自然的方式进行数据分析,比如分别查看 30 岁以下的观众和 30 岁及以上的观众的结果。使用一个看似合理的整数(30),在年轻观众和年长观众之间提供了一个潜在的自然界限。然而,也许该制片人的节目几乎没有 30 岁及以上的观众,因此单独分析这个群体的结果会分散调查注意力。相比之下,一个简单的聚类分析可能会揭示出一个 18 岁左右的观众群体和一个 28 岁左右的观众群体,这两个群体之间的界限在 23 岁左右。基于聚类分析而不是想当然地使用 30 岁作为年龄划分的标准,将有助于理解节目的观众及其观点。

细分是早于聚类出现的概念,但聚类是一种很好的细分方法,因为我们使用它能够找到更准确、更有用的细分群体,并确定它们之间的精确界限。在这种情况下,你可以认为聚类方法为我们提供了客观的、数据驱动的见解。从直觉提高到客观的、数据驱动的见解是数据科学对商业的主要贡献之一。

到目前为止,我们讨论了一次只针对一个变量的细分:掷色子结果、交易金额或年龄。我们还可以从多个维度思考,而不是一次只对一个变量进行聚类和细分。例如,如果我们在美国经营一家零售公司,我们可能会在西部发现一群年轻的消费水平较高的人;在东南部发现一群年纪较大、消费水平较低的人;在北部发现一群中等收入的中年人。要发现这些,我们必须一次对多个维度进行聚类。数据科学聚类方法具有这种能力,这使它比传统的细分方法更具优势。

7.5 分析多维数据

在掷色子结果数据中,每个观测值只包含一个数字:掷出的色子朝上一面上的点数之和。我们不记录色子的温度或颜色、长度或宽度,每次掷色子只记录掷出的点数之和这一个原始数据。掷色子结果数据集是一维的。这里的维度并不一定是指空间中的维度概念,而是指可以在高低之间变化的各种测量值。掷色子结果可以在低点(如 2)和高点(如 12 或更高,取决于使用的色子)之间变化,但我们只在一个度量标准上测量掷色子后色子朝上一面上的数字之和的高低。

在业务场景中,我们几乎总是对不止一个维度感兴趣。例如,当我们分析客户聚类时,我们想要知道客户的年龄、住址、收入、性别、教育水平，以及其他尽可能多的信息，这样我们就可以成功地对他们进行营销。当我们处理多维数据时，有些东西看起来会不一样。例如，我们将图 7-3 至图 7-6 中的钟形曲线增加一个维度，如图 7-7 右图所示。

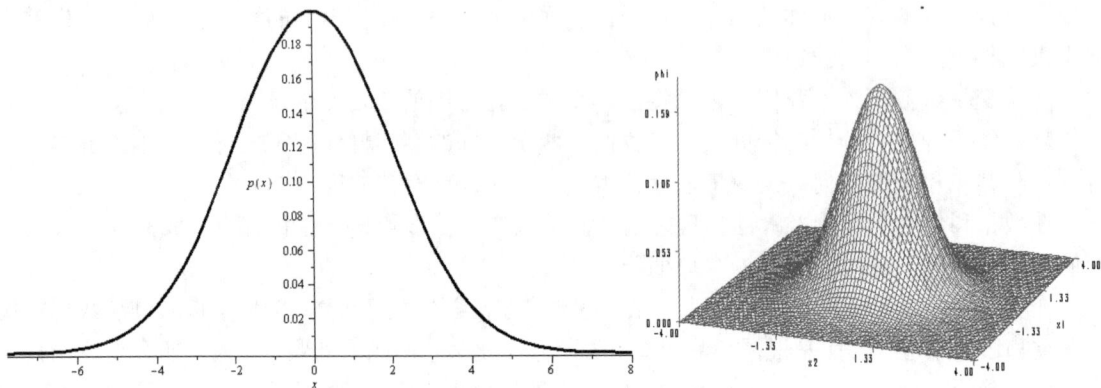

图 7-7　单变量钟形曲线和双变量钟形曲线

图 7-7 中左图是一条单变量钟形曲线，它只显示了沿一个维度（x 轴）变化的相对概率。右图是一条双变量钟形曲线，它显示了沿两个维度（x 轴和 y 轴）变化的相对概率。例如，我们可以假设图 7-7 右图的 x 轴和 y 轴分别表示年龄和平均交易金额。

单变量钟形曲线的均值仅由一个数字表示，如图 7-7 左图的 $x = 0$。双变量钟形曲线的均值由两个数字表示：由 x 坐标和 y 坐标组成的有序对，如(0,0)。虽然维度的数量增加了，但使用每个维度的均值来找到钟形曲线的最高点的思路是相同的。每个维度的均值将告诉我们钟形曲线的中心和最高点的位置，其他观测值倾向于围绕它们聚集。在单变量和双变量情况下，我们都可以将钟形曲线的高度解释为概率：钟形曲线较高的点对应更有可能看到的观测值。

维度也会影响我们表示钟形曲线扩展程度的方式。在一维情况下，我们使用方差（或标准偏差）这个单一数字来表示钟形曲线的扩展程度。在二维和更多维度情况下，我们使用矩阵或数字的矩形数组来表示钟形曲线的扩展程度。我们使用的矩阵称为协方差矩阵（covariance matrix），它不仅能够记录每个维度各自的分布情况，还能够记录不同维度共同变化的程度。我们不需要过度关注协方差矩阵的具体实现细节，只需要用 np.cov()函数计算它，并将它作为聚类方法的输入。

当聚类分析的维度从 2 个增加到 3 个或更多时，调整方法是很简单的。我们将不再使用单变量或双变量钟形曲线，而是使用多变量钟形曲线。在三维空间中，均值有 3 个坐标；在 n 维空间中，它有 n 个坐标。每当问题的维度增加时，协方差矩阵也会变大。但无论问题有多少维度，钟形曲线的特征总是相同的：它有一个均值，大多数观测值都很接近这个均值；它有一个协方差指标，用于显示钟形曲线的分布情况。

本章后文将介绍一个二维的例子，以展示聚类的思想和过程，同时介绍如何绘制简单、可解释的图形。这个例子将展示聚类和无监督学习的基本特征，你可以在任意维度下应用这些特征。

7.6　EM 聚类

现在我们拥有了执行 EM 聚类所需的所有要素。EM 聚类是一种强大的无监督学习方法，使我们能够智能地在多维数据中找到自然的组。EM 聚类也称为高斯混合建模，因为它使用钟形曲线（高斯分布）来模拟群体混合在一起的方式。不管你怎么称呼这种方法，它都是一种有用且直观的方法。

我们将从用于聚类的二维数据开始介绍。我们可以从二维数据在线主页读取数据：

```
import ast
import requests
link = "https://bradfordtuckfield.com/emdata.txt"
f = requests.get(link)
allpoints = ast.literal_eval(f.text)
```

这段代码使用了两个模块：ast 和 requests。requests 模块允许 Python 从网站请求文件或数据集，本例中的网站是存放聚类数据的网站。数据以 Python 列表的形式存储在文件中。默认情况下，Python 将.txt 文件读取为字符串，但我们希望将数据读取到 Python 列表而不是字符串中。ast 模块包含一个 literal_eval()方法，该方法使我们能够从原本被视为字符串的文件中读取列表数据。我们将列表数据读入名为 allpoints 的变量中。

现在我们已经将数据读入 Python，通过如下代码对数据进行绘图：

```
allxs=[point[0] for point in allpoints]
allys=[point[1] for point in allpoints]
plt.plot(allxs, allys, 'x')
plt.axis('equal')
plt.show()
```

代码运行结果如图 7-8 所示。

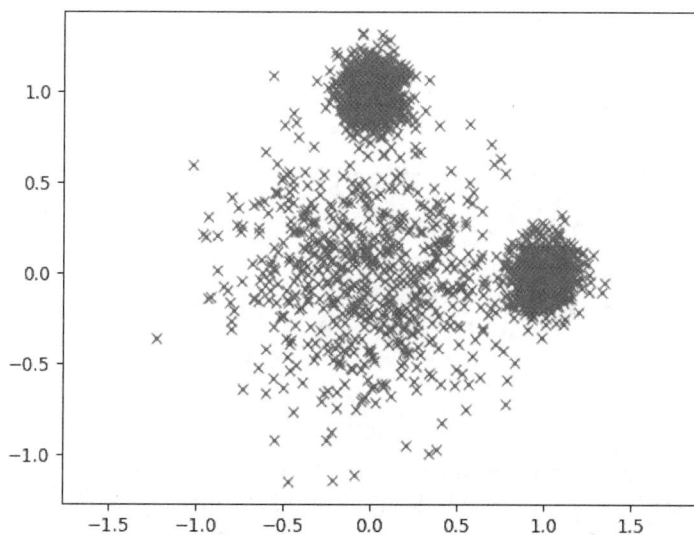

图 7-8　对新的二维数据进行绘图

你可能会注意到，图 7-8 中的坐标轴没有标签。这并非偶然：我们将使用二维数据作为未标记的示例，然后讨论如何将其应用于许多场景当中。在这个例子中，你可以想象坐标轴的许多可能的标签，例如点代表城市，x 轴是人口增长百分比，y 轴是经济增长百分比。如果是这样，执行聚类将识别出增长最相似的城市。如果你是一名 CEO，正试图决定在哪里开设一个新的特许经营业务，这可能会有用。但是坐标轴不一定代表城市人口或经济的增长，它们可以代表任何东西，无论代表的是什么，聚类算法的运作方式都是一样的。

在图 7-8 中，还有一些显而易见的内容。图的顶部和右侧分别有两组特别密集的观测值；而图的中心处的聚类，其密度似乎比另外两个的小得多。我们似乎在不同的位置有 3 个聚类，且它们具有不同的大小和密度。

在本节中，我们不再只依靠肉眼，而是使用一个强大的聚类算法：EM 聚类。EM 是 expectation-maximization（期望最大化）的缩写。我们可以用 4 个步骤来描述 EM 聚类。

（1）猜测：猜测每个聚类的均值和协方差。

（2）期望（expectation）：根据均值和协方差的最新估计，将数据中的每个观测值按照它最有可能属于哪个聚类进行分类。（这一步骤被称为 E，即期望步骤，因为我们是基于对每个点属于哪个聚类的可能性的期望进行分类的。）

（3）最大化（maximization）：使用期望步骤中获得的分类来计算每个类的均值和协方差的新估计。（这一步骤被称为 M，即最大化步骤，因为我们找到了最大化数据匹配概率的均值和方差。）

（4）收敛：重复期望步骤和最大化步骤，直到达到停止条件。

EM 聚类看起来很难理解，不要担心，因为你已经学习了本章前文中最困难的部分。接下来我们依次执行每个步骤，以便更好地理解它们。

7.6.1   "猜测"步骤

猜测步骤是最简单的，因为我们可以对聚类的均值和协方差进行任何猜测。让我们先进行一些猜测：

```
#初始猜测
mean1=[-1,0]
mean2=[0.5,-1]
mean3=[0.5,0.5]

allmeans=[mean1,mean2,mean3]

cov1=[[1,0],[0,1]]
cov2=[[1,0],[0,1]]
cov3=[[1,0],[0,1]]

allvar=[cov1,cov2,cov3]
```

在这个代码片段中，我们首先猜测 mean1、mean2 和 mean3。这些二维空间中的点，被认为是 3 个聚类的中心。然后我们猜测每个聚类的协方差。我们尽可能简单地猜测协方差矩阵：将一个特殊的、简单的矩阵（称为单位矩阵）作为每个聚类的协方差矩阵（单位矩阵的细节现在不介绍，我们使用它是因为它很简单，而且往往用它作为初始猜测的聚类的效果足够好）。我们可以绘制一幅图来看看这些猜测是什么样子的：

```
plt.plot(allxs, allys, 'x')
plt.plot(mean1[0],mean1[1],'r*', markersize=15)
plt.plot(mean2[0],mean2[1],'r*', markersize=15)
plt.plot(mean3[0],mean3[1],'r*', markersize=15)
plt.axis('equal')
plt.show()
```

生成的图表如图 7-9 所示。

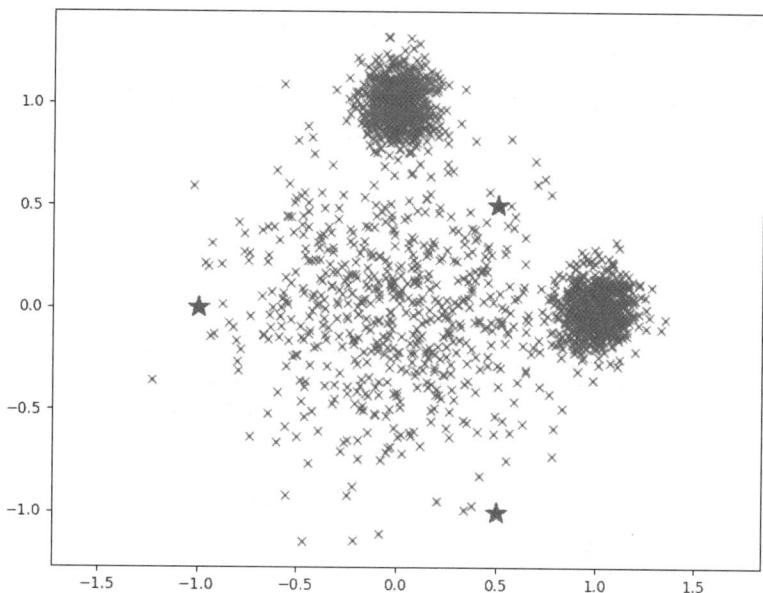

图 7-9　我们的数据以及一些猜测的聚类中心（通过星星符号表示）

　　x 轴表示人口增长百分比，y 轴表示经济增长百分比，星星符号表示我们对聚类中心的猜测（如果你在自己的环境中运行程序，星星符号将会是红色的）。我们的猜测显然并不令人满意。特别是，我们的猜测都不在图 7-9 的顶部和右侧的两个密集聚类的中心，也没有一个靠近数据点云的中心。在这种情况下，从不准确的猜测开始是好的，因为它能让我们看到 EM 聚类算法的强大之处：即使我们在猜测步骤中使用的初始猜测非常糟糕，通过该算法我们也能找到正确的聚类中心。

7.6.2 "期望"步骤

　　我们已经完成了猜测步骤。在期望步骤中，我们需要根据我们的期望对所有点进行分类。我们为此编写了 classify() 函数：

```
def classify(allpts,allmns,allvar):
    vars=[]
    for n in range(len(allmns)):
```

```
        vars.append(multivariate_normal(mean=allmns[n], cov=allvar[n]))
    classification=[]
    for point in allpts:
        this_classification=-1
        this_pdf=0
        for n in range(len(allmns)):

            if vars[n].pdf(point)>this_pdf:
                this_pdf=vars[n].pdf(point)
                this_classification=n+1
        classification.append(this_classification)
    return classification
```

记住这个函数的作用。在前文中，我们用它来对掷色子结果进行分类。我们进行了对一系列掷色子结果的观察，通过比较两条钟形曲线的高度，找出了每个掷色子结果可能来自哪一对色子。这里，我们将使用该函数完成类似的任务，但将使用新的未标记数据，而不是掷色子结果数据。对于新数据中的每个观测值，classify()函数通过比较每个聚类相关的钟形曲线的高度来确定它们可能属于哪个聚类。我们使用数据点、聚类均值和聚类方差作为函数参数来调用这个函数：

```
theclass=classify(allpoints,allmeans,allvar)
```

现在，我们有了一个名为 theclass 的列表，其中包含每个数据点的分类结果。运行 print(theclass[:10])可以查看该列表的前 10 个元素。输出如下：

```
[1, 1, 1, 1, 3, 1, 3, 3, 1, 3]
```

这个输出告诉我们，第一个数据点似乎在聚类 1 中，第五个数据点在聚类 3 中，依此类推。我们已经完成了猜测步骤和期望步骤：得到了聚类的均值和方差，并将每个数据点划分到其中一个聚类中。在继续下面的步骤之前，让我们创建一个函数来绘制数据点和聚类：

```
def makeplot(allpoints,theclass,allmeans):
    thecolors=['black']*len(allpoints)
    for idx in range(len(thecolors)):
        if theclass[idx]==2:
            thecolors[idx]='green'
        if theclass[idx]==3:
            thecolors[idx]='yellow'
    allxs=[point[0] for point in allpoints]
    allys=[point[1] for point in allpoints]
    for i in range(len(allpoints)):
        plt.scatter(allxs[i], allys[i],color=thecolors[i])
    for i in range(len(allmeans)):
        plt.plot(allmeans[i][0],allmeans[i][1],'b*', markersize=15)
    plt.axis('equal')
    plt.show()
```

makeplot()函数用数据点（allpoints）、聚类类别（theclass）和聚类均值（allmeans）作为输入。然后它为每个聚类分配颜色：第一个聚类中的数据点是黑色的，第二个聚类中的数据点是绿色的，第三个聚类中的数据点是黄色的。plt.scatter()方法用不同的颜色绘制所有数据点。最后，makeplot()方法为每个聚类中心绘制红色的星星符号。因为本书是黑白印刷的，所以只有在自己的计算机上尝试运行这些代码时，你才能看到这些颜色。

我们可以通过运行 makeplot(allpoints, class,allmeans)来调用 makeplot()函数，结果如图 7-10 所示。

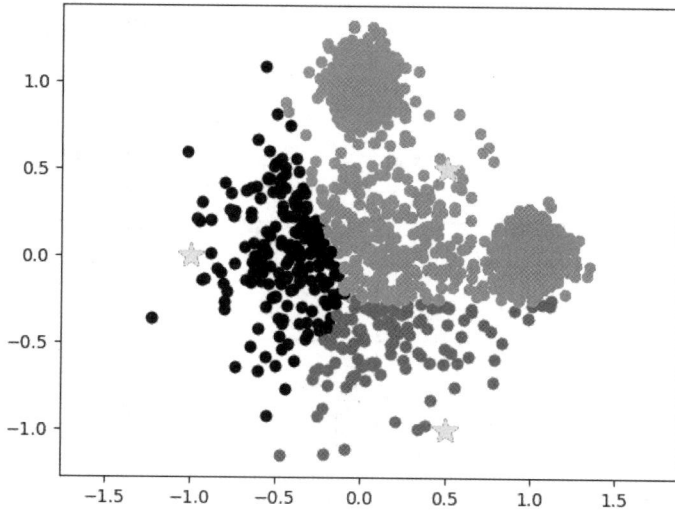

图 7-10 初始聚类结果

图 7-10 所示的是一个二维图。要理解它是如何聚类的，可以想象 3 条像图 7-7 右侧那样的双变量钟形曲线，它们就像从纸面上竖立起来一样，每条钟形曲线都以一个星星符号标识的聚类中心为中心。我们估计的协方差将决定每条钟形曲线的扩展程度。聚类由每个数据点所对应的 3 条钟形曲线中最高的一条决定。你可以想象，如果我们移动中心或改变协方差估计，双变量钟形曲线将发生变化，我们可以得到不同的聚类（很快就会为你介绍）。

从图 7-10 可以看出，我们的聚类任务还没有完成。很明显的是，聚类的形状与我们在图 7-8 中看到的形状不匹配。但更明显的是，我们称之为聚类中心的点（在图中显示为星星符号），显然不在各自聚类的中心，而是处在边缘。这就是我们需要执行 EM 聚类算法中的最大化步骤的原因，在这个步骤中，我们将重新计算每个聚类的均值和方差（从而将聚类中心移动到更合适的位置）。

7.6.3 "最大化"步骤

我们取每个聚类中的点并计算它们的均值和方差。可以更新之前使用的 getcenters() 函数来实现这一点：

```
def getcenters(allpoints,theclass,k):
    centers=[]
    thevars=[]
    for n in range(k):
        pointsn=[allpoints[i] for i in range(0,len(allpoints)) if theclass[i]==(n+1)]
        xpointsn=[points[0] for points in pointsn]

        ypointsn=[points[1] for points in pointsn]
        xcenter=np.mean(xpointsn)
        ycenter=np.mean(ypointsn)
        centers.append([xcenter,ycenter])
        thevars.append(np.cov(xpointsn,ypointsn))
    return centers,thevars
```

更新后的 getcenters() 函数很简单。我们将数字 k 作为实参传递给函数，这个数字表示数据中聚类的数量。我们还将数据和聚类传递给函数。该函数计算每个聚类的均值和方差，然后返回均值列表（我们称之为 centers）和方差列表（我们称之为 thevars）。

让我们调用更新后的 getcenters() 函数来计算 3 个聚类的实际均值和方差：

```
allmeans,allvar=getcenters(allpoints,theclass,3)
```

既然我们已经重新计算了均值和方差，现在我们重新绘制聚类结果，运行 makeplot(allpoints, theclass, allmeans)，结果应该类似图 7-11。

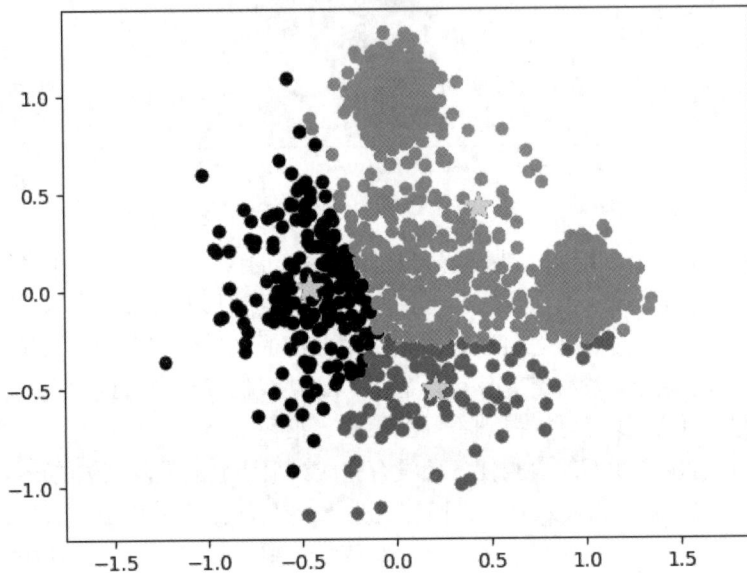

图 7-11　重新绘制聚类结果

由于我们重新执行期望步骤，所以聚类中心（即星星符号）已经发生移动。由于聚类中心的变化，一些之前的聚类可能是错误的。如果你在计算机上运行 makeplot(allpoints,theclass,allmeans)，你会发现一些黄色点离黄色聚类（图中右上角的聚类）的中心相当远，但离其他聚类的中心很近。由于聚类中心的移动和协方差的重新计算，我们需要重新运行分类函数，将所有点重新分类到它们正确的聚类中（也就是说，我们需要再次执行期望步骤）。

```
theclass=classify(allpoints,allmeans,allvar)
```

同样，为了思考这个分类操作是如何完成的，你可以想象 3 条呈现在纸面上的双变量钟形曲线，钟形曲线的中心由星星符号的位置决定，宽度由钟形曲线的协方差决定。在每个点上最高的钟形曲线将决定该点的聚类结果。

让我们再次运行 makeplot(allpoints, class,allmeans) 来绘制一幅图，以展示这些重新计算的聚类结果，如图 7-12 所示。

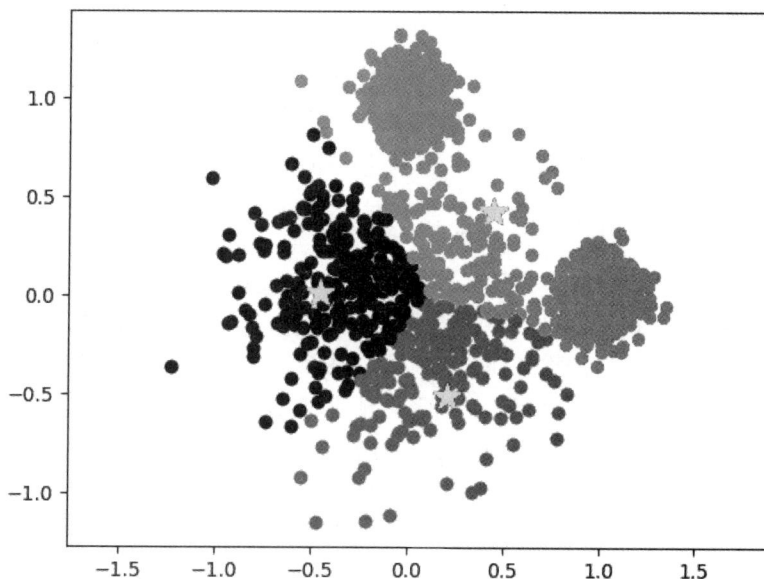

图 7-12　重新计算的聚类结果

在这里，你可以看到星星符号（聚类中心）的位置与图 7-11 中的相同。但是我们已经完成了点的重新分类：通过比较每个聚类的钟形曲线，我们找到了最有可能包含所有点的聚类，并相应地改变了颜色。你可以将图 7-12 与图 7-10 进行比较，以了解自学习聚类以来所取得的进展：我们已经改变了对聚类中心位置的估计以及对哪些点属了哪个聚类的估计。

7.6.4　"收敛"步骤

对比图 7-12 和图 7-10，你可以看到两个聚类（下方的聚类和左侧的聚类）扩大了，而右上角的聚类缩小了。但有一点与之前相同：重新对聚类进行分类后，聚类中心不正确。因此我们还需要重新计算聚类中心。

希望你现在已经看到了这个过程的模式：每次重新对聚类进行分类时，都必须重新计算聚类中心，但每次重新计算聚类中心时，都必须重新对聚类进行分类。换一种说法，每次执行期望步骤时，我们都要执行最大化步骤，而且每次执行最大化步骤时，我们都要再次执行期望步骤。

这就是为什么 EM 聚类的下一步（也是它的最后一步）是重复期望步骤和最大化步骤：这两个步骤都会对另一个步骤产生需求。我们可以编写一个简短的循环来完成这个重复过程：

```
for n in range(0,100):
    theclass=classify(allpoints,allmeans,allvar)
    allmeans,allvar=getcenters(allpoints,theclass,3)
```

循环体的第一行（以 theclass=开始）完成了期望步骤，第二行完成了最大化步骤。你可能想知道，我们是否会陷入一个无限循环，即必须不断地重新计算聚类中心和对聚类进行重新分类，永远得不到最终答案。我们很幸运，因为 EM 聚类在数学上是收敛的，这意味着最终我们将到达这样一个阶段：重新计算聚类中心，新的聚类中心与上一次的相同；重新对聚类进行分类，这次计算的聚类结果也与上一次计算的聚类结果相同。到这个阶段，我们就可以停止运行聚类了，因为继续运行只会让我们一遍又一遍地得到相同的答案。

在上面的代码片段中，我们没有检查收敛性，而是将迭代次数设置为 100 次。对于这样一个小而简单的数据集，该迭代次数肯定绰绰有余。如果你有一个复杂的数据集，其聚类似乎在 100 次迭代后都不会收敛，可以将迭代次数增加到 1000 次或更多，直到 EM 聚类收敛。

想想我们完成了哪些内容。首先，我们进行了猜测步骤，猜测聚类的均值和方差。然后完成了期望步骤，根据均值和方差对聚类进行分类。之后执行了最大化步骤，根据聚类计算均值和方差。最后进行了收敛步骤，重复期望和最大化步骤，直到达到停止条件。

我们已经完成了 EM 聚类的所有步骤！现在让我们最后一次运行 makeplot(allpoints, class,allmeans) 来查看最终估计的聚类及其中心的图像，如图 7-13 所示。

当我们查看这幅图像时，可以看到聚类顺利完成。其中一个聚类中心（用星星符号表示）看起来很接近那最大的、分散的聚类的中心。另外两个聚类中心出现在更小、更紧凑的聚类的中心附近。重要的是，我们可以看到一些与小聚类（在绝对距离上）更接近的观测值被归类为大聚类的一部分。这是因为 EM 聚类考虑了方差。由于它认为大聚类更分散，它为其分配更高的方差，因此大聚类能够包括更多的点。前面我们对聚类中心进行了一些糟糕的猜测，但最终得到的结果与我们所认为的完美结果完全匹配。从图 7-10 所示的错误猜测开始，到现在我们得到了图 7-13 所示的看起来合理的最终的 EM 聚类结果，这显示了 EM 聚类的强大功能。

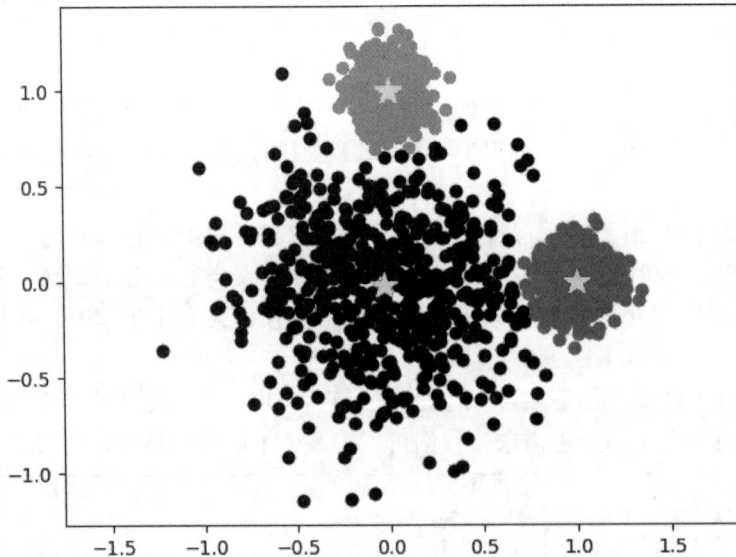

图 7-13 最终的 EM 聚类结果

至些，EM 聚类过程已经确定了数据中的聚类。我们完成了聚类算法，但还没有将其应用于业务场景。我们将其应用于业务场景的方式将取决于数据表示什么。这里采用的数据只是为本书生成的示例数据，我们可以对任何字段的任何数据执行完全相同的 EM 聚类过程。例如，我们可以想象，图 7-13 中的点代表城市，x 轴和 y 轴代表城市增长类型。或者，图 7-13 中的点可以表示顾客，x 轴和 y 轴表示顾客的属性，如总消费金额、年龄、所处位置等。

聚类的具体操作取决于要处理的数据和目标。了解数据中存在的聚类可以帮助你制定不同的营销方法，或针对不同的聚类设计不同的产品，或制定与每个聚类交互的不同策略。

7.7 其他聚类方法

EM 聚类是一种强大的聚类方法，但并不是唯一的。另一种聚类方法——k 均值聚类（k-means clustering，也称 k-means 聚类）更流行，因为它更简单。如果你可以进行 EM 聚类，那么在对我们的代码进行一些简单的更改之后，k-means 聚类就很容易进行了。k-means 聚类的步骤如下。

（1）猜测：猜测每个聚类的均值。

（2）分类：对数据中的每个观测值进行分类，分类依据可以是观测值最可能属于哪个聚类，或者它最接近哪个聚类。

（3）调整：使用在分类步骤中获得的聚类，计算每个聚类的均值的新估计值。

（4）收敛：重复执行分类和调整步骤，直到达到停止条件。

你可以看到 k-means 聚类包括 4 个步骤，就像 EM 聚类一样。两种聚类方法的第一步和最后一步（猜测和收敛）是相同的：在两种聚类方法中我们都进行猜测，然后重复分类和调解步骤直到两种聚类方法都收敛。两种聚类方法唯一的区别在于第二步和第三步。

两种聚类方法中，第二步（EM 聚类中的期望，k-means 聚类中的分类）确定哪些观测值属于哪个聚类。两种聚类方法的不同之处在于，我们如何确定哪些观测值属于哪个聚类。对于 EM 聚类，我们根据比较钟形曲线的高度来确定一个观测值所属的聚类，如图 7-6 所示。对于 k-means 聚类，我们简单地通过测量观测值与每个聚类中心的距离，并找到观测值最接近的聚类中心来确定其所属的聚类。因此，当我们看到掷色子的结果是 12 时，EM 聚类将告诉我们这个结果是由掷 12 面色子得到的（根据图 7-6 中钟形曲线的高度）。但是，k-means 聚类将告诉我们这个结果是由掷 6 面色子得到的，12 与 7（掷 6 面色子结果的均值）的差值为 5，而 12 与 19（掷 12 面色子结果的均值）的差值为 7，因为 5 小于 7，所以应该使用的是 6 面色子。

EM 聚类和 k-means 聚类之间的另一个区别在于第三步（EM 聚类中的最大化，k-means 聚类中的调整）。在 EM 聚类中，我们需要为每个聚类计算均值和协方差矩阵。但在 k-means 聚类中，我们只需要计算每个聚类的均值——我们根本不使用协方差估计值。你可以看到，EM 聚类和 k-means 聚类具有相同的总体框架，仅在分类和调整执行方式的几个特定方面有所不同。

实际上，如果导入正确的模块，我们可以在 Python 中轻松实现 k-means 聚类：

```
from sklearn.cluster import KMeans
kmeans = KMeans(init="random", n_clusters=3, n_init=10, max_iter=300, random_state=42)
kmeans.fit(allpoints)
newclass=[label+1 for label in kmeans.labels_]
makeplot(allpoints,newclass,kmeans.cluster_centers_)
```

这里，我们从之前使用过的 sklearn 模块中导入 KMeans()。然后，我们创建一个名为 kmeans 的对象，这个对象可以用来对数据进行 k-means 聚类。在调用 KMeans()函数时，需要指定一些重要的参数，包括我们要寻找的聚类的个数（n_clusters）。创建 kmeans 对象后，可以调用它的 fit()方法来查找 allpoints 数据（与之前使用的数据相同）中的聚类。当我们调用 fit()方法时，该方法确定了每个点所属的聚类。我们可以通过 kmeans.labels_ 对象访问每个聚类，还可以通过 kmeans.cluster_centers_ 对象访问聚类中心。最后，我们可以调用 makeplot()函数，绘制数据和 k-means 聚类的结果，如图 7-14 所示。

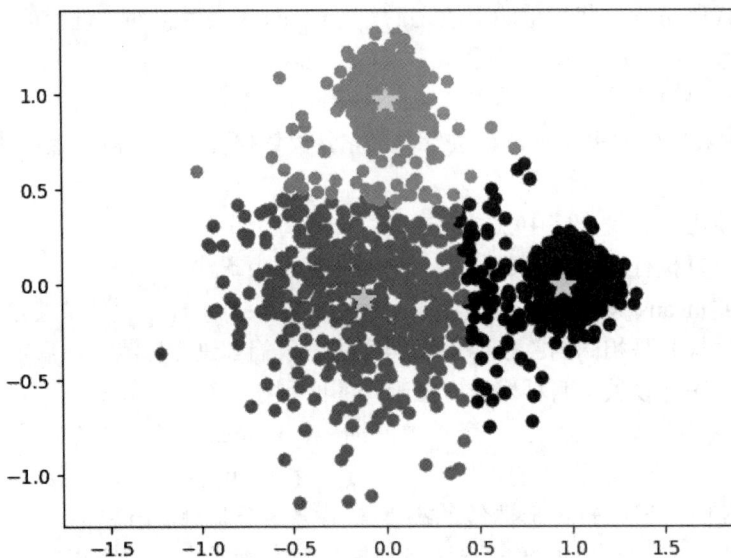

图 7-14　k-means 聚类的结果

对比图 7-13 和图 7-14，你可以看到 k-means 聚类的结果与 EM 聚类的结果并没有太大的不同：我们已经确定了图中顶部和右侧的两个密集聚类，并确定了其余部分的松散聚类。k-means 聚类与 EM 聚类的一个不同之处是它们的聚类边界不同：在 k-means 聚类中，顶部和右侧的聚类包括一些看起来更像是较稀疏聚类成员的观测值。这不是巧合。k-means 聚类旨在找到大小大致相同的聚类，它不具备 EM 聚类所具有的根据不同密度寻找不同大小聚类的灵活性。

除了 EM 聚类和 k-means 聚类之外，还有许多其他聚类方法，数量之多以至于无法在此详细讨论。每种聚类方法都适用于特定的数据类型和特定应用。例如，有一种强大但未得到充分重视的聚类方法，它被称为基于密度的空间应用程序噪声聚类（Density-Based Spatial Clustering of Applications with Noise，DBSCAN）。与 EM 聚类和 k-means 聚类不同，DBSCAN 可以检测具有独特的、非球形、非钟形形状的聚类，它的结果如图 7-15 所示。

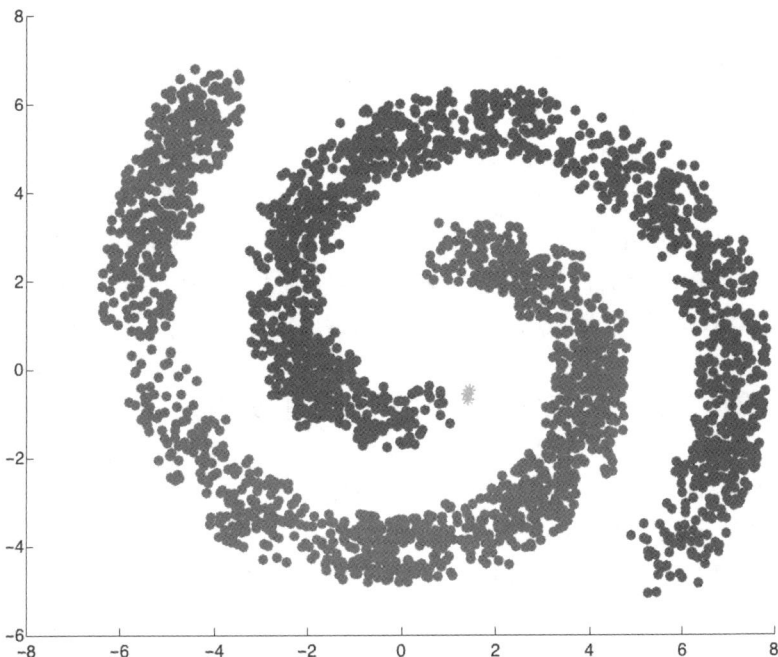

图 7-15 DBSCAN 的结果

你可以看到两组不同的数据。但由于它们相互"缠绕",使用钟形曲线对它们进行分类不会得到让人满意的结果。钟形曲线很难找到这些聚类的复杂边界。DBSCAN 不依赖于钟形曲线,而是需要仔细考虑聚类内和聚类间每个点之间的距离。

还有一种重要的聚类称为层次聚类。层次聚类不是简单地将观测值分组,而是产生一个嵌套的层次结构,它将观测值分组显示在密切相关的组中,然后依次显示更不相关的组。每种类型的聚类都有不同的假设和方法,但它们都实现了相同的目标:在没有任何标签或监督的情况下对点进行分组。

7.8 其他无监督学习方法

聚类是无监督学习中最受欢迎的应用之一。除了聚类之外,还有许多算法属于无监督学习的范畴。一些无监督学习方法用于异常检测,即找到与数据集一般模式不符的观测值。有些异常检测方法与聚类方法非常相似,因为它们有时也需要识别密集的近邻组(如聚类),并测量观测值与其最近聚类之间的距离。

有一组无监督学习方法被称为潜在变量模型。这些模型试图将数据集中的观测值表示为假设的隐藏或潜在变量的函数。例如,一个数据集可能由 8 个班级的学生的成绩组成。我们可能会提出一个假设:存在两种主要类型的智力分类——分析性和创造性。我们可以检查学生在像数学和物理这样量化、分析类课程中的分数是否具有相关性,以及学生在像语言和音乐这样更具创造性的课程中的分数是否具有相关性。换句话说,我们假设存在两种未直接测量的隐藏或潜在变量,即分析性智力和创造性智力,这两种潜在变量在很大程度上决定了我们观察到的所有变量,即所有学生的分数。

这不是唯一的可能假设。我们也可以假设学生的分数仅由一种潜在变量(即一般智力)决定,或者我们可以假设学生的分数由 3(或任何其他数量)种潜在变量决定,然后尝试测量和分析这些潜在变量。

我们在本章中完成的 EM 聚类也可以被视为一种潜在变量模型。在对掷色子结果进行聚类时,我们感兴趣的潜在变量是表示聚类位置和大小的钟形曲线的均值和标准差。许多潜在变量模型依赖于线性代数和矩阵代数,因此如果你对无监督学习感兴趣,应该认真研究本章介绍的这些主题。

请记住,所有这些方法都是无监督的,这意味着我们没有可以用于严格测试我们的假设的标签。在图 7-13 和图 7-14 中,我们可以看到我们找到的聚类看起来是正确的,并且在某些方面是有意义的,但我们不能肯定它们是否正确。同样,我们也不能确定 EM 聚类(其结果显示在图 7-13 中)或 k-means 聚类(其结果显示在图 7-14 中)哪个更准确,因为没有"真实"的标签可以用来判断准确性。这就是无监督学习方法通常用于数据探索,但很少用于获得关于预测或分类的最终答案的原因。

由于无监督学习方法是否提供了正确的结果是无法确定的,因此它需要良好的判断力才能做得更好。它不会给我们最终的答案,而是倾向于提供数据洞察力,从而帮助我们获得其他分析(包括监督学习)的想法。但这并不意味着无监督学习是没有价值的——它可以提供宝贵的见解和想法。

7.9   本章小结

本章讲解无监督学习,重点介绍了 EM 聚类。我们讨论了无监督学习的概念、EM 聚类的详细信息以及 EM 聚类与其他聚类方法(如 k-means 聚类)之间的区别。最后,我们讨论了其他无监督学习方法。在第 8 章中,我们将讨论网络爬取,并介绍如何快速、轻松地从网站获取数据以进行分析和商业应用。

8

网络爬取

进行数据科学研究需要数据，当手头没有数据集时，你可以尝试通过网络爬取数据。网络爬取技术是一种从公共网站直接读取信息并将其转换为可用数据的技术。在本章中，我们将介绍一些常见的网络爬取技术。

首先，我们进行最简单的网络爬取：下载网页的代码并查找相关文本。然后，我们将讨论正则表达式（一种逻辑搜索文本的方法集合）以及 Beautiful Soup［一个免费的 Python 库，可以通过直接访问超文本标记语言（Hyper Text Markup Language，HTML）元素和属性来帮助你轻松地解析网站］。我们将探索表格，并在最后回顾一些与网络爬取相关的高级主题。让我们从理解网站是如何运行的开始吧！

8.1 理解网站是如何运行的

如果你想查看 No Starch 出版社的官方网站，那么请你打开一个浏览器，如 Mozilla Firefox、Google Chrome、Apple Safari 等，在地址栏中输入 No Starch 出版社官方网站主页的 URL，即 https://nostarch.com，并按"Enter"键。然后你的浏览器会显示图 8-1 所示页面。

你可以在图 8-1 所示页面上看到很多内容，包括文本、图像和链接等，它们都经过精心排列和格式化，易于人们阅读和理解。这种精心排列和格式化并非偶然。每个网页都有源代码，源代码指定了页面的文本和图像及其格式和布局。当你访问一个网站时，你看到的是浏览器对源代码的视觉解释。

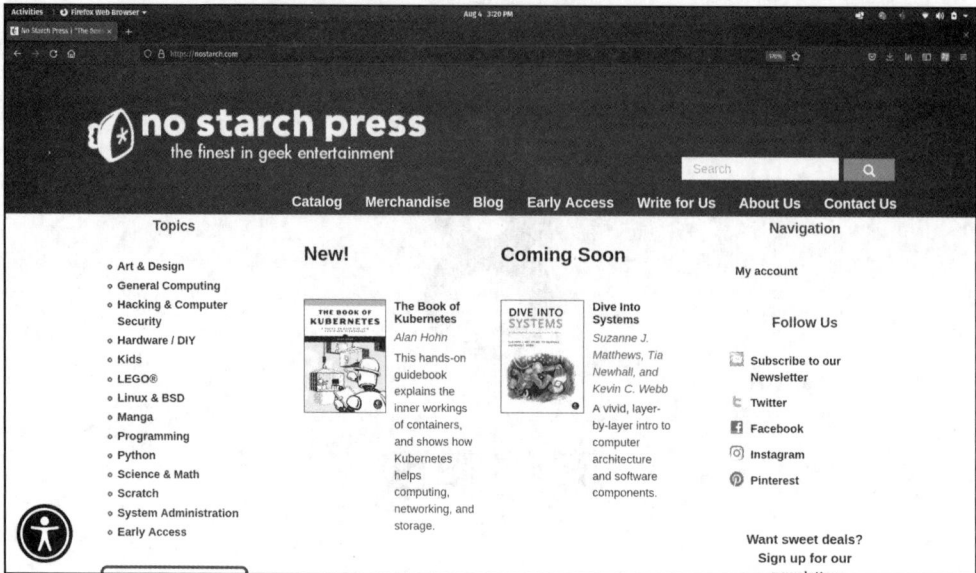

图 8-1　No Starch 出版社官方网站的主页

如果你对查看网站的实际代码感兴趣，而不是对浏览器对源代码的视觉解释感兴趣，你可以使用浏览器工具。在 Chrome 和 Firefox 中，你可以通过打开页面，在空白处单击鼠标右键（在 Windows 上，或在 macOS 上使用"Ctrl+单击"），然后在弹出的快捷菜单中选择"查看网页源代码"来查看 https://nostarch.com 对应页面的源代码。执行此操作后，你将看到图 8-2 所示的页面。

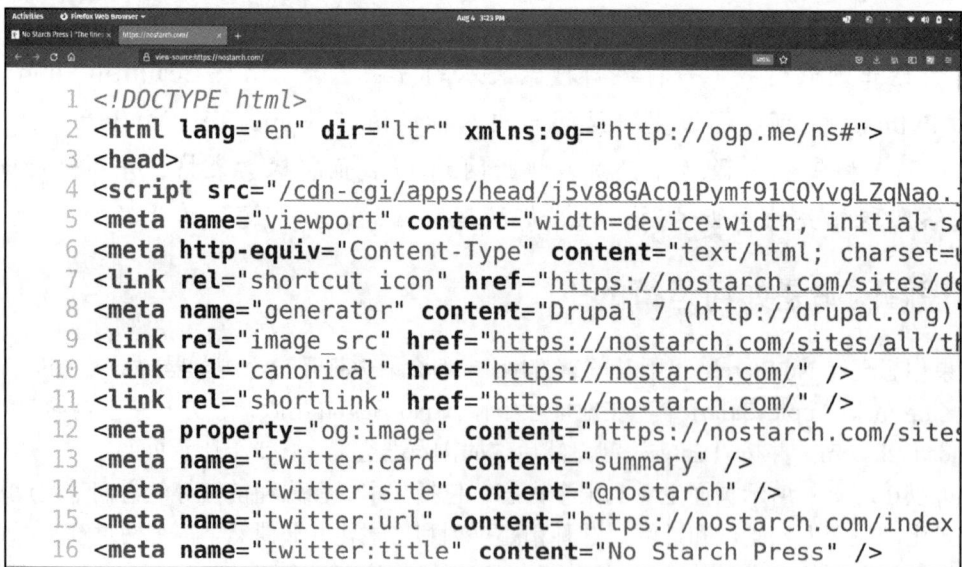

图 8-2　No Starch 出版社官方网站主页的 HTML 源代码

图 8-2 所示页面包含 No Starch 出版社官方网站的主页上所有内容的源代码。这个页面是以

原始文本的形式呈现的，没有提供浏览器通常使用的视觉解释。网页的源代码通常是用 HTML 和 JavaScript 语言编写的。

在本章中，我们将关注这些原始文本。我们将编写 Python 脚本，该脚本将自动扫描 HTML 代码（图 8-2 所示的源代码），以找到可用于数据科学项目的有效信息。

8.2　创建第一个网页爬虫

我们从创建最简单的爬虫开始。这个爬虫将获取一个 URL 以及与该 URL 关联的页面的源代码，并输出它得到的源代码的第一部分：

```
import requests
urltoget = 'https://bradfordtuckfield.com/indexarchive20210903.html'
pagecode = requests.get(urltoget)
print(pagecode.text[0:600])
```

这个代码片段首先导入了我们在第 7 章中使用的 requests 包；在这里，我们将使用 requests 包来获取网页的源代码。接下来，我们指定 urltoget 变量，它表示我们想要请求的网页源代码的 URL。在本例中，我们请求我的个人网站的存档页面。最后，我们使用 requests.get()方法获取网页源代码，并将此代码存储在 pagecode 变量中。

pagecode 变量具有一个文本属性，其中包含网页的所有源代码。如果运行 print(pagecode.text)，你应该能够看到页面的所有 HTML 代码，这些代码被存储为一个长文本字符串。有些页面有大量的代码，一次性输出所有代码可能很麻烦，你可以指定只输出部分代码。这就是我们在上述代码片段中通过运行 print(pagecode.text[0:600])来指定只输出页面代码的前 600 个字符的原因。

输出结果如下所示：

```
<?xml version="1.0" encoding="utf-8"?>
<!DOCTYPE html PUBLIC "-//W3C//DTD XHTML 1.0 Strict//EN" "http://www.w3.org/TR/xhtml1/DTD/
xhtml1-strict.dtd">
<html xmlns="http://www.w3.org/1999/xhtml" xml:lang="en-US" lang="en-US">
  <head><meta http-equiv="Content-Type" content="text/html; charset=utf-8">

    <title>Bradford Tuckfield</title>
    <meta name="description" content="Bradford Tuckfield" />
    <meta name="keywords" content="Bradford Tuckfield" />
    <meta name="google-site-verification" content="eNw-LEFxVf71e-ZlYnv5tGSxTZ7V32coMCV9bxS3MGY"
/>
<link rel="stylesheet" type="text/css" href=
```

这个输出结果是 HTML 代码，它主要由使用角括号（<和>）进行标记的元素组成。每个元素向浏览器（如 Firefox 或 Chrome）传递有关如何向访客呈现网站内容的信息。例如，你在输出结果中可以看到一个<title>标签，它被称为起始标签，标志着标题元素的开始。在输出结果第七行的末尾的另一个标签</title>被称为结束标签，它标志着标题元素的结束。该网站的实际标题是出现在起始标签和结束标签之间的文本，在我们的例子中，它是 "Bradford Tuckfield"。当浏览器访问该网站时，它将解释标题元素的起始标签和结束标签的含义，然后在浏览器页面顶部显示标题文本 "Bradford Tuckfield"。本书不是关于 HTML 的书，所以我们不会在这里详细讲解我们所看到的代码中的每一个细节。即使没有深厚的 HTML 专业知识，我们也可以成功地进行网页爬取。

通过爬取这个网页，你可能会觉得你已经掌握了所需的爬取技能。然而，你还有很多要学习的。大多数网页都包含大量的 HTML 代码和内容，但数据科学家很少需要整个网页的源代码。在商业场景中，你更可能只需要网页上的某个特定信息或数据。为了找到你需要的具体信息或数据，能够快速、自动地搜索大量 HTML 代码非常重要。换句话说，你需要解析 HTML 代码。让我们来看看如何做到这一点。

关于爬取数据的重要警告

在进行网页爬取时要小心！许多网站将它们的数据视为重要的资产，并且它们的使用条款明确禁止任何形式的自动网页爬取。一些著名的网站已经对试图爬取其数据的人和组织采取了法律行动。网络信息安全是一个相对较新的法律领域，关于爬虫可以爬取哪些内容存在许多激烈的争论。世界各地的司法系统仍在努力确定如何处理网页爬取问题。无论如何，在尝试进行网页爬取时要小心、谨慎。

首先，在设置爬虫之前，请查看网站的使用条款。其次，考虑该网站是否有应用程序接口（Application Program Interface，API）：一些网站不介意分享它们的数据，但希望你按照它们指定的、使它们感到舒适的方式下载数据。最后，确保你不会给网站带来过多的流量，因为严重的爬虫行为会导致网站崩溃。在进行爬取时，你需要小心、谨慎，以避免出现侵犯隐私权、违反服务协议、非法进入计算机系统、妨碍网络服务、侵犯著作权及违反反垄断法等行为。在本章中，我们将爬取我的个人网页。我很乐意让你使用本章介绍的方法温和地爬取我的个人网站（https://bradfordtuckfield.com）。

8.3   解析 HTML 代码

在 8.2 节中，我们已经介绍了如何将公共网页的代码下载到 Python 会话中。现在我们来谈谈如何解析下载的代码以获取需要的确切数据。

8.3.1   爬取电子邮件地址

假设你对自动收集电子邮件地址以创建营销列表感兴趣，你可以使用爬虫下载多个页面的源代码。但是，你不需要表示每个页面完整代码的长字符串的全部信息，只需要那些出现在你爬取页面上的代表电子邮件地址的简短子字符串。因此，你需要在每个你爬取的页面中搜索这些简短的子字符串。

假设你已经下载了某一个网页（例如 https://bradfordtuckfield.com/contactscrape.html）的源代码。如果访问这个网页，你会看到浏览器显示的该网页的内容，如图 8-3 所示。

Demo Contact US Page

Company: Demo Company
Phone: +1 879-890-9767
Email: demo@bradfordtuckfield.com
Website: www.bradfordtuckfield.com

图 8-3 可以轻松爬取的演示页面内容

图 8-3 所示的页面只显示一个电子邮件地址。如果想编写一个脚本来查找上述页面中的电子邮件地址，我们可以搜索 "Email:"，并查看紧跟其后的字符。接下来，我们通过对页面代码进行简单的文本搜索来完成这个任务：

```
urltoget = 'https://bradfordtuckfield.com/contactscrape.html'
pagecode = requests.get(urltoget)

mail_beginning=pagecode.text.find('Email:')
print(mail_beginning)
```

这个代码片段的前两行使用了与 8.2 节中相同的爬取过程：我们指定一个 URL，下载该 URL 的页面代码，并将代码存储在 pagecode 变量中。然后，我们使用 find()方法搜索电子邮件文本。find()方法将文本字符串作为输入，并将所查找的字符串所在位置作为输出。在本例中，我们将 "Email:"字符串作为 find()方法的输入，并将该字符串的位置存储在 mail_beginning 变量中。最终输出是 511，它表示 "Email:"文本从页面代码中的第 511 个字符处开始。

在了解 "Email:"文本的位置后，我们可以尝试通过查看该文本之后的字符来获取实际的电子邮件地址。

```
print(pagecode.text[(mail_beginning):(mail_beginning+80)])
```

在这里，我们输出 "Email:"文本（该文本从第 511 个字符处开始）之后的 80 个字符。输出如下所示：

```
Email: <label class="email" href="#">demo@bradfordtuckfield.com</label>
</div>
```

你可以看到输出中包含的内容不仅是图 8-3 中可见的文本。在 "Email:"文本和实际电子邮件地址之间出现了一个 HTML 元素，该元素名为 label。如果你只想获取电子邮件地址，就必须跳过与<label>标签关联的字符，并且必须删除电子邮件地址之后出现的字符：

```
print(pagecode.text[(mail_beginning+38):(mail_beginning+64)])
```

这个代码片段将输出 demo@bradfordtuckfield.com，正是我们在页面上想要找到的文本，mail_beginning 代表页面中第一次出现 "Email" 的源代码位置，该位置加上 38 之后对应的位置正好是 "demo@bradfordtuckfield.com" 的开始位置，mail_beginning+64 正好对应电子邮件地址的结束位置。

8.3.2 直接搜索地址

我们能够在页面的 HTML 代码中，通过查看 "Email:"文本后的第 39 个字符到第 64 个字符找到电子邮件地址。但这种方法的问题在于，当我们尝试将其应用于其他网页时，可能会出现问题。如果其他页面上没有与我们找到的相同的<label>标签，那么查看"Email:"文本后的第 39 个字符将无法起作用。或者，如果电子邮件地址长度不同，则将"Email:"文本后的第 64 个字符作为停止搜索的位置也是有问题的。由于爬取通常应该在许多网站上快速、自动地进行，手动检查需要查找的电子邮件地址的起止位置显然不可行。因此，这种方法可能不适用于实际业务场景中的爬虫。

我们不必搜索"Email:"文本并查看其后出现的字符，而可以尝试搜索@符号本身。由于每个电子邮件地址都应该包含一个@符号，因此如果我们找到这个符号，就很可能找到电子邮件地址。电子邮件地址中不会包含 HTML 标签，因此我们不需要在查找电子邮件地址时跳过 HTML 标签。我们可以像搜索"Email:"文本一样搜索@符号：

```
urltoget = 'https://bradfordtuckfield.com/contactscrape.html'
pagecode = requests.get(urltoget)

at_beginning=pagecode.text.find('@')
print(at_beginning)
```

这段代码与我们之前使用的爬取代码相似，不同的是，我们搜索@符号而不是"Email:"。最终输出显示，@符号在代码中出现在第 553 个字符处。我们可以立即输出@符号前后的字符以获取电子邮件地址本身：

```
print(pagecode.text[(at_beginning-4):(at_beginning+22)])
```

这里没有需要跳过的 HTML 标签，但是我们仍然面临一个问题：要获取不包含额外字符的电子邮件地址，我们需要知道@符号前后的字符数（这里分别是 4 和 22）。如果我们尝试自动从多个网站抓取多个电子邮件地址，这种方法是行不通的。

如果有一种进行智能搜索的方法，我们的搜索将更加成功和易于自动化。例如，想象一下我们可以搜索与以下模式匹配的文本：

```
<匹配电子邮件地址开头的字符>
@
<匹配电子邮件地址结尾的字符>
```

实际上，有一种方法可以通过文本进行自动化搜索，这种方法可以识别类似这里描述的模式。下面我们将介绍这种方法。

8.4　使用正则表达式执行搜索

正则表达式是一种特殊的字符串，可以用于在文本中进行高级、灵活和自定义的模式搜索。在 Python 中，我们可以通过 re 模块来使用正则表达式执行搜索，该模块是 Python 标准库的一部分，预安装在 Python 中。以下是使用 re 模块进行正则表达式搜索的示例：

```
import re

print(re.search(r'recommend','irrelevant text I recommend irrelevant text').span())
```

在这个代码片段中,我们导入了 re 模块。re 是 regular expression 的缩写,该模块中的方法用于处理正则表达式。该模块提供了一个 search()方法,该方法可用于在任何字符串中搜索文本。在我们的例子中,我们指定了两个参数:字符串 recommend 和包含单词 recommend 的文本字符串。我们希望,使用该方法能够在包含一些无关紧要文本的长字符串中搜索 recommend 子字符串。请注意,我们在 recommend 字符串之前添加了单个 r 字符。这个 r 字符告诉 Python,将 recommend 字符串视为原始字符串,这意味着在使用 recommend 字符串进行搜索之前,Python 不会对其进行任何处理或调整。span()方法将为我们提供 recommend 子字符串的起始位置和结束位置。

输出结果(18,27)表示"recommend"存在于第二个字符串中,从索引 18 开始,到索引 27 结束。search()方法类似于我们之前使用的 find()方法,两者都是在较长的字符串中查找子字符串的位置。

但是,假设你正在搜索一个由在拼写单词时容易出错的人编写的网页。默认情况下,re.search()方法寻找精确匹配结果,因此如果你搜索包含拼写错误的 recommend 的网页,你将找不到任何匹配项。在这种情况下,我们可能希望让 Python 查找 recommend,但要查找它的不同大小写方式。以下是使用正则表达式达到此目的的一种方法:

```
import re
print(re.search('rec+om+end', 'irrelevant text I recommend irrelevant text').span())
```

在这里,我们更改了代码的参数:与其搜索拼写正确的 recommend,不如搜索 rec+om+end。这是因为 re 模块将加号(+)解释为元字符。在搜索中使用这种特殊字符时,它们具有特殊的逻辑含义,可以帮助你进行灵活的搜索,实现模糊搜索的效果。+元字符表示重复:它指定 Python应该搜索一个或多个重复的+前面的字符,换句话说,+前面的字符可以出现一次或多次。因此,当我们使用 c+时,Python 知道它应该搜索一个字母 c 或多个连续字母 c,而当我们使用 m+时,Python 知道它应该搜索一个字母 m 或多个连续字母 m。

使用像+这样具有特殊逻辑含义的元字符的字符串称为正则表达式(regular expression)。几乎所有主流编程语言都支持正则表达式,在所有处理文本的代码应用中,正则表达式都非常重要。

你应该尝试使用+元字符,以更熟悉它的工作方式。例如,你可以像下面这样搜索各种拼写错误的 recommend:

```
import re
print(re.search('rec+om+end','irrelevant text I recomend irrelevant text').span())
print(re.search('rec+om+end','irrelevant text I reccommend irrelevant text').span())
print(re.search('rec+om+end','irrelevant text I reommend irrelevant text').span())
print(re.search('rec+om+end','irrelevant text I recomment irrelevant text').span())
```

这个代码片段包含 4 个正则表达式搜索。第一个搜索的输出是(18,26),表明拼写错误的"recommend"与我们搜索的正则表达式 rec+om+end 匹配。请记住,+元字符搜索一个或多个重复的其前面的字符,因此它将匹配拼写错误的"recomend"中的单个 c 和单个 m。第二个搜索的输出是(18,28),这表明拼写错误的"reccommend"也匹配正则表达式 rec+om+end,这也是因为+元字符指定了一个或多个重复的其前面的字符,而 c 和 m 在这里都重复了两次。在本例中,使用+元字符的正则表达式为搜索提供了灵活性,使其可以匹配多种拼写错误的单词。

但是正则表达式具有的灵活性并不是绝对的。当我们在 Python 中运行第三个和第四个搜索时，它们会返回错误，因为正则表达式 rec+om+end 不匹配指定字符串（reommend 和 recomment）的任何部分。第三个搜索没有返回任何匹配项，因为 c+ 指定了一个或多个重复的 c，而 reommend 中没有 c。第四个搜索也没有返回任何匹配项，因为尽管 c 和 m 字符的数量是正确的，但要搜索 rec+om+end，需要在末尾有一个 d 字符，而 recomment 中没有与 d 匹配的项。在使用正则表达式时，你需要小心确保它们能够准确地表达你想要的内容，并具有你想要的灵活性。

8.4.1   使用元字符进行灵活的搜索

除了 + 之外，Python 正则表达式中还可以使用其他几个重要的元字符。有几个与 "+" 类似的元字符用于指定重复，例如，星号（*）表示其前面的一个字符可以重复 0 次或多次。请注意，这与 +（表示其前面的一个字符可以重复一次或多次）不同。我们可以在正则表达式中使用 *，如下所示：

```
re.search('10*','My bank balance is 100').span()
```

以上代码中正则表达式可以用来在字符串中找到银行存款余额的位置。该字符串可以包含 1、10、100、1000 甚至任意数量的 0（甚至 0 个 0）。以下是使用 * 作为元字符的示例：

```
import re
print(re.search('10*','My bank balance is 1').span())
print(re.search('10*','My bank balance is 1000').span())
print(re.search('10*','My bank balance is 9000').span())
print(re.search('10*','My bank balance is 1000000').span())
```

在以上代码片段中，我们对 4 个字符串执行正则表达式 10* 的搜索。我们找到了第一个、第二个和第四个字符串的匹配项，因为虽然它们都指定了不同的金额，但每个字符串都包含字符 1 且字符 1 后面跟着 0 个或多个 0 字符。第三个字符串也包含重复的 0 字符，但没有匹配项，因为我们检索的是 1 后面可以有 0 个或多个 0，但 9000 中没有字符 1。

在实践中，文本中字符的重复次数超过两次的情况很少见，因此 * 可能对你来说并不总是有用的。如果你不想允许字符的重复次数超过一次，问号（?）元字符会对你有所帮助。? 元字符用于指定其前面的一个字符出现 0 次或一次：

```
print(re.search('Clarke?','Please refer questions to Mr. Clark').span())
```

在以上代码所示情况下，我们使用 ? 是因为想要搜索 Clark 或 Clarke，但不希望搜索 Clarkee、Clarkeee 或带有更多 e 的 Clark。

8.4.2   使用转义序列对搜索进行微调

元字符使你能够执行有效的、灵活的文本搜索，这种搜索可以用于搜索多种格式的文本。然而，它们也可能导致混乱。例如，假设你想在一些文本中搜索一个特定的数学表达式，如 99+12=111，你可以尝试如下搜索：

```
re.search('99+12=111','Example addition: 99+12=111').span()
```

这可能让你感到惊讶，因为我们给出的数学表达式可以在字符串中找到精确的匹配。但当你运行这段代码时，会收到报错信息。之所以这个搜索没有返回正确结果，是因为默认情况下，+被解释为元字符而不是字面意义上的加号。记住，+元字符指定其前面的一个字符重复一次或多次。如果我们进行如下搜索，就可以找到匹配项：

```
re.search('99\+12=111','Example addition: 99+12=111').span()
```

在这里，我们使用反斜线（\）作为特殊的元字符。\被称为转义字符。它允许+（加号）"逃脱"其元字符状态，并被解释为字面意义上的加号。我们称\+字符串为转义序列。在前面的代码片段中，我们找到了数学表达式的一个匹配项，因为我们转义了+，所以 Python 寻找了一个字面意义上的加号，而不是将+解释为元字符并查找数字 9 的重复内容。

你可以通过转义字符对任何元字符进行字面搜索。例如，想象一下，如果你想查找?，而不是将 ? 作为元字符进行搜索，你可以执行以下操作：

```
re.search('Clarke\?','Is anyone here named Clarke?').span()
```

这行代码可以匹配"Clarke?"，但是它不会匹配"Clark?"，因为我们转义了?，Python 会寻找一个字面意义上的问号而不是将?解释为元字符。

如果你需要搜索反斜线，你需要使用两个反斜线：一个用于让字符从元字符状态中"逃脱"，另一个用于告诉 Python 要搜索那个字面字符：

```
re.search(r'\\',r'The escape character is \\').span()
```

在以上代码片段中，再次使用 r 字符来指定将字符串解释为原始字符串，并确保 Python 在搜索之前不会对其进行任何处理或调整。转义序列在正则表达式中很常见且有用。一些转义序列会给标准字符（非元字符）赋予特殊意义，例如，\d 将用于搜索字符串中的任意数字（0 到 9），如下所示：

```
re.search('\d','The loneliest number is 1').span()
```

这段代码找到了字符 1 的位置，因为\d 转义序列指向任意数字。下面是其他使用非元字符的有用转义序列。

\D：用于查找非数字的值。

\s：用于搜索空白（空格、制表符和换行符）。

\w：用于搜索任何字母字符（字母、数字或下画线）。

方括号 [和] 也是重要的元字符。它们可以在正则表达式中成对使用，用于指定字符类型。例如，我们可以使用以下方式查找任何小写字母字符：

```
re.search('[a-z]','My Twitter is @fake; my email is abc@def.com').span()
```

这个代码片段指定我们要查找在字符 a 和 z 之间的任何字符。这个代码片段将返回输出 (1,2)，输出中仅包含字符 y 的位置，因为它是字符串中的第一个小写字母。我们可以使用类似的方法搜索任何大写字母：

```
re.search('[A-Z]','My Twitter is @fake; my email is abc@def.com').span()
```

这个搜索输出 (0,1)，因为它找到的第一个大写字母是字符串开头的 M。

另一个重要的元字符是竖线 (|)，它可以用来表示"或"逻辑。竖线元字符在你不确定两种拼写方式（Manchaca 还是 Manchack）中哪种是正确的时尤其有效，例如：

```
re.search('Manchac[a|k]','Lets drive on Manchaca.').span()
```

在这里，我们指定要查找以 a 或 k 结尾的字符串"Manchaca"或"Manchack"。如果我们搜索 Let's drive on Manchack，会返回一个匹配项。

8.4.3　结合文本和元字符进行高级搜索

以下是你应该知道的其他元字符。

$：用于表示行或字符串的末尾。

^：用于表示行或字符串的开头。

.：通配符，用于表示匹配任意字符，除了换行符。

你可以结合文本和元字符进行高级搜索。例如，假设你有计算机上所有文件的列表，你希望通过所有文件名来查找某个特定的 .pdf 文件。也许你记得你的 .pdf 文件名包含 school，但无法记起其他任何关于文件名的信息，那就可以使用下面这种灵活的搜索来找到该文件：

```
re.search('school.*\.pdf$','schoolforgottenname.pdf').span()
```

让我们看一下这个代码片段中的正则表达式。假设你的 .pdf 文件名以 school 这个词开头。然后，正则表达式包含两个元字符：.*。句点是通配符元字符，而星号表示其前面的一个字符可以重复任何次数。因此，.* 指定了 school 之后的任意数量的其他字符。接下来，我们有一个转义的句点 \.，它指的是实际的句点符号而不是通配符。然后，我们搜索字符串 pdf，但要求仅当它出现在文件名末尾时才满足匹配条件。总之，这个正则表达式指定了一个以 school 开头、以.pdf 结尾，且可能在中间有其他字符的文件名。

让我们用这个正则表达式搜索不同的字符串，以确保你熟悉这种以特定文本开头，并且以特定文本结尾的搜索模式：

```
import re
print(re.search('school.*\.pdf$','schoolforgottenname.pdf').span())
print(re.search('school.*\.pdf$','school.pdf').span())
print(re.search('school.*\.pdf$','schoolothername.pdf').span())
print(re.search('school.*\.pdf$','othername.pdf').span())
print(re.search('school.*\.pdf$','schoolothernamepdf').span())
print(re.search('school.*\.pdf$','schoolforgottenname.pdf.exe').span())
```

上面代码中的一些搜索会找到匹配项，而另外一些会因找不到匹配项而报错。仔细观察那些报错的搜索，确保你理解为什么那些正则表达式找不到匹配项。随着你对正则表达式和其中的元字符越来越熟悉，你将能够迅速理解任何正则表达式的逻辑，而不是把这些正则表达式看作一堆无意义的标点符号。

你可以使用正则表达式进行多种类型的搜索，例如，你可以使用一个正则表达式来搜索街道地址、URL、特定类型的文件名或电子邮件地址。只要文本中存在逻辑模式，你就可以在正则表达式中指定该模式。

要了解更多关于正则表达式的信息，你可以查看 Python 官方文档。但实际上，熟悉正则表达式最好的方法是自己练习使用正则表达式。

8.5　使用正则表达式搜索电子邮件地址

正则表达式可以让你灵活而轻松地搜索多种类型的模式。让我们回到最初的示例，即搜索电子邮件地址，并看看我们如何使用正则表达式进行搜索。请记住，我们想要搜索符合以下模式的文本：

```
<一些字符> @ <另外一些字符>
```

下面是完成这个搜索的正则表达式：

```
re.search('[a-zA-Z]+@[a-zA-Z]+\.[a-zA-Z]+',\
'My Twitter is @fake; my email is abc@def.com').span()
```

让我们仔细看看这个代码片段中的元素。

（1）该正则表达式以 [a-zA-Z] 开头，包括方括号元字符，指定一类字符。在这种情况下，它将查找由 a-zA-Z 表示的字符，即任何小写或大写字母字符。

（2）[a-zA-Z]后面跟着+，+用于指定一个或多个字母字符的实例。

（3）接下来是@符号，它不是元字符，而是实际的@符号。

（4）接下来，我们再次使用[a-zA-Z]+来指定在@符号之后应该出现任意数量的字母字符。这应该是电子邮件地址域名的第一部分，例如 protonmail.com 中的 protonmail。

（5）\.指定一个句点，在.com、.org 或其他顶级域名中搜索此字符。

（6）最后，我们再次使用[a-zA-Z]+来指定句点之后应该出现一些字母字符。这些字母字符是.com 或.org 中的 com 或 org。

这 6 个元素共同指定了电子邮件地址的通用模式。如果你不熟悉正则表达式，你会很难想象 [a-zA-Z]+@[a-zA-Z]+\.[a-zA-Z]+ 用于指定电子邮件地址。但是由于 Python 能够解释正则表达式中的元字符，因此 Python 能够解释上述搜索并返回电子邮件地址。同时，你已经学习了正则表达式，并且了解了正则表达式的含义。

世界上有许多电子邮件地址，上述正则表达式将识别许多电子邮件地址，但识别不了所有的电子邮件地址。例如，一些电子邮件地址域名使用的字符不属于英语中使用的标准罗马字母，上述正则表达式不会捕获这些电子邮件地址。此外，电子邮件地址可以包含数字，而上述正则表达式不会匹配数字。如果正则表达式能够可靠地捕获所有电子邮件地址中所有可能的字符组合，那该正则表达式将是极其复杂的，这种复杂的正则表达式超出了本书的范围。

8.6　将爬取的结果转换为可用数据

请记住，我们是数据科学家，我们关心的不仅是从网页爬取内容。在爬取网页之后，我们希望将爬取的结果转换为可用数据。我们可以通过将爬取到的所有内容导入 pandas DataFrame 来实现这一点。

我们可以从以下 URL 中爬取一整段（虚拟的）电子邮件地址：https://bradfordtuckfield.com/contactscrape2.html。我们从网站上读取所有文本开始，如下所示：

```
import requests
urltoget = 'https://bradfordtuckfield.com/contactscrape2.html'
pagecode = requests.get(urltoget)
```

这段代码与我们之前使用过的代码相似：我们只需下载 HTML 代码并将其存储在 pagecode 变量中。如果你愿意，你可以通过运行 print(pagecode.text)来查看该页面的所有代码。

接下来，我们可以指定正则表达式来查找代码中的所有电子邮件地址：

```
allmatches=re.finditer('[a-zA-Z]+@[a-zA-Z]+\.[a-zA-Z]+',pagecode.text)
```

在这里，我们使用与 8.5 节中相同的字符作为正则表达式。但是我们使用了一种新的方法 re.finditer()，而没有使用 re.search()。我们这样做是因为，re.finditer()能够获取多个匹配项，我们需要获取代码中的所有电子邮件地址（默认情况下，re.search()只能够找到任何字符串或正则表达式的第一次匹配结果）。

接下来，我们需要将爬取到的电子邮件地址组合在一起：

```
alladdresses = []
for match in allmatches:
    alladdresses.append(match[0])

print(alladdresses)
```

我们从一个名为 alladdresses 的空列表开始，然后将 allmatches 对象的每个元素附加到该列表中。最后，输出该列表。

我们还可以将列表转换为 pandas DataFrame：

```
import pandas as pd
alladdpd=pd.DataFrame(alladdresses)
print(alladdpd)
```

现在，电子邮件地址在 pandas DataFrame 中，我们可以使用 pandas 库提供的丰富方法来处理 DataFrame。例如，我们可以将爬取到的电子邮件地址按字母的反向顺序进行排序，然后将其导出到.csv 文件：

```
alladdpd=alladdpd.sort_values(0,ascending=False)
alladdpd.to_csv('alladdpd20220720.csv')
```

让我们回顾一下我们所完成的事情。从一个 URL 开始，我们下载了由该 URL 指定的网页的完整 HTML 代码。我们使用正则表达式查找页面上列出的所有电子邮件地址。然后将电子邮件地址编译成 pandas DataFrame。最终我们可以将其导出为.csv 或 Excel 文件，或对其进行其他我们认为合适的转换。

下载 HTML 代码并指定正则表达式以搜索某些信息，如我们所做的那样，是一种合理的、可以用来完成任何爬取任务的方式。但是，在某些情况下，编写复杂正则表达式来匹配那些难以匹配的模式，可能很困难或不方便。在这些情况下，你可以使用其他库，这些库包括高级 HTML 解析和爬取功能，而无须编写任何正则表达式，Beautiful Soup 库便是其中之一。

8.7 使用 Beautiful Soup

Beautiful Soup 库使我们无须编写任何正则表达式即可搜索特定 HTML 元素中的内容。例如，假如你想收集页面中的所有超链接。HTML 代码使用锚点元素来指定超链接，这个特殊的元素用一个简单的<a>起始标签来指定。以下是一个网页 HTML 代码中使用锚点元素的示例：

```
<a href='https://bradfordtuckfield.com'>Click here</a>
```

这个代码片段指定了文本"Click here"。当用户在 HTML 网页上单击此文本时，他们的浏览器将导航到 https://bradfordtuckfield.com。HTML 元素以<a>开头，这表示该元素是一个锚点或网页、文件的超链接。该元素有一个名为 href 的属性。在 HTML 代码中，属性是一种变量，可以提供有关元素的更多信息。在这个例子中，href 属性包含超链接应该"指向"的 URL：当有人单击"Click here"文本时，他们的浏览器将导航到 href 属性包含的 URL。在 href 属性之后有一个角括号，然后是页面上出现的文本。最后的</a>表示超链接元素的结束。

我们可以通过使用正则表达式搜索<a>模式或指定一个正则表达式来查找网页代码中的所有锚点元素，或者通过指定一个正则表达式来查找 URL 本身。但是，Beautiful Soup 模块使我们更容易找到锚点元素，而不必使用正则表达式。我们可以按照以下方式查找网站链接的所有 URL：

```
import requests
from bs4 import BeautifulSoup

URL = 'https://bradfordtuckfield.com/indexarchive20210903.html'
response = requests.get(URL)
soup = BeautifulSoup(response.text, 'lxml')

all_urls = soup.find_all('a')
for each in all_urls:
    print(each['href'])
```

在这里，我们导入了 requests 和 BeautifulSoup 模块。就像使用其他第三方 Python 包一样，在使用 BeautifulSoup 模块之前，你需要安装它。BeautifulSoup 模块是 bs4 包的一部分。bs4 包具有所谓的依赖项：为了确保 bs4 能够正确工作而需要安装的其他包。bs4 的一个依赖项是名为 lxml 的包。在使用 bs4 和 BeautifulSoup 之前，你需要安装 lxml。在导入我们需要使用的模块之后，我们使用 requests.get()方法下载网页代码，就像我们在"8.2 创建第一个网页爬虫"中所做的那样。然后使用 BeautifulSoup()方法解析代码，并将结果存储在一个名为 soup 的变量中。

有了 soup 变量，我们可以使用 Beautiful Soup 的特定方法。特别是，我们可以使用 find_all() 方法来查找网页代码中特定类型的元素。在我们的例子中，我们搜索所有锚点元素，它们由字符 a 标识。获取所有锚点元素后，我们输出它们的 href 属性值——它们链接到的页面或文件的 URL。你可以看到，使用 Beautiful Soup，我们只需要使用几行代码就可以进行有效的解析，而不需要使用复杂的正则表达式。

8.7.1 解析 HTML 标签元素

锚点元素不是 HTML 代码中唯一的元素类型。我们之前看到过<title>元素。有时网页也会使用<label>元素来为页面上的文本或内容添加标签。例如，你想要从我们之前看到的 http://bradfordtuckfield.com/contactscrape.html 网页上爬取电话号码。我们在这里将图 8-3 复制为图 8-4。

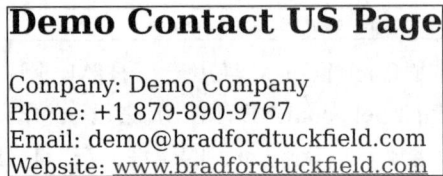

Demo Contact US Page

Company: Demo Company
Phone: +1 879-890-9767
Email: demo@bradfordtuckfield.com
Website: www.bradfordtuckfield.com

图 8-4　可以轻松爬取的演示页面内容

你可能正在进行一个项目，该项目用于搜索网页上的电子邮件地址、电话号码或网站地址。你可以尝试使用正则表达式来进行搜索。但是，该页面上的电话号码和电子邮件地址都带有 HTML <label>标签，而 Beautiful Soup 使获取我们需要的信息变得更加容易。首先，让我们看一下<label>标签在网页的 HTML 代码中是如何使用的。下面是该页面代码的一个小样本：

```
<div class="find-widget">
    Email:  <label class="email" href="#">demo@bradfordtuckfield.com</label>
</div>
```

如你在本章“爬取电子邮件地址”中看到的，<label>标签用于表示 HTML 代码的某一部分属于某种特定类型。在本例中，class 属性指出这是电子邮件地址的标签。如果你要爬取网页上的 email、mobile 和 website 这些有<label>标签的元素，那么你可以像下面这样搜索电子邮件地址、电话号码和网站地址：

```
import requests
from bs4 import BeautifulSoup

URL = 'https://bradfordtuckfield.com/contactscrape.html'
response = requests.get(URL)
soup = BeautifulSoup(response.text, 'lxml')

email = soup.find('label',{'class':'email'}).text
mobile = soup.find('label',{'class':'mobile'}).text
website = soup.find('a',{'class':'website'}).text

print("Email : {}".format(email))
print("Mobile : {}".format(mobile))
print("Website : {}".format(website))
```

在这里，我们再次使用 soup.find()方法。但与我们搜索超链接时所做的不同，这次我们还会搜索带有<label>标签的元素。代码中的每个<label>标签都指定了不同的 class。我们找到每种类型（email 和 mobile）的标签的文本并将它们输出。对于网站地址，我们搜索具有 website 类型的锚点元素。最终结果是，我们找到了我们想要的每种数据：电子邮件地址、电话号码和网站地址。

8.7.2　爬取和解析 HTML 表格

网站上通常都有表格，因此了解如何从网站表格中爬取数据是很有价值的。如果你访问 https://bradfordtuckfield.com/user_detailsscrape.html，你可以看到一个简单的 HTML 表格示例。该网页包含一个表格，其中包含几个虚拟人物的有关信息，如图 8-5 所示。

Firstname	Lastname	Age
Jill	Smith	50
Eve	Jackson	44
John	Jackson	24
Kevin	Snow	34

图 8-5　一个包含几个虚拟人物的有关信息的表格

假设我们想从图 8-5 所示的表格中爬取虚拟人物的信息。让我们看一下这个表格的 HTML 代码：

```
<table style="width:100%">
  <tr class="user-details-header">
    <th>Firstname</th>
    <th>Lastname</th>
    <th>Age</th>
  </tr>
  <tr class="user-details">
    <td>Jill</td>
    <td>Smith</td>
    <td>50</td>
  </tr>
  <tr class="user-details">
    <td>Eve</td>
    <td>Jackson</td>
    <td>44</td>
  </tr>
  <tr class="user-details">
    <td>John</td>
    <td>Jackson</td>
    <td>24</td>
  </tr>
  <tr class="user-details">
    <td>Kevin</td>
    <td>Snow</td>
    <td>34</td>
  </tr>
</table>
```

<table>标签指定表格的开始位置，</table>标签指定表格的结束位置。在开始位置和结束位置之间有一些<tr>和</tr>标签。每个<tr>标签指定了表格行的开始位置（tr 是 table row 的缩写）。在每个表格行中，<td>标签指定特定表单元格的内容（td 是 table data 的缩写）。可以看到，第一行是表头，它包含每一列的名称。在第一行之后，接下来的每一行指定了一个人的信息：他们的名字在前面，姓氏在后面，最后是年龄，这些数据存储在 3 个不同的<td>元素中。

我们可以像下面这样解析图 8-5 所示的表格：

```
import requests
from bs4 import BeautifulSoup


URL = 'https://bradfordtuckfield.com/user_detailsscrape.html'
response = requests.get(URL)
soup = BeautifulSoup(response.text, 'lxml')

all_user_entries = soup.find_all('tr',{'class':'user-details'})
for each_user in all_user_entries:
    user = each_user.find_all("td")

    print("User Firstname : {}, Lastname : {}, Age: {}"\
.format(user[0].text, user[1].text, user[2].text))
```

在这里，我们再次使用 Beautiful Soup。我们创建一个包含网站解析版本的 soup 变量。然后，我们使用 find_all()方法查找页面上的每个<tr>元素。对于每个表格行，我们再次使用 find_all()方法查找该行中的每个<td>元素。在找到每行的内容后，我们将这些内容输出，并对它们进行格式化以标记名字、姓氏和年龄。除了输出这些元素之外，你还可以考虑将它们添加到 pandas DataFrame 中，以便更轻松地对数据进行导出、排序以及其他分析操作。

8.8 高级爬取

爬取是一个深奥的话题，关于爬取，除了本章的内容之外，还有更多内容需要学习。你可以从本节中概述的几个方面开始学习。

首先，考虑一些网页是动态的，它们根据用户的交互（例如单击或滚动元素）而变化。通常，网页的动态部分使用 JavaScript 渲染，该语言的语法与我们在本章中重点爬取的 HTML 的非常不同。我们用于下载 HTML 代码的 requests 包和用于解析代码的 Beautiful Soup 模块一般与静态网页一起使用。对于动态网页，你可能需要使用其他工具，例如专门用于爬取动态网页的 Selenium 库。使用 Selenium，你的脚本可以执行诸如在网站表单中输入信息，以及单击验证码等具有挑战性的操作，而无须人工直接处理。

你还应该考虑应对被封锁的策略。许多网站对所有试图爬取其数据的行为持禁止的态度。它们有阻止爬虫的策略，如果它们检测到你正在尝试爬取和收集它们的信息，它们会尝试阻止你。应对被封锁的一种策略是放弃爬取，这将避免由爬取产生的法律问题或道德问题。

如果你决定无论如何都要爬取那些试图阻止你的网站，你可以采取一些措施来避免被封锁。一种策略是设置一个或多个代理服务器。一个网站可能会阻止你的 IP 地址访问其数据，因此你可以设置一个具有不同 IP 地址的代理服务器（在该网站尚未阻止该 IP 地址的情况下）。如果该网站继续尝试阻止你的代理服务器的 IP 地址，你可以设置轮换代理，以便持续获取未被阻止的新 IP 地址，并仅使用这些新的、未被阻止的 IP 地址进行爬取。

当你采取这种策略时，你应该考虑其道德影响：强行爬取一个不想让你爬取的网站，这样做是否合适？请记住，在极少数情况下，未经授权的爬取行为可能具有极高的法律风险，并且可能会被起诉。你应该始终保持谨慎，并确保你已经仔细思考了你所做的一切行为以及这些行为带来的道德影响。

并非所有网站都不允许人们访问和爬取其数据。有些网站允许爬取，甚至还设置了 API 以方便数据的访问。API 允许你自动查询网站的数据，并以用户友好的格式接收数据。如果你需要爬取一个网站，请检查它是否有你可以访问的 API。如果一个网站有 API，它的 API 文档应该指示 API 提供的数据以及如何访问它。本章讨论的许多工具和想法也适用于 API 的访问方法。例如，requests 包可用于与 API 进行交互，获取 API 数据后，可以将数据放入 pandas DataFrame 中，以便后续处理。

最后，设置爬取脚本时要考虑时间问题。有时，爬取脚本会快速、连续向网站发出多个请求，试图尽可能快地下载尽可能多的数据。这可能会使网站崩溃；或被网站阻止，以避免网站被压垮。为了防止目标网站崩溃或阻止你，你可以调整脚本，减缓其工作速度。一种减缓脚本工作速度的方法是故意添加暂停。例如，在从表格中下载一行后，脚本可以暂停，什么都不做（脚本可以休眠），暂停时间为 1s、2s 或 10s，然后下载表格中的下一行。故意添加暂停可能会让我们这些喜欢快速完成任务的人感到沮丧，但它通常会使长期的爬取动作顺利完成。

8.9 本章小结

本章主要讲解网页爬取。我们概述了爬取的概念，包括对 HTML 代码如何工作的简要介绍。接着构建了一个简单的爬虫，该爬虫可下载并输出网页的代码。我们还搜索并解析了网站的代码，包括使用正则表达式进行高级搜索。本章展示了如何将从网页爬取的数据转换为可用的数据集。我们还使用 Python 的 Beautiful Soup 轻松地查找网页上的超链接和标签信息。最后，我们简要讨论了一些爬取技能的高级应用，包括爬取动态网站和 API 集成。在第 9 章中，我们将为你介绍推荐系统。

9

推荐系统

每名出色的销售员都知道如何向客户提供明智、有针对性的推荐，随着在线零售商规模的扩大和零售业务复杂性的升高，他们渴望将这一销售策略自动化。但是，这些推荐很难制定。因此，许多企业创建了自动化推荐系统，该系统用于分析商品和客户的数据，以确定哪些客户对哪个商品最感兴趣。

在本章中，我们将详细介绍推荐系统。我们将从最简单的推荐系统（仅向每位客户推荐最受欢迎的商品）开始介绍。然后，我们将讨论一种重要的技术，这种技术被称为协同过滤，它使我们能够为每个商品和每位客户提供独特的个性化推荐。我们将介绍两种类型的协同过滤：基于商品的协同过滤和基于用户的协同过滤。最后，我们将通过案例研究和与推荐系统相关的深入思考对本章进行总结。

9.1 基于人气的推荐

在编写推荐系统的代码之前，我们应该考虑如何进行具有一般性的推荐。想象一下，你是一名销售员，你想向走进你店里的客户提供推荐。如果你熟悉这个客户，你可以基于你对客户的喜好情况的了解来做出推荐。如果一些新客户走进你的店，而你对他们一无所知，你可以观察他们在浏览什么，然后根据他们浏览的内容做出推荐。但是有可能在他们浏览东西之前，你就会被要求做出推荐。需要在没有任何关于特定客户信息的情况下做出推荐的困境被称为冷启动问题。

面对冷启动问题时，一个合理的解决方法是推荐最受欢迎的商品。这样做很简单，也很容易。这个方法没有了解客户的所有信息并做出个性化推荐的方法的复杂性，而且如果某个商品在公众中很受欢迎，那么认为这个商品会被新客户所喜欢也是合理的。

在线零售商也面临着冷启动问题的挑战：访问他们的网站的新访客可能没有在他们的网站上留下浏览历史或者对在线零售商不熟悉。在线零售商想要根据对客户的详细了解做出个性化推荐，但当他们面对冷启动问题时，他们不得不依靠其他因素，例如商品的普遍受欢迎程度。冷启动问题对在线零售商来说尤为常见，因为潜在客户可以匿名地查看网站而不必向网站或其销售团队提供任何个人信息。

让我们考虑一下为实现基于人气的推荐所用的代码。对于这种基于人气的推荐系统或任何其他推荐系统来说，拥有与交易历史相关的数据是很有帮助的。我们可以下载、阅读和查看一些虚拟的交易历史数据，如下所示：

```
import pandas as pd
import numpy as np
interaction=pd.read_csv('https://bradfordtuckfield.com/purchasehistory1.csv')
interaction.set_index("Unnamed: 0", inplace = True)
print(interaction)
```

在这里，我们导入了 pandas 包来进行数据处理。我们从互联网上读取一个.csv 文件到 interaction 变量中，并将其存储为 pandas DataFrame。我们指定数据的第 1 列是索引，并输出 DataFrame。输出结果如列表 9-1 所示。

列表 9-1　Interaction 矩阵，用于显示每种商品的购买历史

```
   Unnamed: 0  user1  user2  user3  user4  user5
0       item1      1      1      0      1      1
1       item2      1      0      1      1      0
2       item3      1      1      0      0      1
3       item4      1      0      1      0      1
4       item5      1      1      0      0      1
```

列表 9-1 显示了一个矩阵，该矩阵代表一个在线零售商的销售历史。该在线零售商有 5 个客户和 5 个销售商品。在这个例子中，我们将客户称为用户，是假定他们是在线零售商网站的用户。但无论我们如何称呼他们，我们使用的推荐技术都是相同的。

该矩阵包含 0（用户没有购买特定商品）和 1（用户购买了特定商品）。例如，你可以看到 user2 购买了 item3 但没有购买 item2，而 user3 购买了 item2 但没有购买 item3。这种 0/1 矩阵是我们构建推荐系统时常见的一种矩阵。我们可以将其称为交互矩阵，它代表用户和商品之间的交互信息。由于几乎所有公司都有与其商品及商品购买历史相关的记录，因此基于交互矩阵构建推荐系统是一种非常普遍的做法。

假设有一个新客户，我们称之为 user6，走进了你的商店（或访问了你的网站）。此时你将面对一个冷启动问题，因为你对 user6 一无所知。如果你想为 user6 推荐可购买的商品，你可以列出最受欢迎的商品清单，如下所示：

```
interaction_withcounts=interaction.copy()
interaction_withcounts.loc[:,'counts']=interaction_withcounts.sum(axis=1)
interaction_withcounts=interaction_withcounts.sort_values(by='counts',ascending=False)
print(list(interaction_withcounts.index))
```

在这里，我们创建了一个交互矩阵的副本，该副本名为 interaction_withcounts。我们将使用这个副本统计购买过每个商品的用户的数量从而找到最受欢迎的商品。请注意，该矩阵没有记录用户购买同一商品的次数，因此我们的分析只关注用户是否购买了商品，而不会关注每个用户购买每个商品的次数。

由于交互矩阵的每一行记录了每个商品的购买情况，因此首先我们使用 sum() 方法对每一行的购买情况进行求和，并将结果存储在一个名为 counts 的新列中。然后，我们使用 sort_values() 方法将矩阵的行按购买人数从多到少的顺序进行排序。通过从购买人数最多到最少的排序，我们可以得到商品的人气排序。最后，我们输出排序后的商品名称，按从最受欢迎到不受欢迎的顺序进行排序：

```
['item1', 'item3', 'item2', 'item4', 'item5']
```

我们可以这样理解：item1 是最受欢迎的商品（实际上它与 item3 的受欢迎程度并列），item2 是第三受欢迎的商品，依此类推。

有了这个列表，你可以为陌生客户做出推荐了。你展示推荐的方式将取决于你的商业策略、你的网络开发团队的能力以及你的营销团队的偏好。推荐系统项目的数据科学部分是创建一个按优先级排序的推荐清单，并让市场营销人员或网络开发人员向客户展示清单内容。因此，推荐系统项目可能会具有挑战性的原因之一就是这种项目需要多个团队之间的合作。

我们可以创建一个函数，通过将前面使用的代码整合在一起，来为交互矩阵生成基于人气的推荐：

```
def popularity_based(interaction):
    interaction_withcounts=interaction.copy()
    interaction_withcounts.loc[:,'counts']=interaction_withcounts.sum(axis=1)
    sorted = interaction_withcounts.sort_values(by='counts',ascending=False)
    most_popular=list(sorted.index)
    return(most_popular)
```

这个函数的相关代码只是将我们之前使用的代码整合在了一起。它接收一个交互矩阵作为输入，对每个商品的购买人数求和，按购买人数从多到少对商品进行排序，并返回一个按从最受欢迎到不受欢迎排序的商品名称列表。即使你不熟悉客户，也可以使用这个最终排序的列表为他们做出推荐。你可以在 Python 中通过运行 print(popularity_based(interaction)) 来调用这个函数。

基于人气的推荐是一种简单、合理地解决冷启动问题和向用户提供某种推荐的方法。你可以在当今的许多网站上看到基于人气的推荐，这些网站中突出显示了热门内容。你还可以在实体零售店中看到基于人气的推荐，例如书店将畅销书放在醒目的位置。

但是基于人气的推荐系统并不像个性化推荐系统那样有效。使用有关人员和物品的详细信息的个性化推荐系统可能会比通用的基于人气的推荐系统更有用。现在让我们来看一个例子。

9.2 基于商品的协同过滤

假设你没有遇到冷启动问题，你有关于 user6 的一些信息，特别是，你知道他对 item1 感兴趣。当你使用协同过滤时，这些信息是你做出推荐所需的全部内容。

让我们再次查看交互矩阵，以获得一些有关如何向对 item1 感兴趣的人提供推荐的想法：

Unnamed: 0		user1	user2	user3	user4	user5
0	item1	1	1	0	1	1
1	item2	1	0	1	1	0
2	item3	1	1	0	1	1
3	item4	1	0	1	0	1
4	item5	1	1	0	0	1

查看交互矩阵的第一行，我们可以看到客户与 item1 的所有交互历史（item1 的购买历史）。user1、user2、user4 和 user5 购买了该商品，但 user3 没有购买。如果查看 item3，我们可以看到它与 item1 具有相同的购买历史。item1 和 item3 可能是相似的，例如两部詹姆斯·邦德的电影；也可能是互补的，例如花生酱和果酱。无论如何，如果两个商品在过去被同时购买，则在未来也很可能会被同时购买。

接下来，看看 item1 和 item2 的购买历史。它们被用户购买的重叠度较低。这些商品没有高度相似的购买历史。由于在过去很少被同时购买，因此在未来也不太可能经常被同时购买。一种智能推荐的方法利用了这个想法：如果客户对某个商品感兴趣，则向该用户推荐与其感兴趣的商品具有最多共同购买历史的其他商品。这种方法被称为基于商品的协同过滤。

为了推荐具有最相似购买历史的商品，我们需要一种量化方法来准确测量两个商品的购买历史之间的相似性。我们看到 item1 和 item3 具有非常相似（相同）的购买历史，而 item1 和 item2 则有更多不同的购买历史。如果我们比较 item1 和 item5，可以看到它们的购买历史中有一些相似之处和一些差异。但是，与进行定性的判断，认为两个商品的购买历史非常相似或不那么相似相比，使用数字精确量化相似度的方法更有效。我们如果可以找到一个量化两个商品之间相似性的指标，就可以使用这个指标来推荐商品。

9.2.1 量化向量相似性

让我们更仔细地看看一个商品的购买历史，以便找到能够量化相似性的方法：

```
print(list(interaction.loc['item1',:]))
```

这行代码输出 item1 的购买历史。输出如下：

```
[1,1,0,1,1]
```

我们可以从几个方面来思考这个购买历史。它可能看起来只是一个数字的集合。由于数字是用方括号进行标识的，Python 将把这个集合解释为一个列表。我们也可以把它看作一个矩阵（交互矩阵）的一行。最重要的是，我们可以把这些数字看作一个向量。你可能还记得数学课上讲到的向量是一个有方向的线段。一种表示向量的方法是将其表示为坐标数组的集合。例如，图 9-1 展示了 **A** 和 **B** 两个向量。

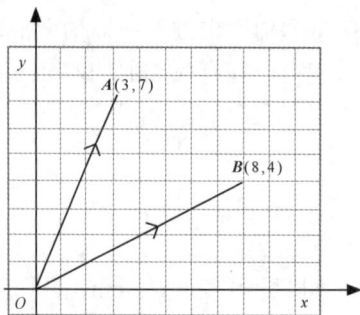

图 9-1   通过坐标数组的集合表示的两个向量

在这个例子中，**A** 和 **B** 是有方向的线段或向量。它们都是二维的。就像每个向量一样，它们都可以完全由其坐标来描述：当我们知道两个向量都从原点开始时，坐标数组(3,7)完全描述了 **A**，坐标数组(8,4)完全描述了 **B**。我们之前查看过的购买历史[1,1,0,1,1]可以被视为表示 item1 购买历史的向量。事实上，交互矩阵的所有行或任何交互矩阵都可以被视为向量。

有了代表商品的向量（商品向量），我们可能想在类似于图 9-1 的图形中绘制它们。但是在我们的交互矩阵中，每个商品向量都有 5 个坐标，因此如果想要绘制它们，则需要在五维图形中进行，这是人类难以理解的。由于我们无法绘制商品向量，让我们看一下图 9-1 中的 **A** 和 **B** 向量，以了解如何测量向量的相似性，然后将所学到的知识应用到商品向量上。

你可以看到向量 **A** 和 **B** 有些相似：它们都大致指向右上方。若要找到一个定量的测量方法来表示这两个向量的相似程度，我们只需要测量两个向量之间的夹角，如图 9-2 所示。

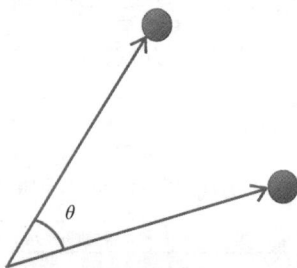

图 9-2   使用希腊字母 θ 表示两个向量之间的夹角

每对向量之间都会有一个我们可以测量的角度。在二维空间中，我们可以使用量角器来实际测量两个向量之间的夹角。图 9-2 中的夹角用希腊字母 θ 表示。如果 θ 较小，我们得出的结论是这两个向量相似。如果 θ 较大，我们得出的结论是这两个向量存在很大差异。两个向量之间最小可能的夹角为 0°；如果两个向量之间的夹角为 0°，则意味着它们指向完全相同的方向（它们重叠）。

本书不是一本几何书，请你回忆一下在数学和几何课上学到的一个函数：余弦函数。利用余弦函数我们可以计算任意角度的余弦值。0° 的余弦值为 1，1 是余弦函数的最大值。随着角度大于 0°，角的余弦值会减小。90° 角（也称为直角）的余弦值为 0。

余弦函数很重要，因为我们可以使用它来测量两个向量的相似性。如果两个向量相似，则它们之间的夹角较小，因此它们之间夹角的余弦值较大（1 或接近 1）。如果两个向量垂直，则它们非常不同，它们之间夹角的余弦值为 0。图 9-1 中的向量 **A** 和 **B** 既不完全相似也不完全不同，因此它们之间的夹角的余弦值将在 0 和 1 之间。在比较向量时，我们通常会参考两个向量的余弦相似度（即它们之间夹角的余弦值）。相似的向量将具有较高的余弦相似度，而不同的向量将具有较低的余弦相似度。

当向量具有许多维度时，例如上述购买历史中的五维向量，我们不需要实际测量角度。我们可以使用一种特殊的公式，以便能够计算任何一对向量之间夹角的余弦值，请参见图 9-3。

$$\sin(A, B) = \cos(\theta) = \frac{A \cdot B}{\|A\|\|B\|}$$

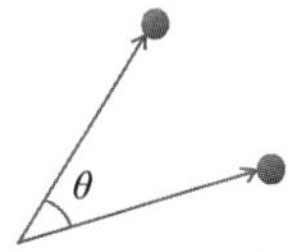

图 9-3　计算两个向量夹角余弦值的公式

9.2.2　计算余弦相似度

让我们更仔细地看一下图 9-3 中的公式。分子是 **A · B**。在这种情况下，向量 **A** 和 **B** 之间的点表示点积，点积是向量相乘的一种特殊方式。下面的函数计算两个相同长度的向量的点积：

```
def dot_product(vector1,vector2):
    thedotproduct=np.sum([vector1[k]*vector2[k] for k in range(0,len(vector1))])
    return(thedotproduct)
```

图 9-3 中公式的分母中，$\|A\|$ 和 $\|B\|$ 分别表示向量 **A** 和 **B** 各自的大小，也称为它们的向量范数。下面的函数计算向量的向量范数：

```
def vector_norm(vector):
    thenorm=np.sqrt(dot_product(vector,vector))
    return(thenorm)
```

任意两个向量之间的夹角的余弦值（即两个向量的余弦相似度）等于这两个向量的点积除以它们的向量范数的乘积。我们可以创建一个 Python 函数，通过使用我们刚刚定义的两个函数来计算任意两个向量的余弦相似度，如图 9-3 所示的公式所示：

```
def cosine_similarity(vector1,vector2):
    thedotproduct=dot_product(vector1,vector2)
    thecosine=thedotproduct/(vector_norm(vector1)*vector_norm(vector2))
    thecosine=np.round(thecosine,4)
    return(thecosine)
```

cosine_similarity()函数计算的余弦相似度是一种常见的相似度测量方法，这种方法不仅可以用于推荐系统，还可以用于许多数据科学应用。

让我们尝试计算一些商品向量的余弦相似度：

```
import numpy as np
item1=interaction.loc['item1',:]
item3=interaction.loc['item3',:]
print(cosine_similarity(item1,item3))
```

这段代码的输出很简单：

```
1.0
```

我们可以看到 item1 和 item3 的余弦相似度为 1.0，这意味着这两个向量之间的夹角为 0°。因此，它们是相同的向量。相比之下，你可以通过运行以下代码片段来计算 item2 和 item5 的余弦相似度：

```
item2=list(interaction.loc['item2',:])
item5=list(interaction.loc['item5',:])
print(cosine_similarity(item2,item5))
```

这两个商品向量的余弦相似度为 0.3333，这意味着这两个商品向量之间的夹角相对较大——大约为 71°。因此，这两个商品非常不同。当我们查看它们的向量时，5 个用户中只有一个用户同时购买了这两个商品。如果我们采用类似的过程来计算 item3 和 item5 的余弦相似度，会发现它的值为 0.866，这表明这两个商品向量相似。

现在我们可以测量任何两个商品的购买历史的相似性，并且已经准备好使用余弦相似度来创建一个推荐系统。

9.2.3   实现基于商品的协同过滤

回想一下我们假设的销售员和销售场景。你有一个交互矩阵，该矩阵描述了所有 5 个用户和所有 5 个商品的购买历史。你观察到一个新的、陌生的客户进入你的商店（或访问你的网站），而你所知道的关于新客户的所有信息就是他对 item1 感兴趣。你应该如何向他推荐商品？

你可以根据每个商品的购买历史与 item1 的购买历史的相似性对每个商品进行排序。你的推荐将是有序的商品列表，该列表中的商品按购买历史与 item1 最相似到购买历史与 item1 最不相似的顺序排序。

让我们使用余弦相似度来编写 Python 代码。我们可以从定义用于计算的向量开始：

```
ouritem='item1'
otherrows=[rowname for rowname in interaction.index if rowname!=ouritem]
otheritems=interaction.loc[otherrows,:]
theitem=interaction.loc[ouritem,:]
```

接下来，我们可以计算每个商品与所选商品的相似性，并通过找到与所选商品最相似的其他商品来给出推荐。

```
similarities=[]
for items in otheritems.index:
    similarities.append(cosine_similarity(theitem,otheritems.loc[items,:]))

otheritems['similarities']=similarities
recommendations = list(otheritems.sort_values(by='similarities',ascending=False).index)
```

在这个代码片段中，我们创建了一个 similarities 变量，它一开始是一个空列表。然后我们创建了一个循环，计算客户感兴趣商品与其他每个商品之间的余弦相似度。之后，我们得到了最终的推荐列表：一个包含所有其他商品的列表，按照与客户感兴趣商品的购买历史最相似到最不相似的顺序排序。

运行 print(recommendations)可以查看推荐结果，输出如下：

```
['item3', 'item5', 'item2', 'item4']
```

这个列表是你的推荐系统的输出。这个最终输出类似于基于人气的推荐系统输出：仅包含商品列表，按照与客户感兴趣的商品的购买历史最相似到最不相似的顺序排序（优先级最高的推荐到优先级最低的推荐）。不同之处在于，我们不是以整体人气为标准来衡量相关性的，而是以购买历史相似性为标准来衡量的：购买历史越相似的商品被认为越相关，因此对用户的推荐优先级更高。

我们还可以创建一个函数，将上述功能结合在一起：

```
def get_item_recommendations(interaction,itemname):
    otherrows=[rowname for rowname in interaction.index if rowname!=itemname]
    otheritems=interaction.loc[otherrows,:]
    theitem=list(interaction.loc[itemname,:])
    similarities=[]
    for items in otheritems.index:
        similarities.append(cosine_similarity(theitem,list(otheritems.loc[items,:])))
    otheritems['similarities']=similarities
    return list(otheritems.sort_values(by='similarities',ascending=False).index)
```

你可以运行 get_item_recommendations(interaction, 'item1')，查看对 item1 感兴趣的用户的推荐商品。还可以用任何其他商品替换 item1，以查看对其他商品感兴趣的用户的推荐商品。

我们在这里创建的推荐系统是基于商品的协同过滤创建的。它之所以称为过滤，是因为我们不是向用户推荐每个商品，而是筛选并仅显示最相关的商品。它是协同的，由于我们使用与所有商品和用户相关的信息，因此用户和商品似乎在协同帮助我们确定相关性。它是基于商品的，因为我们的推荐是基于商品购买历史之间的相似性的，而不是基于用户或其他任何事物之间的相似性的。

基于商品的协同过滤相对简单、易实现，即使我们只知道潜在用户的一个事实（他们感兴趣的单个商品），也可以使用它进行"热情"的推荐。你可以发现推荐只需要几行代码就可以实现，所需的唯一输入数据是交互矩阵。

基于商品的协同过滤因推荐相关度高而闻名。多部詹姆斯·邦德电影可能在购买历史中存在较高重叠，因此使用基于商品的协同过滤来推荐与一部詹姆斯·邦德电影相关的商品，可能会导致推荐观看另一部詹姆斯·邦德电影。但是，詹姆斯·邦德的粉丝已经熟悉詹姆斯·邦德的电影，不需要得到对于他们已经熟悉的电影的推荐。当推荐系统推荐不是那么相关的商品时，它们就更有价值了。接下来，我们来看一种被认为能产生一些不是那么相关的推荐结果的方法。

9.3　基于用户的协同过滤

假设你想为一个你已经熟悉的用户推荐商品。例如，假设我们的第五个用户 user5 走进你的商店（或访问你的网站）。你的交互矩阵已经有了 user5 和他之前购买商品的所有详细记录。

我们可以根据这些详细记录来使用基于用户的协同过滤为 user5 提供智能的"热情"推荐。

这种方法基于这样一个理念：相似的人可能对同一类事物感兴趣。如果我们需要为特定用户提供推荐，我们会找到与该用户最相似的用户，并向该用户推荐那些相似用户所购买过的商品。

让我们再次看一下交互矩阵：

	Unnamed: 0	user1	user2	user3	user4	user5
0	item1	1	1	0	1	1
1	item2	1	0	1	1	0
2	item3	1	1	0	1	1
3	item4	1	0	1	0	1
4	item5	1	1	0	0	1

这次，我们不再将行视为与商品相关的向量，而是将列视为与用户相关的向量。向量 [1,0,1,1,1]（矩阵的最后一列）表示 user5 的购买历史。查看其他用户的购买历史向量，我们可以看到 user2 的购买历史与 user5 的购买历史相似，而 user3 的购买历史与 user5 的购买历史非常不同——几乎没有重叠。就像我们在实现基于商品的协同过滤时所做的那样，我们可以根据用户的购买历史计算用户之间的相似性：

```
user2=interaction.loc[:,'user2']
user5=interaction.loc[:,'user5']
print(cosine_similarity(user2,user5))
```

这段代码的输出为 0.866，它表示 user2 和 user5 之间的余弦相似度较高（请记住，余弦相似度越接近 1，两个向量就越相似）。我们可以通过对这段代码进行一些细微的调整来计算其他用户之间的相似性：

```
user3=interaction.loc[:,'user3']
user5=interaction.loc[:,'user5']
print(cosine_similarity(user3,user5))
```

在这里，我们发现 user3 和 user5 之间的余弦相似度为 0.3536，这与预期的较低相似性相符。

我们还可以创建一个函数来计算与给定用户最相似的用户：

```
def get_similar_users(interaction,username):
    othercolumns=[columnname for columnname in interaction.columns if columnname!=username]
    otherusers=interaction[othercolumns]
    theuser=list(interaction[username])
    similarities=[]
    for users in otherusers.columns:
        similarities.append(cosine_similarity(theuser,list(otherusers.loc[:,users])))
    otherusers.loc['similarities',:]=similarities
    return list(otherusers.sort_values(by='similarities',axis=1,ascending=False).columns)
```

get_similar_users()函数接收一个交互矩阵和一个用户名作为输入。它计算输入用户与其他在交互矩阵中指定的用户之间的相似性。最终输出的结果是一个按相似性从高到低排序的用户列表。

我们可以通过多种方式使用 get_similar_users()函数来获得推荐。下面是为 user5 获取推荐的一种方法。

（1）计算每个用户与 user5 的相似性。

（2）按照与 user5 最相似到最不相似的顺序对用户进行排序。

（3）找到与 user5 最相似的用户。

（4）推荐与 user5 最相似的用户购买过，但 user5 未购买的商品。

我们可以编写实现该方法的代码，如下所示：

```
def get_user_recommendations(interaction,username):
    similar_users=get_similar_users(interaction,username)
    purchase_history=interaction[similar_users[0]]
    purchased=list(purchase_history.loc[purchase_history==1].index)

    purchased2=list(interaction.loc[interaction[username]==1,:].index)
    recs=sorted(list(set(purchased) - set(purchased2)))
    return(recs)
```

在这个代码片段中，我们创建了一个函数，它接收一个交互矩阵和一个用户名作为输入。该函数找到与输入用户最相似的用户，并将该用户的购买历史存储在一个名为 purchase_history 的变量中。接下来，它找到最相似用户所购买的所有商品（存储在变量 purchased 中），以及输入用户所购买的所有商品（存储在变量 purchased2 中）。然后，找到那些最相似用户购买过但输入用户没有购买的商品。这是使用 set()函数完成的。set()函数创建列表中唯一元素的集合。因此，当你运行 set(purchased)- set(purchased2)时，你将获得 purchased 中的唯一元素的集合，并且这些元素不在 purchased2 中。最后，get_user_recommendations()将返回这些元素的列表作为最终推荐。

运行 get_user_recommendations (interaction,'user2')函数，你应该能看到如下输出：

```
['item4']
```

在本例中，item4 是我们推荐的商品，因为它是由 user5（也就是与 user2 最相似的用户）购买的，但它还没有被 user2 购买过。我们已经创建了一个执行基于用户的协同过滤的函数！

你可以对 get_user_recommendations()函数进行许多调整。例如，你可能希望获得比仅查看一个相似用户的推荐更多的建议。如果是这样，你可以查看不止一个相似用户。你还可以添加基于商品的相似性计算，这样你就可以只推荐相似用户购买过，且与该用户购买过的商品相似的商品。

确保你理解基于用户和基于商品的协同过滤之间的相似性和差异是有意义的。这两种协同过滤都依赖于对余弦相似度的计算，并依赖于将交互矩阵作为输入。在基于商品的协同过滤中，我们计算商品之间的余弦相似度，并推荐相似的商品。在基于用户的协同过滤中，我们计算用户之间的余弦相似度，并从相似用户的购买历史中推荐商品。两种协同过滤方法都可以产生良好的推荐。

为了确定哪种协同过滤方法适用于你的业务场景，你可以尝试两种协同过滤方法，并检查哪种协同过滤方法可以取得更好的结果，例如更多的收入、更多的利润、更多的满意用户、更多的用户参与，或者你想要最大化的任何指标。进行这种比较实验的最佳方式是使用 A/B 测试，在第 4 章中你已经学习了这方面的内容。

基于用户的协同过滤因其比基于商品的协同过滤能产生更令人惊讶的结果而闻名。然而，它往往更难以计算。大多数在线零售商拥有的用户比商品多，因此基于用户的协同过滤需要的计算量通常比基于商品的协同过滤需要的更多。

到目前为止，我们一直在使用一个不切实际的极小且完全虚拟的数据集。将我们迄今所讨论的想法应用于来自真实业务的数据会更有帮助，这些数据包括真实的用户和他们的实际交互历史。在下一节中，我们将这样做：进行案例研究，为真实用户生成推荐，向他们推荐感兴趣的真实商品。

9.4   案例研究：音乐推荐

我们将使用来自 Last.fm 的数据。这个网站允许用户登录网站并收听音乐。在这种情况下，我们交互矩阵中的“商品”将是音乐艺术家，而交互矩阵中的 1 表示用户已经收听了某位音乐艺术家的音乐，而不是购买商品。尽管存在这些细微差别，但我们可以使用本章中讨论的所有方法来为用户推荐他们可能愿意收听的下一首音乐。

让我们读取一些与 Last.fm 相关的数据，并了解其中的内容：

```
import pandas as pd
lastfm = pd.read_csv("https://bradfordtuckfield.com/lastfm-matrix-germany.csv")
print(lastfm.head())
```

像之前做的一样，我们导入了 pandas 包，读取了一个.csv 文件，并将数据存储在 lastfm 变量中。当我们输出数据的前几行时，结果如下所示：

	user	a perfect circle	abba	...	underoath	volbeat	yann tiersen
0	1	0	0	...	0	0	0
1	33	0	0	...	0	0	0
2	42	0	0	...	0	0	0
3	51	0	0	...	0	0	0
4	62	0	0	...	0	0	0

在以上数据中，每一行代表一个唯一的（匿名）用户。每一列代表一位音乐艺术家。矩阵中的条目可以像我们之前的交互矩阵中的条目一样进行解释：等于 1 的条目表示特定的用户已经听过某位音乐艺术家的音乐，而等于 0 的条目则表示该用户没有听过某位音乐艺术家的音乐。在这种情况下，我们可以谈论用户的收听历史而不是购买历史。无论如何，这个矩阵的条目显示了用户和音乐之间的互动历史。我们不需要第一列（用户 ID），可以删除它：

```
lastfm.drop(['user'],axis=1,inplace=True)
```

请注意这个交互矩阵与之前的交互矩阵的不同之处。在之前的交互矩阵中，行对应条目（本例中的音乐艺术家的音乐），列对应用户。这个交互矩阵是反转的：行对应用户，列对应条目。我们编写的函数旨在与具有前者形状（行对应条目，列对应用户）的交互矩阵一起工作。为了确保交互矩阵可以与我们之前编写的函数一起使用，我们需对其进行转置，换句话说，将其行重新写为列，将其列重新写为行：

```
lastfmt=lastfm.T
```

这个代码片段使用矩阵的 T 属性来转置交互矩阵，并将结果存储在变量 lastfmt 中。下面我们检查此数据中的行数和列数：

```
print(lastfmt.shape)
```

这里输出的结果是(285,1257)：数据有 285 行和 1257 列。因此，我们正在查看 1257 位真实用户和 285 位真实音乐艺术家的音乐信息，这些用户听过这些音乐艺术家的音乐。这些数据比我们之前虚拟的数据更有现实意义。让我们为这些用户推荐音乐。这就像调用我们在本章前面的内容中创建的函数一样简单：

```
get_item_recommendations(lastfmt,'abba')[0:10]
```

代码运行的结果如下所示：

```
['madonna', 'robbie williams', 'elvis presley', 'michael jackson', 'queen',
'the beatles', 'kelly clarkson', 'groove coverage', 'duffy', 'mika']
```

对于那些喜欢 ABBA 音乐的人，我们通过基于协同过滤的算法，为他们推荐音乐艺术家。音乐艺术家按照最相关到最不相关的顺序排序。记住，对这些音乐艺术家的选择是基于相似的收听历史：在所有音乐艺术家中，对麦当娜（Madonna）的音乐的收听历史与对 ABBA 的音乐的收听历史最相似，与对罗比·威廉斯（Robbie Williams）的音乐的收听历史第二相似，依此类推。

现在，我们可以为对任何音乐艺术家感兴趣的用户调用推荐函数。从虚拟数据到真实数据的转换非常简单。我们也可以调用用户推荐函数：

```
print(get_user_recommendations(lastfmt,0)[0:3])
```

输出给出了对第一个用户（数据集中索引为 0 的用户）的 3 个推荐：

```
['billy talent', 'bob marley', 'die toten hosen']
```

这些推荐是通过基于用户的协同过滤得到的。记住，这意味着我们的代码找到了收听历史与第一个用户的收听历史最相似的用户。最终推荐的是最相似的用户听过但这位用户还没有听过的音乐艺术家的音乐。

9.5　用高级系统生成推荐

协同过滤是建立推荐系统最常见的方法，但并非唯一方法。还有其他几种技术可用于创建智能推荐系统。其中一种方法是奇异值分解，它利用线性代数将交互矩阵分解为几个较小的矩阵。通过不同方式将这些较小的矩阵进行相乘，我们可以预测哪些产品会吸引哪些用户。奇异值分解是利用线性代数预测用户偏好的几种方法之一。还有一种线性代数方法被称为交替最小二乘法。

我们在第 7 章中讨论的聚类方法也可以用于生成推荐系统。基于聚类的推荐系统的使用方法的步骤如下。

（1）生成用户聚类。

（2）在每个用户聚类中找到最受欢迎的条目。

（3）推荐那些最受欢迎的条目，但只在每个聚类内推荐。

基于聚类的推荐系统与我们在本章开头讨论的基于人气的推荐系统相似，但有一些改进：我们查看的是相似用户聚类内的人气，而不是全局人气。

其他推荐系统依赖于内容分析。例如，要在音乐流媒体服务上提供歌曲推荐，你可能需要下载一个歌曲歌词数据库。你可以使用一些 NLP 工具来衡量不同歌曲的歌词之间的相似性。如果用户听了某首歌，例如 *Song X*，你可以向他们推荐那些歌词与 *Song X* 的歌词最相似的歌曲。依赖内容分析的推荐系统是一个基于商品的推荐系统，但它不是使用购买历史，而是使用商品属性来寻找相关推荐。像这样的基于属性的推荐系统（也称为内容推荐系统）在某些情况下可以有效地工作。许多当今实施推荐系统的公司收集各种数据作为输入，并使用各种预测方法，包括神经网络，来预测每个用户将喜欢什么。基于属性的推荐系统的问题在于，获取可靠且可比较的商品属性数据可能非常困难。

属性数据不是推荐系统中唯一可以添加的一类数据。在你的推荐系统中使用日期也可能是有意义的。在基于人气的推荐系统中，日期或时间戳能够让你用今天的最受欢迎列表替换所有时间段的最受欢迎列表，或显示最近一小时、一周或其他任何时间段中的最受欢迎列表。

你可能还需要构建使用非 0/1 矩阵的交互矩阵的推荐系统。例如，你有一个交互矩阵，其条目表示歌曲被播放的次数，而不是表示歌曲是否被播放的 0/1 指标。你还可能会发现包含评级而不是交互情况的交互矩阵。本章中的基于人气的推荐、基于商品的协同过滤、基于用户的协同过滤等方法可以应用于包含评级的交互矩阵：你仍然可以计算余弦相似度，并根据最相似的条目和用户进行推荐。

推荐系统的内容非常丰富。推荐系统领域中存在许多创意和新的方法，你可以开拓思维，尝试发现新的方法来影响这个领域。

9.6　本章小结

在本章中，我们讨论了推荐系统。我们从基于人气的推荐系统开始，展示了如何推荐热门商品。然后我们继续讲解协同过滤，包括如何衡量商品和用户的相似性，以及如何使用相似性进行基于商品和基于用户的推荐。我们还介绍了一个案例研究，在该案例中我们使用协同过滤代码来获取与音乐流媒体服务相关的推荐。最后，我们总结了一些高级考虑因素，包括其他可以使用的方法和其他可以利用的数据。

接下来，我们将学习一些先进的 NLP 方法，这些方法可用于文本分析。

10

自然语言处理

寻找用数学分析文本数据的方法是自然语言处理（NLP）领域的主要目标。在本章中，我们将介绍一些来自 NLP 领域的重点思想，并讨论如何在数据科学项目中使用 NLP 工具。

我们将通过介绍一个业务场景并思考 NLP 如何在其中发挥作用来开始本章内容的讲解。我们将使用 word2vec 模块，该模块可以将单个单词转换为数字，从而实现各种强大的分析。我们将演示通过 Python 代码进行该转换，然后探索该模块的一些应用。接下来，我们将讨论通用句子编码器（Universal Sentence Encoder，USE，这是一个可以将整个句子转换为数值向量的工具），并介绍如何通过 Python 代码对它进行设置和使用。在此过程中，我们将探索运用前几章中介绍过的思想的方法。让我们开始吧！

10.1 使用 NLP 技术检测抄袭

假设你是一家文学代理机构的总裁。你的机构每天收到数百封电子邮件，每封电子邮件都包含来自有抱负的作者的作品章节。这些章节可能相当长，由数千或数万字组成，你的机构中的代理人需要仔细筛选这些长篇章节，试图找出少数可以接受的章节。代理人花费越多时间筛选这些提交的电子邮件，就越没有时间完成其他重要任务，比如向出版商销售图书。尽管困难，但文学代理机构必须完成的一些筛选工作是可以通过自动化方式完成的，例如，你可以编写一个 Python 脚本，用该脚本自动检测抄袭行为。

文学代理机构并不是唯一可能对检测抄袭感兴趣的机构。假设你是一所大学的校长，每年你的学生们都会提交数千篇长篇论文，你希望确保这些论文没有抄袭。抄袭不仅是道德和教育问题，也是商业上的关注点。如果贵校因为容忍抄袭而声名狼藉，你的毕业生将面临糟糕的就业前景，校友的捐赠将减少，愿意选择贵校的学生将减少。然而，贵校的教授和评审人员已经满负荷工作，因此你希望节省他们的时间，并找到一种自动化的抄袭检测方法。

一个简单的抄袭检测器可以寻找完全匹配的文本。例如，贵校的一位学生可能在他的论文中写下了以下句子。

> People's whole lives do pass in front of their eyes before they die.
> The process is called "Living."
> （人们在临死之前，一生的经历都会在他们眼前闪现。
> 这些经历被称为"生活"。）

也许你读了这篇论文，并觉得这个观点看起来很熟悉，于是你请图书管理员在他们的图书数据库中搜索这段文本。他们在特里·普拉切特（Terry Pratchett）的经典作品 The Last Continent 中找到了与这个句子完全匹配的句子，这表明该学生存在抄袭行为，他会因此受到相应的处罚。

其他学生可能更加狡猾。他们不会直接从已出版的书中复制文本，而是学会了改写文本，以便在措辞上进行微小、无关紧要的改动，从而复制观点。例如，一位学生可能想要抄袭以下文本（同样来自普拉切特）：

> The trouble with having an open mind, of course, is that people will insist on coming along and trying to put things in it.（当然，拥有开放的心态的麻烦之处在于，总会有人来找你，并向你灌输各种东西。）

该学生稍微改写了这个句子，将其改为以下内容：

> The problem with having an open mind is that people will insist on approaching and trying to insert things into your mind.

如果图书管理员搜索这位学生的句子，他们将得不到任何结果，因为该学生稍微改写了这个句子。为了抓住像这样狡猾的抄袭者，你需要依靠 NLP 工具，它们不仅可以检测文本完全匹配的情况，还可以基于相似词和句子的含义来检测"宽松"或"模糊"的匹配。例如，我们需要一种能够识别"麻烦"（trouble）和"问题"（problem）是相似的词的方法，这类词在学生的改写中大致用作同义词。通过识别同义词和近义词，我们将能够确定哪些非完全相同的句子的相似性足以构成抄袭的证据。我们将使用一个名为 word2vec 的 NLP 模块（模型）来实现这一方法。

10.2　理解 word2vec NLP 模型

我们需要一种能够准确地量化任意两个词之间的相似性的方法。我们可以思考一下两个词相似意味着什么。以"sword"（剑）和"knife"（刀）为例。这两个词的字母完全不同，没有重叠部分，但它们指的是相似的东西：都是锋利的、金属制成的物品，用于切割。这两个词不是精确的同义词，但它们的含义相当接近。我们人类通过长时间的经验积累形成了对这些词具有相似性的直观感受，但计算机程序不能依赖直觉，因此我们必须找到一种基于数据的方法来量化这些词之间的相似性。

我们将使用来自大量自然语言文本的数据（也称为语料库）。语料库可能是书籍、报纸文章、研究论文、戏剧剧本、博客文章等。重要的是，它由自然语言——由人类构造的短语和句子组成，反映了人类说话和写作的方式。一旦我们拥有了自然语言语料库，就可以研究如何利用它来量化单词之间的相似度。

10.2.1 量化单词之间的相似性

让我们从一些自然语言句子开始，思考这些句子中的单词。想象一下可能包含单词"剑"和"刀"的两个可能句子。

韦斯特利用剑攻击了我，割伤了我的皮肤。
韦斯特利用刀攻击了我，割伤了我的皮肤。

你可以看到，除了攻击者使用的是剑还是刀的细节，这两个句子大致是相同的。用一个单词替换另一个单词，这两个句子仍然具有相当相似的意义。这是表明"剑"和"刀"相似的一个迹象：它们可以在许多句子中互相替换，而不会使句子的意思或含义产生巨大变化。当然，攻击中可能使用除剑或刀以外的其他物品，所以以下句子也可能包含在语料库中。

韦斯特利用鲱鱼攻击了我，割伤了我的皮肤。

虽然关于使用鲱鱼进行攻击并割伤皮肤的句子在技术上是可能存在的，但它比关于使用剑或刀进行攻击并割伤皮肤的句子更不可能出现在任何自然语言语料库中。那些不了解英语或使用 Python 脚本的人，通过查看我们的语料库，注意到"attack"（攻击）一词经常与"sword"一词一起出现，而与"herring"（鲱鱼）一词的搭配并不常见，从而找到这方面的证据。

注意到哪些单词往往会出现在其他单词附近，对我们来说非常有用，因为我们可以使用一个单词的"邻居"来更好地理解这个单词本身。请查阅表 10-1，它显示经常出现在"剑"、"刀"和"鲱鱼"等单词附近的单词。

表 10-1　在自然语言语料库中经常出现在附近的单词

单词	在自然语言语料库中经常出现在附近的单词
剑	切割、攻击、剑鞘、战斗、锋利、钢
刀	切割、攻击、派、战斗、锋利、钢
鲱鱼	腌制的、海洋、鱼片、派、银色、切割

"剑"和"刀"都倾向于锋利的，由钢制成，用于攻击、切割和战斗，因此在表 10-1 中，我们可以看到这些相关单词经常出现在"剑"和"刀"的附近。然而，我们还可以看到附近单词列表之间的差异。例如，"剑"经常出现在"剑鞘"附近，但"刀"不经常出现在"剑鞘"附近。此外，"刀"经常出现在"派"附近，但"剑"通常不会。就"鲱鱼"而言，它有时会出现

在"派"附近（因为人们有时会吃鲱鱼派），也会出现在"切割"附近（因为人们在准备食物时会切割"鲱鱼"）。但是其他倾向于出现在"鲱鱼"附近的单词与倾向于出现在"剑"和"刀"附近的单词没有重叠。

表 10-1 非常有用，因为我们可以用它来了解和表达两个词的相似程度，而不是凭直觉。我们可以认为剑和刀相似，不仅仅是因为我们感觉它们意思相近，而是因为它们通常在自然语言文本中出现在相似的语境中。相反，剑和鲱鱼则相当不同，因为它们在自然语言文本的常见搭配中几乎不存在。表 10-1 以一种以数据为中心的方式为我们提供了确定单词是否相似的方法，而不是基于模糊直觉的方法。而且，重要的是，即使是一个不了解英语的人，也能创建并理解这个表，因为他们可以找出哪些词通常会一起出现。这张表还可以通过一个可以读取语料库并找到词语搭配的 Python 脚本来创建。

由于我们的目标是将单词转换为数值向量，因此我们的下一步是创建表 10-1 的另一个版本，其中包含单词在自然语言语料库中彼此邻近的概率，如表 10-2 所示。

表 10-2   单词在自然语言语料库中彼此邻近的概率

单词	邻近单词	在自然语言语料库中，这些单词彼此邻近的概率
剑	切割	61%
刀	切割	69%
鲱鱼	切割	12%
剑	派	1%
刀	派	49%
鲱鱼	派	16%
剑	剑鞘	56%
刀	剑鞘	16%
鲱鱼	剑鞘	2%

表 10-2 提供的信息与表 10-1 提供的非常相似，这些信息显示了哪些单词可能在自然语言语料库中出现在其他单词附近。但表 10-2 更加精确，它提供了单词一起出现的概率，而不仅是一个相邻单词列表。同样地，你可以看到表 10-2 中的百分比似乎很合理："剑"和"刀"经常与"切割"相邻，"刀"和"鲱鱼"比"剑"更有可能与"派"相邻，而"鲱鱼"并不经常与"剑鞘"相邻。表 10-2 同样可以由不了解英语的人创建，也可以由 Python 脚本创建，这个脚本需要分析一些图书或英语文本。同样，即使是不了解英语的人，或者使用一个 Python 脚本，也可以查看表 10-2，并对各种单词之间的相似性和差异性有个很好的了解。

10.2.2 创建一个方程组

我们几乎可以将单词表示为简单的数字。下一步是创建一个比表 10-2 更数字化的东西。我们将尝试用一组方程来表示表 10-2 中的概率，而不是用表格来表示它们。我们只需要几个方程就可以简洁地表示表 10-2 中的所有信息。

让我们从一个数学事实开始。这个数学事实现在可能看起来没什么用，但稍后你会看到它是如何发挥作用的。

$$61 = 5 \times 10 - 5 \times 1 + 3 \times 5 + 1 \times 1$$

可以看到，这是一个表示数字 61 的等式，即根据表 10-2，单词"切割"出现在单词"剑"附近的概率为 61%。我们也可以用不同的表示法重写等式的右侧。

$$61 = (5, -5, 3, 1) \ \cdot \ (10, 1, 5, 1)$$

在这里，·表示点积，我们在第 9 章中介绍过。在计算点积时，我们将两个向量的第一个元素相乘，将两个向量的第二个元素相乘，依此类推，将乘得的结果相加。我们可以将这个点积写成更标准的方程，只使用乘法和加法，如下所示。

$$61 = 5 \times 10 + (-5) \times 1 + 3 \times 5 + 1 \times 1$$

你可以看到，这个方程与我们开始时的方程相似。5 和 10 相乘，因为它们分别是第一个和第二个向量的第一个元素。−5 和 1 也相乘，因为它们分别是第一个和第二个向量的第二个元素。当我们进行点积运算时，我们将所有对应的元素相乘，并将乘得的结果相加。让我们用同样的点积风格写出一个数学事实。

$$12 = (5, -5, 3, 1) \ \cdot \ (2, 2, 2, 6)$$

这只是另一个使用点积符号的数学事实。但请注意，这是一个关于 12 的方程，根据表 10-2，这恰好是单词"切割"出现在单词"鲱鱼"附近的概率。我们还可以注意到，方程中的第一个向量(5, −5, 3, 1)与先前方程中的第一个向量完全相同。现在我们已经掌握了这两个数学事实，我们可以将它们重写为一个简单的方程组。

$$剑 = (10, 1, 5, 1)$$
$$鲱鱼 = (2, 2, 2, 6)$$
$$单词附近出现"切割"的概率 = (5, -5, 3, 1) \ \cdot \ 该单词的向量$$

在这里，我们迈出了一大步：不仅是列出了数学事实，还声明了我们有表示单词"剑"和"鲱鱼"的数值向量，并且声明我们可以使用这些向量来计算单词"切割"在任何单词附近出现的概率。这可能看起来像是一个大胆的假设，但很快你就会明白这为什么是合理的。现在，我们可以继续写更多的数学事实，如下所示。

$$60 = (5, -5, 3, 1) \ \cdot \ (10, 1, 5, 9)$$
$$1 = (1, -10, -1, 6) \ \cdot \ (10, 1, 5, 1)$$
$$49 = (1, -10, -1, 6) \ \cdot \ (2, 2, 2, 6)$$
$$16 = (1, -10, -1, 6) \ \cdot \ (10, 1, 5, 9)$$
$$56 = (1, 6, 9, -5) \ \cdot \ (10, 1, 5, 1)$$
$$16 = (1, 6, 9, -5) \ \cdot \ (2, 2, 2, 6)$$
$$2 = (1, 6, 9, -5) \ \cdot \ (10, 1, 5, 9)$$

你可以将这些视为纯粹的数学事实。但我们也可以将它们与表 10-2 联系起来。实际上，我们可以将到目前为止的所有数学事实重写为方程 10-1 所示的方程组。

$$剑 = (10, 1, 5, 1)$$
$$刀 = (10, 1, 5, 9)$$
$$鲱鱼 = (2, 2, 2, 6)$$
单词附近出现 "切割" 的概率 $= (5, -5, 3, 1)$ · 该单词的向量
单词附近出现 "派" 的概率 $= (1, -10, -1, 6)$ · 该单词的向量
单词附近出现 "剑鞘" 的概率 $= (1, 6, 9, -5)$ · 该单词的向量

方程 10-1 包含单词向量表示的方程组

从数学上来说，你可以验证方程 10-1 中的所有方程都是正确的：通过将单词向量代入方程，我们能够计算出表 10-2 中的所有概率。你可能会想知道我们为什么创建这个方程组。它似乎只是以一种更复杂的、使用更多向量的方式重复了我们已经在表 10-2 中列出的概率。我们在这里所做的重要突破是，通过创建这些向量和这个方程组，而不是使用表 10-2，找到了每个单词的数值表示。在某种意义上，向量(10, 1, 5, 1)捕捉到了 "剑" 的含义，同样的道理也适用于用(10, 1, 5, 9)表示 "刀"，以及用(2, 2, 2, 6)表示 "鲱鱼"。

尽管我们为每个单词都生成了向量，但你可能不太确信这些向量真正代表了单词的含义。为了说服你，让我们对这些向量进行一些简单的计算，看看我们能学到什么。首先，在 Python 会话中定义这些向量：

```
sword = [10,1,5,1]
knife = [10,1,5,9]
herring = [2,2,2,6]
```

在这里，我们将每个单词向量定义为 Python 的列表，这是在 Python 中处理向量的标准方式。我们要了解单词之间的相似性，因此下面定义一个函数，该函数可以用于计算任意两个向量之间的距离：

```
import numpy as np
def euclidean(vec1,vec2):
    distance=np.array(vec1)-np.array(vec2)
    squared_sum=np.sum(distance**2)
    return np.sqrt(squared_sum)
```

euclidean()函数用于计算任意两个向量之间的欧氏距离。在二维空间中，欧氏距离是直角三角形的斜边长度，我们可以使用勾股定理来计算它。非正式场合下，我们通常将欧氏距离简称为距离。在多于两个维度的情况下，我们同样使用勾股定理来计算欧氏距离，与两个维度相比，唯一的区别是多维度的任意两个向量之间的欧氏距离更难以绘制。计算向量之间的欧氏距离是一种合理地计算两个向量相似性的方法：欧氏距离越近，两个向量越相似。让我们计算一下本例中的单词向量之间的欧氏距离：

```
print(euclidean(sword,knife))
print(euclidean(sword,herring))
print(euclidean(knife,herring))
```

你应该可以看到 "剑" 和 "刀" 之间的欧氏距离为 8。相比之下，"剑" 和 "鲱鱼" 之间的欧氏距离为 9.9。这些欧氏距离反映了我们对这些单词的理解："剑" 和 "刀" 彼此相似，因此

它们的向量彼此接近；而"剑"和"鲱鱼"彼此不太相似，因此它们的向量相距较远。通过单词之间的向量距离来判断它们的相似性是我们将单词转换为数值向量的方法有效的证据：它能够使我们成功地量化单词之间的相似性。

如果想要检测抄袭，我们需要找到的不仅仅是表示这 3 个单词的数值向量。我们希望为英语中的每个单词找到向量，或者至少为那些在学生论文中经常出现的大多数单词找到向量。我们可以想象一下这些向量可能是什么样的。例如，单词"黑线鳕"指的是一种鱼类，与"鲱鱼"相差不大。因此，我们预计会发现"黑线鳕"与"鲱鱼"有类似的邻近单词，以及在表 10-2 中有类似的概率（与邻近单词"切割""派"或其他任何单词的概率类似）。

每当两个单词在表 10-2 中具有类似的概率时，我们预计它们将具有类似的向量，因为我们将根据方程 10-1 中的方程组来乘这些向量，从而获得这些概率。例如，我们可能会发现"黑线鳕"的数值向量类似于(2.1, 1.9, 2.3, 6.5)。这个向量与"鲱鱼"的向量(2, 2, 2, 6)在欧氏距离上是接近的，如果我们将"黑线鳕"的向量乘方程 10-1 中的其他向量，我们会发现"黑线鳕"与每个邻近单词的概率应该与表 10-2 中的"鲱鱼"的概率相似。类似地，我们还需要为英语中的数千个其他单词找到向量，并且我们预期具有相似含义的单词应该具有相似的向量。

提出我们需要的每个单词的向量很容易，但接下来的问题是：我们应该如何确定每个向量？为了理解我们如何确定每个单词的向量，可以考虑图 10-1 中方程组的表示。

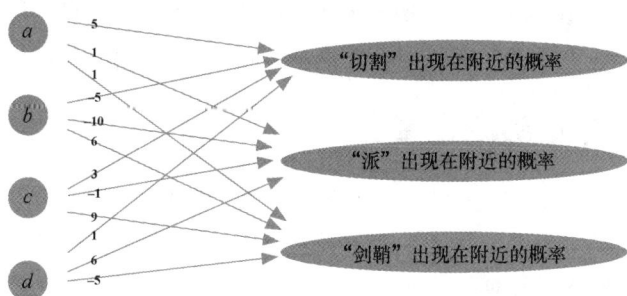

图 10-1 不同单词在彼此附近出现的概率的可视化表示

图 10-1 看起来很复杂，但它的作用仅是说明我们的方程组。在方程 10-1 中，我们将每个单词表示为一个具有 4 个元素的向量，类似(a, b, c, d)。图 10-1 左侧的 a、b、c 和 d 代表了这些元素。从这些元素延伸出的每个箭头表示一次乘法运算。例如，从标有 a 的圆圈到标有"'切割'出现在附近的概率"的椭圆的箭头上标有 5，这意味着我们应该将每个 a 值乘 5，并将乘得的结果加到"切割"出现在附近的概率的估计值上。如果考虑到所有箭头表示的所有乘法运算，从图 10-1 可以看出，"切割"出现在附近的概率就是 $5 \times a - 5 \times b + 3 \times c + 1 \times d$，正如方程 10-1 中所描述的那样。图 10-1 只是一种表示方程 10-1 的方式。如果能找到每个单词的正确 a、b、c 和 d 值，我们将拥有检查抄袭所需的单词向量。

我们绘制图 10-1 的原因是要指出不同单词在彼此附近出现的概率的可视化表示恰好具有神经网络的形式，而神经网络是我们在第 6 章中已经讨论过的监督学习模型的一种。由于不同单词在彼此附近出现的概率的可视化表示构成了一个神经网络，我们可以使用先进的软件（包括几个免费的 Python 包）来训练神经网络，并找出每个单词的 a、b、c 和 d 应该是什么。创建表 10-1 和表 10-2 以及方程 10-1 中的方程组的作用是创建一个类似图 10-1 中显示的假设神经网络。只要有表 10-2 中的数据，我们就可以使用神经网络软件来训练图 10-1 中显示的假设神经网络，并找到我们需要的所有单词向量。

这个神经网络训练的最重要输出将是数据中每个单词的 a、b、c 和 d 的值。换句话说，神经网络训练的输出将是每个单词的 (a,b,c,d) 向量。这个过程被称为 word2vec 建模：为语料库中的每个单词创建一个类似于表 10-2 的概率表，使用该表来设置一个类似图 10-1 中显示的假设神经网络，然后训练该神经网络以找到代表每个单词的数值向量。

word2vec 模型之所以受欢迎，是因为它可以为任何单词创建数值向量，并且这些向量可以用于许多有用的应用程序。word2vec 受欢迎的另一个原因是我们可以仅使用原始文本作为输入来训练 word2vec 模型；在训练模型和获取单词向量之前，我们不需要对任何单词进行注释或标记。因此，即使一个不了解英语的人也可以使用 word2vec 提供的方法来创建单词向量并对其进行推理。

如果这听起来很复杂，不用担心。接下来，我们将介绍如何使用前文提到的神经网络输出的 (a,b,c,d) 这种类型的向量的代码，你会发现尽管 word2vec 的思想和理论很复杂，但相关代码和应用程序非常简单。暂时试着熟悉到目前为止我们讨论的基本整体思路：如果我们创建关于自然语言中单词彼此相邻出现的数据，就可以利用这些数据创建向量，来量化任意一对单词的相似性。我们继续编写一些代码，通过这些代码可以看到如何使用数值向量来检测抄袭行为。

10.3　word2vec 中的数值向量分析

不仅有人已经创建了 word2vec 模型，而且他们已经为我们完成了所有艰苦的工作：编写代码、计算向量，并将所有代码和向量都发布在网上供我们随时免费下载。在 Python 中，我们可以使用 Gensim 包来访问大量单词的词向量：

```
import gensim.downloader as api
```

Gensim 包提供了一个下载工具（downloader），通过调用该工具的 load() 方法，我们可以轻松获取许多 NLP 模型和工具。你只需使用一行代码就可以加载一个向量集，如下所示：

```
vectors = api.load('word2vec-google-news-300')
```

这段代码加载了一个根据包含约 1000 亿个单词的新闻文本语料库创建的单词向量集。基本上，有人获取了一个类似表 10-2 的信息，但其中包含成千上万个单词。他们从真实的新闻语料中获取了单词和相关概率。然后，他们使用这些信息创建了一个类似于图 10-1 中显示的假设神经网络，这个神经网络中包含成千上万个单词。他们训练了这个神经网络，并为他们的语料库中的每个单词找到了向量。

我们下载了他们计算的向量。我们认为这些向量有价值的一个原因是，用于创建这些向量的新闻文本语料库是庞大且多样化的，而庞大、多样化的文本数据源往往能提高 NLP 模型的准确性。我们可以通过以下方式查看与指定单词对应的向量：

```
print(vectors['sword'])
```

在这里，我们输出单词 "sword" 的向量。你将看到的输出是一个包含 512 个数值元素的向量。像这个表示单词 "sword" 的向量一样，根据我们下载的模型，这些单词向量也被称为嵌入向量，因为我们已经成功地将一个单词嵌入一个向量空间中。简而言之，我们将一个单词转换为用一组数字表示的向量。

这个代表 "剑" 的具有 512 个元素的向量与本章前面提到的 "剑" 的向量(10, 1, 5, 1)不同。造成不同的原因有几个。首先，这个向量使用了不同的语料库，因此与表 10-2 中列出的概率会有所不同。其次，这个模型的创建者选择找到具有 512 个元素的向量（而不是我们使用的 4 个元素）以获得更多的向量元素。最后，他们的向量被调整为接近 0 的值，而我们的向量没有经过这样的处理。每个语料库和神经网络都会产生略有不同的结果，如果我们使用一个好的语料库和一个好的神经网络，我们期望得到相同的结果：用向量代表单词，通过语料库和神经网络，我们能够检测抄袭等行为。

在下载这些向量之后，我们可以像使用其他 Python 对象一样使用它们。例如，我们可以计算我们的单词向量之间的欧氏距离，如下所示：

```
print(euclidean(vectors['sword'],vectors['knife']))
print(euclidean(vectors['sword'],vectors['herring']))
print(euclidean(vectors['car'],vectors['van']))
```

在这里，我们进行了与之前相同的欧氏距离计算，但是我们没有使用方程 10-1 中的向量计算欧氏距离，而是使用我们下载的向量进行计算。当你运行上述代码时，你将看到以下输出：

```
>>> print(euclidean(vectors['sword'],vectors['knife']))
3.2766972
>>> print(euclidean(vectors['sword'],vectors['herring']))
4.9384727
>>> print(euclidean(vectors['car'],vectors['van']))
2.608656
```

你可以看到这些欧氏距离是有意义的："sword" 的向量与 "knife" 的向量相似（它们之间的欧氏距离约为 3.28），但与 "herring" 的向量不同（它们之间的欧氏距离约为 4.94，远大于 "sword" 和 "knife" 的向量之间的欧氏距离）。你可以尝试对语料库中的任何其他 "单词对" 进行相同的计算，比如 "car" 和 "van"。你可以比较 "单词对" 之间的差异，找出哪些 "单词对" 具有最相似或最不相似的含义。

欧氏距离并不是人们用来比较单词向量的唯一的度量方法。正如我们在第 9 章所做的那样，使用余弦相似度测量也是常见的。请注意，我们使用如下代码来计算余弦相似度：

```
def dot_product(vector1,vector2):
    thedotproduct=np.sum([vector1[k]*vector2[k] for k in range(0,len(vector1))])
    return(thedotproduct)

def vector_norm(vector):
    thenorm=np.sqrt(dot_product(vector,vector))
    return(thenorm)
```

```
def cosine_similarity(vector1,vector2):
    thecosine=0
    thedotproduct=dot_product(vector1,vector2)
    thecosine=thedotproduct/(vector_norm(vector1)*vector_norm(vector2))
    thecosine=np.round(thecosine,4)
    return(thecosine)
```

在这里，我们定义了一个 cosine_similarity()函数，该函数用于检查任意两个向量之间夹角的余弦值。我们可以通过以下方式检查一些向量的余弦相似度：

```
print(cosine_similarity(vectors['sword'],vectors['knife']))
print(cosine_similarity(vectors['sword'],vectors['herring']))
print(cosine_similarity(vectors['car'],vectors['van']))
```

当你运行上述代码时，你会看到以下结果：

```
>>> print(cosine_similarity(vectors['sword'],vectors['knife']))
0.5576
>>> print(cosine_similarity(vectors['sword'],vectors['herring']))
0.0529
>>> print(cosine_similarity(vectors['car'],vectors['van']))
0.6116
```

你可以看到这些指标正在执行我们想要完成的任务：它们为我们所感知不同的单词赋予较低的值，而为我们所感知相似的单词赋予较高的值。即使你的笔记本计算机并不"了解英语"，仅通过对自然语言语料库进行分析，它也能够精确地衡量不同单词之间的相似性和差异性。

10.3.1　通过数学运算来操作向量

word2vec 表现出其强大功能的一个著名例子来自对单词"king"和"queen"的分析。要查看这个示例，我们首先需要获取与一些单词相关的向量：

```
king = vectors['king']
queen = vectors['queen']
man = vectors['man']
woman = vectors['woman']
```

在这里，我们定义了与几个单词相关联的向量。作为人类，我们知道国王是君主制的男性首领，而女王是君主制的女性首领。我们甚至可以将国王（king）和女王（queen）之间的关系表达为如下等式：

国王（king）－男性（man）＋女性（woman）＝女王（queen）

从国王（king）的概念开始，去掉其中的男性（man）概念，然后加上女性（woman）的概念，我们得到了女王（queen）的概念。如果我们只考虑单词的环境，这个等式可能看起来荒谬，因为通常不可能以这种方式加和减单词或概念。然而，别忘了我们有每个单词的向量，所以我们可以对向量进行加减，并观察结果。让我们尝试在 Python 中加和减与这些单词对应的向量：

```
newvector = king-man+woman
```

在这里，我们用国王（king）向量减去男性（man）向量，再加上女性（woman）向量，并将结果定义为一个名为 newvector 的新变量。如果我们所进行的加法和减法运算产生了我们预期的结果，那么 newvector 应该捕捉到一个特定的含义：没有男性（man）属性的国王（king）

概念，但具有女性（woman）属性。换句话说，尽管 newvector 是 3 个向量的计算结果，但没有一个向量是女王（queen）向量，我们期望 3 个向量的计算结果接近或等于女王（queen）向量。让我们检查一下 newvector 与女王（queen）向量之间的差异，看看情况是否如此：

```
print(cosine_similarity(newvector,queen))
print(euclidean(newvector,queen))
```

我们可以看到，newvector 与女王（queen）向量相似：它们的余弦相似度为 0.76，欧氏距离为 2.5。我们可以将其与其他熟悉的"单词对"之间的差异进行比较：

```
print(cosine_similarity(vectors['fish'],vectors['herring']))
print(euclidean(vectors['fish'],vectors['herring']))
```

你应该看到，king – man + woman 与 queen 相比更加相似，而 fish 与 herring 相比不那么相似。我们对单词向量进行的数学运算得到了与我们对这些单词语义的了解相符的结果。这证明了这些向量的有效性：我们不仅可以比较它们以得到"单词对"之间的相似性，还可以通过加法和减法来操作它们以添加和减去概念。能够对这些向量进行加法和减法，并得到有意义的结果，进一步证明了这些向量可靠地捕捉到了它们所关联的单词的含义。

10.3.2 使用 word2vec 检测抄袭

让我们回到本章开头提到的检测抄袭场景。请记住，我们引入了以下两个句子作为抄袭的例子：

The trouble with having an open mind, of course, is that people will insist on coming along and trying to put things in it.（原始句子）

该学生稍微改写了这个句子，将其改为以下内容：

The problem with having an open mind is that people will insist on approaching and trying to insert things into your mind.（抄袭的句子）

由于这两个句子在某些地方存在差异，一个简单的抄袭检测器如果只寻找完全匹配的情况，将无法检测到这两个句子的抄袭情况。我们不想逐个字符地比较两个句子是否完全匹配，而是希望比较两个句子中的每个单词的含义是否接近。对于完全相同的单词，它们之间的欧氏距离应该为 0：

```
print(cosine_similarity(vectors['the'],vectors['the']))
print(euclidean(vectors['having'],vectors['having']))
```

这个结果并不令人意外。我们发现一个单词的向量与自身的余弦相似度为 1.0（完全相似），并且一个单词的向量与自身的欧氏距离为 0。每个单词都等于它自己。但是请记住，狡猾的抄袭者会进行改写，而不是使用与已发布的文本完全相同的词语。如果比较改写的单词，我们预计它们会与原文中的单词相似。我们可以通过以下方式来衡量潜在的改写单词的相似性：

```
print(cosine_similarity(vectors['trouble'],vectors['problem']))
print(euclidean(vectors['come'],vectors['approach']))
```

```
print(cosine_similarity(vectors['put'],vectors['insert']))
```

上面代码片段运行的结果如下所示：

```
>>> print(cosine_similarity(vectors['trouble'],vectors['problem']))
0.5327
>>> print(euclidean(vectors['come'],vectors['approach']))
2.9844923
>>> print(cosine_similarity(vectors['put'],vectors['insert']))
0.3435
```

这段代码比较了抄袭的句子和原始句子中的单词。结果在几乎每个情况下都显示出它们彼此相近：要么拥有相对较小的欧氏距离，要么拥有相对较高的余弦相似度。如果学生句子中的每个单词都与已发布句子中的单词非常相似，即使几乎没有完全匹配，这也是抄袭的有力证据。重要的是，我们可以自动检测这些相似的单词，不依赖于缓慢、昂贵的人工判断，而是依赖基于数据的快速的 Python 脚本。

对句子中的每个单词进行相似性匹配的检查是检测抄袭的合理方法。然而，这种方法并不完美。主要问题在于，到目前为止，我们只学会评估单个单词而不是整个句子。我们可以将句子看作由单个单词组成的集合或序列。但在许多情况下，最好能够评估整个句子的含义和相似性，将句子视为单个单位而不仅是单词的集合。为此，我们将采用一种强大的新方法。

10.4　使用 skip-thoughts

skip-thoughts 模型是一种 NLP 模型，它使用数据和神经网络将整个句子转换为数值向量。它与 word2vec 非常相似，不同之处在于它将整个句子作为一个单位，并将句子转换为向量，而不是将每个单词转换为向量。

skip-thoughts 的理论与 word2vec 的理论类似：你需要使用自然语言语料库，找到哪些句子倾向于彼此邻近出现，并训练一个神经网络，该网络可以预测哪些句子会出现在任何其他句子之前或之后。对于 word2vec，我们在图 10-1 中看到了一个神经网络模型的示例。而对于 skip-thoughts，类似的示例在图 10-2 中显示。

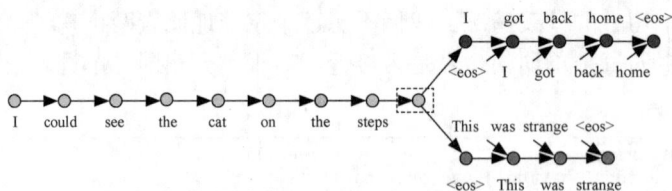

图 10-2　我们使用 skip-thoughts 模型来预测哪些句子可能彼此邻近

图 10-2 基于 Ryan Kiros 等人在 2015 年发表的论文“SkipThought Vectors”中提出的模型。你可以看到图中左侧的句子被作为输入。这个句子是一个由单词组成的序列，但其中所有单词将被视为一个独立的单元。skip-thoughts 模型试图找到这个句子的向量表示，在神经网络中使用 skip-thoughts 模型时，可以预测出在这个句子之前和之后最有可能出现的句子（包括图 10-2

右侧的句子）。就像 word2vec 是基于哪些单词可能会在一起出现的思想一样，skip-thoughts 是基于预测整个句子与其他句子相邻的思路。你不需要十分清楚理论的细节，只需要记住 skip-thoughts 是一种通过计算附近出现的其他句子的概率来将自然语言句子编码为向量的方法即可。

就像使用 word2vec 一样，我们并不需要自己编写实现代码。我们将使用 USE。该工具（以及其他高级技术方法）使用 skip-thoughts 的思想来将句子转换为向量。我们将使用 USE 的向量输出来进行抄袭检测，USE 向量也可用于聊天机器人的实现、图像标记等许多其他用途。

使用 USE 的代码并不难，因为有其他人为我们编写了代码。我们可以先定义要分析的句子：

```
Sentences = [
    "The trouble with having an open mind, of course, is that people will insist on coming along and
trying to put things in it.",\
    "The problem with having an open mind is that people will insist on approaching and trying to insert
things into your mind.",\
    "To be or not to be, that is the question",\
    "Call me Ishmael"
]
```

这里我们有一个句子列表，并希望将每个句子转换为数值向量。我们可以导入其他人编写的代码来进行这种转换：

```
import tensorflow_hub as hub
embed = hub.load("https://tfhub.dev/google/universal-sentence-encoder-large/5")
```

使用 tensorflow_hub 模块，我们可以从在线仓库中加载 USE 模型。由于 USE 是一个大型模型，因此如果在 Python 会话中加载它需要几分钟甚至更长时间，请不要慌张。当我们加载它后，我们将其保存为名为 embed 的变量。现在，我们可以使用一行简单的代码创建向量：

```
embeddings = embed(Sentences)
```

embeddings 变量包含表示 Sentences 列表中每个句子的向量。你可以通过检查 embeddings 变量的第一个元素来查看第一个句子的向量，如下所示：

```
print(embeddings[0])
```

运行上述代码片段时，你将看到一个包含 512 个元素的数值向量，该向量中的前 16 个元素如下所示：

```
>>> print(embeddings[0])
tf.Tensor(
[ 9.70209017e-04 -5.99743128e-02 -2.84200953e-03 7.49062840e-03
7.74949566e-02 -1.00521010e-03 -7.75496066e-02 4.12207991e-02
-1.55476958e-03 -1.11693323e-01 2.58275736e-02 -1.15299867e-02
-3.84882478e-05 -4.07184102e-02 3.69430222e-02 6.66357949e-02
```

这是你列表中第一个句子的向量表示——不是句子中的个别单词，而是整个句子。就像使用 word2vec 向量一样，我们可以计算任意两个句子向量之间的距离。在这个例子中，向量之间的距离表示两个句子整体含义的差异程度。我们检查第一个句子和第二个句子之间的距离，如下所示：

```
print(cosine_similarity(embeddings[0],embeddings[1]))
```

可以看到余弦相似度约为 0.85，这表明我们的句子列表中的前两个句子非常相似。这意味着学生的句子（在句子列表中的第二个句子）抄袭了普拉切特的句子（在句子列表中的第一个句子）。相比之下，我们可以检查其他向量之间的距离，发现它们并不那么相似。例如，如果你运行 print(cosine_similarity(embeddings[0], embeddings[2]))，你会发现这两个句子的余弦相似度约为 0.02，表明这两个句子之间可能存在很大的差异。这证明普拉切特没有抄袭《哈姆雷特》中的内容。如果你运行 print(cosine_similarity(embeddings[0], embeddings[3]))，你会发现这两个句子的余弦相似度约为 -0.07，又是一个较低的相似度，表明普拉切特也没有抄袭《白鲸》中的内容。

你可以看到，检查任意两个句子的含义之间的距离是很简单的。抄袭检测器可以非常简便地检查学生作品与先前发布作品中的句子之间的余弦相似度（或欧氏距离），如果余弦相似度较高（或欧氏距离过小），则可以将其视为学生抄袭的证据。

10.5 主题建模

在本章结束之前，我们将介绍一个业务场景，并讨论如何将 NLP 工具与前面章节中的工具相结合来处理该业务场景。在这个场景中，想象一下你运营着一个论坛网站。你的网站运营得非常成功，以至于你无法亲自阅读所有的帖子和消息，但你仍然希望了解用户在你的网站上讨论的主题，以便了解用户是谁，他们关心什么。你希望找到一种可靠的自动化方式来分析你网站上的所有文本，并发现正在讨论的主要话题（主题）。你的这个目标被称为主题建模，在 NLP 领域很常见。

首先，我们用一些可能出现在你的网站上的句子集合作为例子。一个成功的论坛网站可能每秒收到数千条评论，我们将从完整数据中选取一个小型样本，仅包含 8 个句子。

```
Sentences = [
    "The corn and cheese are delicious when they're roasted together",
    "Several of the scenes have rich settings but weak characterization",
    "Consider adding extra seasoning to the pork",
    "The prose was overwrought and pretentious",
    "There are some nice brisket slices on the menu",
    "It would be better to have a chapter to introduce your main plot ideas",
    "Everything was cold when the waiter brought it to the table",
    "You can probably find it at a cheaper price in bookstores"
]
```

就像之前做的那样，你可以计算所有句子的向量：

```
embeddings = embed(Sentences)
```

接下来，我们可以创建一个包含所有句子向量的矩阵：

```
arrays=[]
for i in range(len(Sentences)):
    arrays.append(np.array(embeddings[i]))

sentencematrix = np.empty((len(Sentences),512,), order = "F")

for i in range(len(Sentences)):
```

```
sentencematrix[i]=arrays[i]

import pandas as pd
pandasmatrix=pd.DataFrame(sentencematrix)
```

上面这段代码首先创建了一个名为 arrays 的列表，并将所有句子向量添加到列表中。接下来，它创建了一个名为 sentencematrix 的矩阵。这个矩阵用来将句子向量叠加在一起，每个句子向量占据矩阵的一行。最后，我们将这个矩阵转换为一个 pandas DataFrame，以便处理它。最终的结果称为 pandasmatrix，它有 8 行，我们的 8 个句子的句子向量与这 8 行数据相对应。

现在我们有了包含句子向量的矩阵。但仅获取向量还不够，我们需要决定如何处理它们。记住，我们的目标是主题建模。我们想要了解人们所讨论的主题，以及哪些句子与哪些主题相关。我们有几种方法可以实现这一目标。一种常用的方法是使用聚类，这是我们在第 7 章中已经讨论过的内容。

聚类方法很简单：将句子向量矩阵作为输入数据。我们将应用聚类算法来确定数据中存在的自然群组（聚类）。我们将解释所发现的群组（聚类），并将这些群组视为在你的论坛网站中讨论的不同主题。可以通过以下方式进行聚类：

```
from sklearn.cluster import KMeans
m = KMeans(2)
m.fit(pandasmatrix)

pandasmatrix['topic'] = m.labels_

pandasmatrix['sentences']=Sentences
```

可以看到，聚类只需要几行代码就可实现。我们从 sklearn 模块导入 KMeans 模块，然后创建一个名为 m 的变量，使用其 fit() 方法在矩阵（pandasmatrix）中找到两个聚类。fit() 方法利用句子向量进行欧氏距离测量，从而实现对两个文档的聚类。我们认为这两个聚类是句子集合的两个主题。在找到这两个聚类后，我们在 pandasmatrix 中添加了两列：首先，添加了聚类结果的标签（在 topic 变量中）；其次，添加了要进行聚类的实际句子。让我们看看结果：

```
print(pandasmatrix.loc[pandasmatrix['topic']==0,'sentences'])
print(pandasmatrix.loc[pandasmatrix['topic']==1,'sentences'])
```

这段代码输出了两组句子：首先输出的是被标记为属于聚类 0 的句子（topic 变量等于 0 的行上的句子），其次输出的是被标记为属于聚类 1 的句子（topic 变量等于 1 的行上的句子）。你会看到以下结果：

```
>>> print(pandasmatrix.loc[pandasmatrix['topic']==0,'sentences'])
0      The corn and cheese are delicious when they're...
2          Consider adding extra seasoning to the pork
4      There are some nice brisket slices on the menu
6   Everything was cold when the waiter brought it...
Name: sentences, dtype: object
>>> print(pandasmatrix.loc[pandasmatrix['topic']==1,'sentences'])
1      Several of the scenes have rich settings but w...
3          The prose was overwrought and pretentious
5   It would be better to have a chapter to introd...
7      You can probably find it at a cheaper price in...
Name: sentences, dtype: object
```

你可以看到我们的聚类方法在数据中识别出了两个聚类,这两个聚类被标记为聚类 0 和聚类 1。当你查看被分类为聚类 0 的句子时,你会发现其中许多内容似乎是关于食物和餐馆的讨论。而当你查看被分类为聚类 1 的句子时,你会发现其内容似乎由对书籍的评论组成。至少根据这 8 个句子的样本来看,这些是在你的论坛网站上讨论的主要话题(主题),并且它们已经被自动地识别和组织起来了。

我们使用对非数值数据(自然语言文本)进行数值化处理的方法(聚类)完成了主题建模。你可以看到,USE 以及单词嵌入等技术在许多应用中都非常有用。

10.6　其他 NLP 应用

NLP 在推荐系统领域中有一个有用的应用,比如在电影网站上为用户推荐电影。在第 9 章中,我们讨论了如何基于交互矩阵来根据购买历史进行推荐。然而,你也可以基于内容的比较来构建推荐系统。例如,你可以获取每部电影的剧情摘要,并使用 USE 获取每个剧情摘要的句子向量。然后,你可以计算剧情摘要之间的距离,以确定每部电影的相似性,并在用户观看一部电影时,推荐用户观看具有最相似剧情的电影。这就是基于内容的推荐系统。

NLP 的另一个有趣的应用是情感分析。我们在第 6 章中已经接触过情感分析的一些内容。某些工具可以确定给定的句子在语气或表达的情感方面是积极的、消极的还是中性的。其中一些工具依赖于本章中介绍的单词嵌入技术,而其他工具则不依赖于单词嵌入技术。情感分析对于每天接收成千上万封电子邮件的企业可能非常有用。通过对所有收到的电子邮件进行自动情感分析,企业可以确定哪些客户最满意或最不满意,并根据客户的情感分析结果优先回复。

如今,许多企业在其网站上部署聊天机器人——能够理解文本输入并回答问题的计算机程序。聊天机器人的复杂程度各不相同,但许多聊天机器人都依赖于本章介绍的 word2vec 和 skip-thoughts 等单词嵌入技术。

NLP 在商业领域还有许多其他可能的应用。如今,一些律师事务所正在尝试使用 NLP 自动分析文件,甚至自动生成或组织合同;一些新闻网站试图使用 NLP 自动生成某些类型的公式化文章,比如体育比赛的回顾文章。随着该领域的不断发展,NLP 的可能性是无穷尽的。如果你掌握了一些强大的方法,如 word2vec 和 skip-thoughts,那么你可以创造出许多优秀的应用。

10.7　本章小结

在本章中,我们学习了 NLP。我们讨论的所有 NLP 应用都依赖于嵌入向量:准确表示单词或句子的数值向量。如果你可以用数字表示一个单词,你就可以进行数学运算了,包括计算相似性(用于抄袭检测)和找出聚类(用于主题建模)。NLP 工具可能难以使用和掌握,但它们的能力却令人惊叹。

在第 11 章,我们将介绍一些使用其他编程语言的简单思想,这些思想对数据科学很重要。

11

其他语言中的数据科学

到目前为止，我们的所有业务解决方案都有一个共同点：它们仅使用了 Python。Python 在数据科学领域是标准语言，但并不是唯一的语言。顶尖的数据科学家具备使用多种语言编写代码的能力。本章对结构查询语言（Structure Query Language，SQL）和 R 语言进行简要介绍，这两种语言是每个优秀的数据科学家都应该掌握的常见语言。本章并不是对这两种语言进行全面概述，而是对它们进行基本介绍，可以帮助你识别和编写一些简单的 SQL 或 R 代码。

我们将从介绍一个业务场景开始本章。然后，我们将介绍一些简单的 SQL 代码，用它们来设置数据库，并在数据库中操作数据。接下来，我们将讨论 R 语言以及如何使用它执行简单的操作和线性回归。你将学习如何在 Python 会话中运行 SQL 和 R 命令，而不是花费大量精力设置运行 SQL 和 R 命令的环境。

11.1 用 SQL 赢得足球比赛

想象一下，你收到了一份担任欧洲足球队（下文简称球队）经理的工作邀请。运营一支球队似乎更像是体育场景而不是商业场景，但请记住，运动也是一种商业场景。据估计，全球体育行业的收入在数千亿美元以上，这包括来自门票销售、电视和广播权、赞助商合作伙伴关系的收入。球队聘请经理以最大化其收入和利润，并确保一切顺利进行。

从商业角度来看，每个球队都需要做的最重要的事情之一就是赢得比赛——获胜的球队往往能够比失败的球队赚取更高的利润。作为一个优秀的数据科学家,你知道在新的工作中如何成功地开展工作:首先,你需要深入探索和研究数据,并尝试了解赢得足球比赛所需的条件。

11.1.1 读取和分析数据

你可以从以下网址下载几个包含欧洲足球相关数据的文件:https://bradfordtuckfield.com/players.csv、https://bradfordtuckfield.com/games.csv 和 https://bradfordtuckfield.com/shots.csv。第一个文件 players.csv 包含职业足球运动员(下文简称球员)的列表,包括他们的姓名和唯一 ID。第二个文件 games.csv 包含成千上万场足球比赛的详细统计数据,包括参赛的球队、进球数等。第三个文件 shots.csv 是最大的,其中包含在足球比赛期间进行的数十万次射门的信息,包括哪位球员进行了射门、球员使用的脚、射门发生的位置以及射门的结果(被封堵、未命中或进球)。

如果你能对这些数据进行深入分析,你将能够对欧洲足球比赛有深入的了解,并获得成为一名成功的经理所需的许多重要的知识。

让我们从读取这些文件开始。这里使用 Python,但别急,我们很快就会使用 SQL:

```
import pandas as pd
players=pd.read_csv('players.csv', encoding = 'ISO-8859-1')
games=pd.read_csv('games.csv', encoding = 'ISO-8859-1')
shots=pd.read_csv('shots.csv', encoding = 'ISO-8859-1')
```

到目前为止的内容应该看起来很熟悉。这是用于读取.csv 文件的标准 Python 代码。在导入 pandas 后,我们读取了包含欧洲足球信息的数据集。你可以看到我们在这里读取了 3 个数据集:players(包含有关球员的数据)、games(包含有关足球比赛的数据)和 shots(包含有关球员在足球比赛中进行的射门的数据)。

我们来看看每个数据集的前几行:

```
print(players.head())
print(games.head())
print(shots.head())
```

players 数据集只有两列,当你运行 print(players.head()) 时,你可以看到这两列数据的前 5 行如下:

```
   palyerID           name
0       560  Sergio Romero
1       557  Matteo Darmian
2       548    Daley Blind
3       628  Chris Smalling
4      1006      Luke Shaw
```

shots 数据集中的数据更加详细。当你运行 print(shots.head())时,你可以看到它的前 5 行数据如下:

```
   gameID  shooterID  assisterID  ...     xGoal  positionX  positionY
0      81        554         NaN  ...  0.104347      0.794      0.421
1      81        555       631.0  ...  0.064342      0.860      0.627
2      81        554       629.0  ...  0.057157      0.843      0.333
3      81        554         NaN  ...  0.092141      0.848      0.533
4      81        555       654.0  ...  0.035742      0.812      0.707
```

你可以看到，默认情况下，pandas 包为了适应屏幕显示，省略了一些列。运行 print(shots.columns)可以看到 shots 数据集中所有列的列表，如下所示：

```
Index(['gameID', 'shooterID', 'assisterID', 'minute', 'situation',
       'lastAction', 'shotType', 'shotResult', 'xGoal', 'positionX',
       'positionY'],
      dtype='object')
```

数据集包含了每次射门的详细数据。我们可以知道球员射门时使用的脚（记录在 shotType 列）、射门结果（记录在 shotResult 列）以及射门发生的位置（记录在 positionX 和 positionY 列）。但是，在这些数据中没有明确说明射门球员的姓名。我们只有一个编号，即 shooterID。如果想知道射门球员的姓名，我们需要进行查找：在 shots 数据集中找到 shooterID，然后在 players 数据集中查找与该 shooterID 相匹配的球员姓名。

例如，shots 数据集中记录的第一次射门是由 shooterID 为 554 的球员进行的。如果我们想知道该球员的姓名，我们需要查看 players 数据集。如果你在 players 数据集中滚动查看，或者在 Python 中运行 print(players.loc[7,'name'])，你可以看到该球员的姓名是 Juan Mata。

11.1.2 熟悉 SQL

让我们来看一些能让你执行查找操作的 SQL 代码。我们将从查看 SQL 代码开始，稍后将讨论如何运行这些代码。我们通常将这些 SQL 代码称为 SQL 查询。以下代码是一个 SQL 查询，它将显示完整的 players 数据集：

```
SELECT * FROM playertable;
```

通常，只要你了解英语，就很容易理解简短的 SQL 查询。在这个代码片段中，SELECT 告诉我们正在选择数据。SQL 查询末尾的 FROM playertable 文本表示我们将从名为 playertable 的表中选择数据。在 SELECT 和 FROM playertable 之间，我们应该指定想从 playertable 表中选择的列。星号（*）是一个快捷方式，表示我们想选择 playertable 表的所有列。分号（;）告诉 SQL，我们已经完成了这个特定的 SQL 查询。

因此，这个 SQL 查询选择了整个 players 表。如果你不想选择所有的数据列，你可以将*替换为一个或多个列的名称。例如，以下两个查询也是有效的 SQL 查询：

```
SELECT playerID FROM playertable
SELECT playerID, name FROM playertable
```

第一个查询将只选择 playertable 中的 playerID 列。第二个查询将选择 playertable 中的 playerID 和 name 两列。通过指定列名选择两列的输出结果与使用星号的输出结果相同。

你可能已经注意到，SQL 查询使用大写字母来表示关键字。这是在编写 SQL 查询时的一种常见做法，尽管在大多数环境中从技术上讲这并不是必需的，但我们遵循这种约定来编写代码。

11.1.3 设置 SQL 数据库

如果你直接将上述的 SQL 查询粘贴到 Python 会话中，将无法正确运行，因为它们不是

Python 代码。如果你经常运行 SQL 查询，你可能希望设置一个专门用于编辑和运行 SQL 查询的环境。然而，本书是一本介绍 Python 的书，我们不希望让你陷入设置 SQL 环境的细节中。下面我们将介绍一些步骤，让你能够直接在 Python 中运行 SQL 查询。首先你可以在 Python 中运行以下代码：

```
import sqlite3
conn = sqlite3.connect("soccer.db")
curr = conn.cursor()
```

在这里，我们导入了 SQLite3 包，它允许我们在 Python 中运行 SQL 查询。SQL 是一种与数据库一起工作的语言，因此我们需要使用 SQLite3 来连接数据库。在上面命令的第二行中，我们将 SQLite3 连接到一个名为 soccer.db 的数据库。你的计算机上可能没有一个名为 soccer.db 的数据库，所以可能没有可供 SQLite3 连接的内容。没关系，因为 SQLite3 模块非常友好：当我们指定要连接的数据库时，如果数据库存在，它将连接到该数据库；如果数据库不存在，它将为我们创建该数据库，然后连接到该数据库。

现在我们已经连接到数据库，我们需要定义一个游标来访问这个数据库。你可以将这个游标类比为你在计算机上使用的光标，它可以帮助你选择和操作对象。如果现在的内容对你来说有些难以理解，不用担心，我们稍后将更清楚地讲述如何使用游标。

现在我们有了一个数据库，并且想要对它进行填充。通常，一个数据库包含一组表，但是 soccer.db 数据库目前是空的。我们迄今为止使用的 3 个 pandas DataFrame 都可以保存为 soccer.db 数据库中的表。我们可以用一行代码将 players DataFrame 添加到 soccer.db 数据库中：

```
players.to_sql('playertable', conn, if_exists='replace', index = False)
```

在这里，我们使用 to_sql()方法将 players 推送到数据库的 playertable 表中。我们使用之前创建的连接(称为 conn)，确保该表被推送到 soccer.db 数据库中。现在，球员数据存储在 soccer.db 数据库中，而不仅仅作为 pandas DataFrame 在 Python 会话中访问。

11.1.4　运行 SQL 查询

我们终于准备好在数据上运行 SQL 查询了。下面是用来运行 SQL 查询的 Python 代码：

```
curr.execute('''
SELECT * FROM playertable
         ''')
```

你可以看到我们创建的游标 curr 派上用场了。游标是用于在数据上运行 SQL 查询的对象。在上面的例子中，我们运行了一个简单的 SQL 查询，选择了名为 playertable 的表中所有的数据。需要注意的是，这里选择了数据，但没有将其显示出来。如果我们确实想看到我们选择的数据，需要将其输出到 Python 控制台上：

```
for row in curr.fetchall():
    print(row)
```

游标已经选择了数据并将其推送到你的 Python 会话的内存中，但是我们需要使用 fetchall()

方法来访问这些数据。当你运行 fetchall()时，它会选择一系列的行。这就是为什么我们在一个循环中逐个输出每一行。playertable 表有成千上万行数据，你可能不希望一次性将所有数据都输出到屏幕上。你可以通过添加 LIMIT 子句来限制 SQL 查询返回的行数：

```
curr.execute('''
SELECT * FROM playertable LIMIT 5
        ''')
for row in curr.fetchall():
    print (row)
```

在这里，我们运行与之前相似的代码，只添加了 7 个字符：LIMIT 5。通过在 SQL 查询中添加 LIMIT 5，我们将返回的行限制为前 5 行。由于我们只获取表中的前 5 行记录，因此它们可以轻松地显示在屏幕上。结果显示了与我们在使用 Python 中的 pandas 运行 print(players.head()) 时看到的相同的数据。但是要小心，LIMIT 5 将给出前 5 行数据，但在其他数据库环境中，它将给出随机的 5 行数据。你可以依靠 LIMIT 5 子句获取 5 行数据，但不能确定你将获取到哪 5 行数据。

我们经常只需要数据集的特定子集，例如，如果我们想找到具有特定 ID 的球员：

```
curr.execute('''
SELECT * FROM playertable WHERE playerID=554
        ''')
for row in curr.fetchall():
    print (row)
```

在这里，我们运行了与前一个代码片段相似的代码，但是我们添加了一个 WHERE 子句。我们不再选择整个表，而是只选择满足特定条件的行。我们感兴趣的条件是 playerID=554。输出显示了一行数据，这一行数据告诉我们，playerID 等于 554 的球员的姓名是 Juan Mata，并使我们知道了我们想要知道的信息，即 Juan Mata 是记录在数据中的第一次射门的球员。你应该开始注意到一个模式：创建 SQL 查询时，我们从一个选择整个表的简短 SQL 查询开始，然后添加 SQL 查询的子句（如 LIMIT 子句或 WHERE 子句）来细化我们获取的结果。SQL 查询由许多子句组成，每个子句都影响着 SQL 查询的结果。

我们可以使用 WHERE 子句选择各种条件。例如，我们可以使用 WHERE 子句选择具有特定姓名的球员的 ID：

```
curr.execute('''
SELECT playerID FROM playertable WHERE name="Juan Mata"
        ''')
for row in curr.fetchall():
    print (row)
```

还可以使用 AND 操作符指定多个条件：

```
curr.execute('''
SELECT * FROM playertable WHERE playerID>100 AND playerID<200
        ''')
for row in curr.fetchall():
    print (row)
```

在上面的例子中，我们选择满足两个条件的 playertable 表中的行，这两个条件分别为：

playerID>100 和 playerID<200。

你可能希望在表中查找一个姓名，但对拼写不确定。在这种情况下，可以使用 LIKE 操作符：

```
curr.execute('''
SELECT * FROM playertable WHERE name LIKE "Juan M%"
        ''')
for row in curr.fetchall():
    print (row)
```

在上面的例子中，我们使用%作为通配符，它代表任意一组字符。你可能会注意到，这与我们之前在 SQL 查询中使用星号（SELECT *）的方式相似。我们使用*表示所有列，使用%表示任何可能的字符。尽管这两个用法相似（都表示未知的值），但它们并不可互换，并且存在两个重要的区别：首先，*可以作为 SQL 查询本身的一部分使用，而%只能作为字符串的一部分使用；其次，*用于引用列，%用于引用其他字符。

当你查看此代码的运行结果时，可以看到我们找到了几个姓名以 Juan M 开头的球员：

```
(554, 'Juan Mata')
(2067, 'Juan Muñoz')
(4820, 'Juan Manuel Falcón')
(7095, 'Juan Musso')
(2585, 'Juan Muñiz')
(5009, 'Juan Manuel Valencia')
(7286, 'Juan Miranda')
```

如果到目前为止的内容让你感到熟悉，那是正常的。我们搜索的字符串 Juan M%是一个正则表达式，就像我们在第 8 章中介绍的正则表达式一样。可以看到，每种编程语言都有自己的规则和语法，但这些语言之间存在很多相似之处。大多数语言允许使用正则表达式来搜索文本。许多语言允许你创建表，并选择其前 5 行。通常，当你学习一种新的编程语言时，你不是在学习全新的内容，而是在学习以新的方式完成你已经熟悉的任务。

你可以使用 Python 和 pandas 以及 SQL 来创建和操作表格。使用 SQL 的好处是，在许多情况下，SQL 比 pandas 更快、更可靠、更安全。SQL 还可能与一些不允许使用 Python 和 pandas 的程序兼容。

11.1.5　使用连接从多张表取得数据

到目前为止，我们已经处理了 players 表。我们也可以处理其他表。让我们读入 games 表，将该表推送到 soccer.db 数据库中，然后选择其前 5 行：

```
games=pd.read_csv('games.csv', encoding = 'ISO-8859-1')

games.to_sql('gamestable', conn, if_exists='replace', index = False)

curr.execute('''
SELECT * FROM gamestable LIMIT 5
        ''')

for row in curr.fetchall():
    print (row)
```

这段代码完成了我们之前在 players 表上做的所有操作：读取数据，将其转换为 SQL 数据库表，并从中选择行。我们可以再次用同样的方法处理 shots 表：

```
shots=pd.read_csv('shots.csv', encoding = 'ISO-8859-1')

shots.to_sql('shotstable', conn, if_exists='replace', index = False)

curr.execute('''
SELECT * FROM shotstable LIMIT 5
        ''')

for row in curr.fetchall():
    print (row)
```

现在，soccer.db 数据库有 3 个表：一个用于存储球员信息，一个用于存储射门信息，还有一个用于存储足球比赛信息。这种情况对我们来说有点新鲜。在本书的大部分内容中，我们的数据都聚集在每章的一个单独表中，非常方便。然而，你感兴趣的数据可能分布在多个表中。在这种情况下，我们已经注意到 shots 表提供了关于每次射门的详细信息，但是它没有记录每个射门球员的姓名。要找到射门球员的姓名，我们需要在 shots 表中找到 shooterID，然后在 players 表中查找该 ID。

我们需要在多个表之间进行匹配和查找。如果我们只需要进行一两次匹配和查找，手动滚动表可能不是什么大问题。但是，如果我们需要获取成千上万个射门球员的姓名，反复手动查找将非常耗时。

想象一下，如果我们能够自动地合并这两个表中的信息，那该多好。这正是 SQL 的一个专长。我们可以在图 11-1 中看到我们需要做什么。

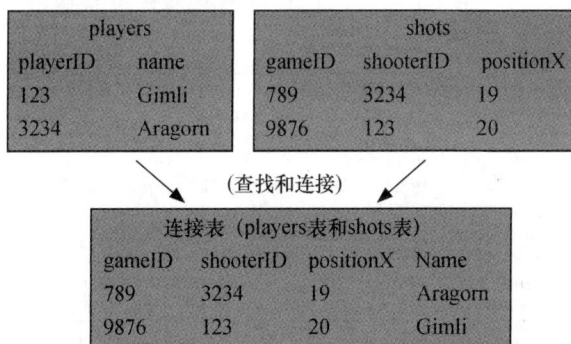

图 11-1　将两个表连接在一起，这样可以使查找变得更容易、更快速

可以看到，如果将两个表连接起来，我们就不再需要查看多个表来找到我们所需的所有信息。每一行都包含来自 shots 表的信息，还包含 players 表中的射门球员的姓名。我们将通过使用 SQL 查询来实现图 11-1 所示的连接：

```
SELECT * FROM shotstable JOIN playertable ON
shotstable.shooterID=playertable.playerID LIMIT 5
```

让我们仔细看看这个代码片段。我们从 SELECT *开始，就像 SQL 查询一样。接下来是 FROM shotstable，它表示我们将从名为 shotstable 的表中进行选择。然而，这里开始有所不同。

我们看到 shotstable JOIN playertable，它表示我们不是只从 shotstable 中选择，而是要将这两个表连接起来，并从连接后的结果中进行选择。

但是它们应该如何连接呢？我们需要指定连接这两个表的方式。具体来说，我们将通过查找两个表中匹配的 ID 来连接这些表。每当 shotstable 中的 shooterID 值与 playertable 中的 playerID 值相同时，我们就知道它们所在的行是匹配的，可以将这些行连接在一起。最后，添加的 LIMIT 5 表示我们只想看到前 5 行，这样输出行的数量就不会太多。

我们可以在 Python 中运行如下 SQL 查询：

```
curr.execute('''
SELECT * FROM shotstable JOIN playertable ON shotstable.shooterID=playertable.playerID LIMIT 5
    ''')

for row in curr.fetchall():
    print(row)
```

在这里，我们在数据库中的表上运行之前解释过的 SQL 查询。SQL 查询按照图 11-1 所示的方式将表连接在一起。在图 11-1 中，你可以看到对于每个 shooterID，我们找到了具有匹配 playerID 的球员，并将该球员的姓名添加到 SQL 查询结果中。我们的 SQL 查询也使用同样的原理：通过指定 WHERE shotstable.shooterID=playertable.playerID，它将找到 shooterID 值（来自 shotstable）和 playerID 值（来自 playertable）之间的所有匹配项。在找到这些匹配项后，它将合并匹配的行的信息，最终结果将是一个带有更完整信息的连接表。

在运行 SQL 查询后，我们输出 SQL 查询返回的行。总体而言，我们遵循与之前相同的流程：使用游标运行 SQL 查询，然后获取我们选择的内容，并将其输出到 Python 控制台上。

输出结果如下所示：

```
(81, 554, None, 27, 'DirectFreekick', 'Standard', 'LeftFoot', 'BlockedShot', 0.104346722364426,
0.794000015258789, 0.420999984741211, 554, 'Juan Mata')
(81, 555, 631.0, 27, 'SetPiece', 'Pass', 'RightFoot', 'BlockedShot', 0.064342200756073, 0.86,
0.627000007629395, 555, 'Memphis Depay')
(81, 554, 629.0, 35, 'OpenPlay', 'Pass', 'LeftFoot', 'BlockedShot', 0.0571568161249161,
0.843000030517578, 0.332999992370605, 554, 'Juan Mata')
(81, 554, None, 35, 'OpenPlay', 'Tackle', 'LeftFoot', 'MissedShots', 0.0921413898468018,
0.848000030517578, 0.532999992370605, 554, 'Juan Mata')
(81, 555, 654.0, 40, 'OpenPlay', 'BallRecovery', 'RightFoot', 'BlockedShot',
0.0357420146465302, 0.811999969482422, 0.706999969482422, 555, 'Memphis Depay')
```

你可以看到这个输出展示了我们想要的数据：射门数据以及射门球员的信息（他们的姓名是每行的最后一个元素）。以这种方式进行表的连接可以为实现高级分析提供便利。

表的连接可能看起来很简单，但是这个过程有许多微妙之处，如果你想在 SQL 上取得好的成绩，应该学习其中的许多细节。例如，如果你在 players 表中找不到某一个射门球员的 ID 时会发生什么？或者，如果两个球员有相同的 ID，我们将如何确定到底是哪个球员射的门？默认情况下，SQL 使用内连接（inner join）进行连接。内连接将在没有球员 ID 与特定射门球员 ID 匹配时返回空结果；它只返回确切知道哪个球员射门的行。但是 SQL 提供了其他类型的连接，每种连接都使用不同的逻辑并遵循不同的规则。

本书不是一本介绍 SQL 的书，所以我们不会详细介绍它的每个细节和每种连接类型。当你深入学习 SQL 时，你会发现高级的 SQL 功能通常包括更复杂的数据选择和表连接的方式。现在，你可以为自己感到骄傲，因为你能够进行基本的 SQL 查询了。你可以将数据放入数据库，从数据库表中选择数据，甚至将表连接在一起。

11.2 用 R 赢得足球比赛

R 是另一种在数据科学工作中非常有用的编程语言。让我们看看如何运行 R 代码，来帮助你运营的球队赢得比赛。就像我们使用 SQL 所做的那样，我们可以在 Python 会话中运行 R 代码，而不必担心设置 R 环境。在许多方面，R 与 Python 相似，因此在学会 Python 数据科学技能之后，你可能会发现学习 R 没有太大的挑战性。

11.2.1 熟悉 R

让我们从了解 R 代码开始，在运行之前先看一些 R 代码：

```
my_variable<-512
print(my_variable+12)
```

第一行定义了一个名为 my_variable 的变量。如果换成 Python 代码，相应的语句将是 my_variable=512。在 R 中，我们使用<-而不是=，因为在 R 中，<-是赋值操作符——用于定义变量值的一组字符。<-字符意味着箭头从右指向左，表示将数字 512 从右侧推送到左侧，作为 my_variable 的值进行赋值。在定义变量之后，我们可以对其进行相加、输出或进行任何其他操作。在上面的代码片段中，通过编写 print(my_variable+12)来输出变量加 12 后的值。

就像我们执行 SQL 查询时一样，你可能会想：我们如何运行这段 R 代码？如果你愿意，你可以下载 R 语言安装包并设置一个可以运行 R 代码的环境。我们也可以在 Python 会话中运行它，而无须进行太多准备工作。我们首先导入运行 R 所需的模块：

```
from rpy2 import robjects
```

在这个例子中，rpy2 包将有助于在 Python 会话中运行 R 命令。现在已经导入了 rpy2 包，运行 R 代码将非常容易：

```
robjects.r('''
my_variable<-512
print(my_variable+12)
''')
```

运行 R 代码的方式与运行 SQL 代码的方式类似。我们可以使用 robjects.r()函数在 Python 会话中运行任何 R 代码。你可以看到输出显示 524，这是我们在代码中进行的加法操作的结果。

至此，我们已经运行了一些简单的 R 代码，但这些 R 代码与你的球队运营管理工作无关。我们运行与足球数据相关的 R 代码，如下所示：

```
robjects.r('''
players<-read.csv('players.csv')
print(head(players))
''')
```

在这里，第二行使用 read.csv() 函数读取了 players.csv 文件。我们使用与之前相同的赋值操作符（<-）将数据存储在 players 变量中。在第三行，我们输出了数据的前几行。

通过观察这段 R 代码，你可以看到 R 和 Python 之间的一些区别。在 Python 中，我们使用 pd.read_csv()，而在 R 中，我们使用 read.csv()。两者都是用于读取 .csv 文件的函数，但书写方式上存在一些细微差异。同样地，在 Python 中，我们需要使用 players.head() 来获取数据的前几行。而在 R 中，我们使用 head(players)。当我们使用 players 数据集时，head() 方法会给出前 5 行。但是在 R 中，head() 函数会给出前 6 行。R 和 Python 有许多相似之处，但它们并不完全相同。

我们可以用同样的方法读取其他表：

```
robjects.r('''
shots<-read.csv('shots.csv')
print(head(shots))
''')
```

这次，我们读取并输出了射门数据的前几行。我们还可以输出数据中特定列的前几个元素：

```
robjects.r('''
print(head(shots$minute))
print(head(shots$positionX))
''')
```

在 R 中，美元符号（$）用于按列名称引用列。此代码段输出 shots 数据集中 minute 和 positionX 列的前几个元素（前 6 个元素）。minute 列的前 6 个元素如下所示：

```
[1] 27 27 35 35 40 49
```

这些是数据中前 6 次射门的分钟数。positionX 列的前 6 个元素如下所示：

```
[1] 0.794 0.860 0.843 0.848 0.812 0.725
```

这些是这前 6 次射门（在我们的数据中）发生位置的 x 坐标。在这里，我们使用术语"x 坐标"来表示每次射门发生位置的"球场深度"。一个球队的球门的 x 坐标为 0，另一个球队的球门的 x 坐标为 1，因此 x 坐标告诉我们一次特定射门离对方球门有多远。

11.2.2　在 R 中使用线性回归

每当我们查看数据时，我们都可以尝试从中学习。我们可能想要了解的一件事是足球比赛一开始时的射门与足球比赛结束时的射门有何不同。足球比赛过程中的时间如何影响球员射门位置？以下几个假设可能是正确的。

❑ 随着足球比赛的进行，进攻球员可能会变得更加疲劳和绝望，因此他们开始从离球门更远的位置射门（较小的 x 坐标）。

❑ 随着足球比赛的进行，防守球员可能会变得更加疲劳和粗心，因此球员有机会从离球门更近的位置射门（较大的 x 坐标）。

❑ 也许以上两个假设都不成立，或者足球比赛过程中的时间与射门位置之间存在其他关系。

为了确定哪个假设是正确的，我们可以尝试在 R 中进行线性回归分析：

```
robjects.r('''
shot_location_model <- lm(positionX~minute,data=shots)
print(summary(shot_location_model))
''')
```

在这里，我们使用 lm()函数运行线性回归分析。该回归分析试图找出我们的射门数据中 minute 变量与 positionX 变量之间的关系。就像在第 2 章中所做的那样，我们希望查看每个线性回归输出中的系数。请记住，系数可以解释为一条直线的斜率。如果我们从这个回归分析中找到一个正系数，这意味着球员在足球比赛后期，在离球门更近的地方射门。如果我们找到一个负系数，这意味着球员在足球比赛后期，在离球门更远的地方射门。线性回归代码的输出如下所示：

```
Call:
lm(formula = positionX ~ minute, data = shots)

Residuals:
     min       1Q   Median       3Q      max
-0.84262  -0.06312  0.01885  0.06443  0.15716

Coefficients:
             Estimate Std. Error  t value Pr(>|t|)
(Intercept) 8.414e-01  3.291e-04 2556.513   <2e-16 ***
minute      5.251e-05  5.944e-06    8.835   2e-16 ***
---
Signif. codes:  0 '***' 0.001 '**' 0.01 '*' 0.05 '.' 0.1 ' ' 1

Residual standard error: 0.09 on 324541 degrees of freedom
Multiple R-squared:  0.0002404,  Adjusted R-squared:  0.0002374
F-statistic: 78.05 on 1 and 324541 DF,  p-value: < 2.2e-16
```

如果你看一下输出中的 Estimate 列，你会发现 minute 变量的估计系数为 5.251e-05。这个估计系数是一个正系数，因此随着足球比赛的进行，我们预计会看到离球门更近的射门。

11.2.3 使用 R 对数据进行绘图

现在我们已经进行了回归分析，我们可以绘制数据图表，同时显示回归结果：

```
robjects.r('''
png(filename='the_plot_chapter11.png')
plot(shots$minute,shots$positionX)
abline(shot_location_model)
dev.off()
''')
```

在第二行中，我们使用 png()函数。这告诉 R 打开一个文件来绘制图表。我们还必须为该文件指定一个文件名。接下来，使用 plot()函数。首先指定 x 轴上的内容，然后指定 y 轴上的内容，再使用 abline()函数绘制回归输出的线条。最后运行 dev.off()，这个函数关闭图形设备，告诉 R 我们已经完成了绘图，文件应该写入计算机的内存中。在运行这段代码之后，你应该能够看到文件保存在了你的计算机上，它看起来应该如图 11-2 所示。

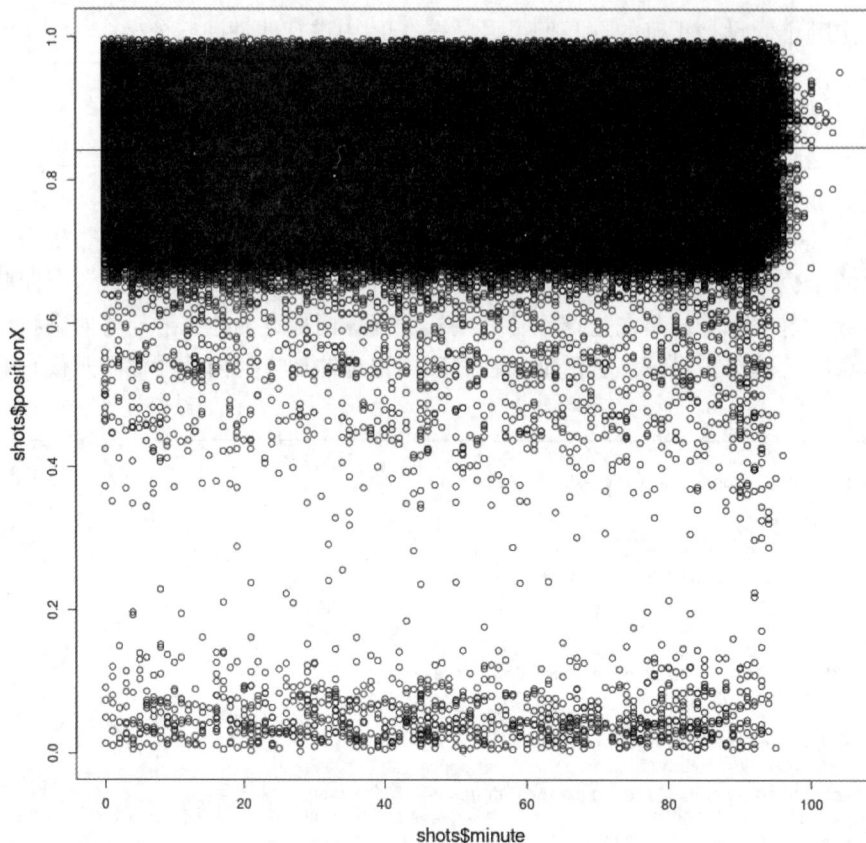

图 11-2   带有回归线的数千场足球比赛中每分钟射门的 *x* 坐标

如果你在计算机上找不到输出文件，你可以在前面的代码段中更改 filename 参数。例如，你可以写入 png(filename='/home/Yossarian/Documents/plotoutput.png')，将输出文件保存到计算机上的指定位置。

在图 11-2 上可以看到大量的射门位置，其中许多射门位置被重叠绘制。回归线几乎不可见——你可以看到它在图 11-2 的左侧和右侧几乎接近 *y* 为 0.85 的位置露出。回归线具有正斜率，但斜率很小。通过足球比赛的分钟数，几乎无法分辨出射门位置的明显规律。这是你可以通过 Python 得出的结论，使用的是第 2 章的代码和思想，但现在你也可以通过另一种语言得出结论。

图 11-2 和一个回归分析还不足以让你成为一名完美的球队经理，但它们将为你提供有助于研究如何赢得足球比赛，并帮助你的球队取得成功的信息和背景。你不再依赖理论或假说，因为作为一名数据科学家，你拥有分析数据的能力，可以直接通过检查数据来确定在足球比赛中有效的策略。阅读完本章后，你不仅可以使用 Python，还可以使用 SQL 和 R 来分析数据并从中学习。

我们可以利用 R 做更多的事情，本书中使用 Python 完成的任何任务都可以使用 R 来完成。除了绘图和线性回归，你还可以进行监督学习、k-means 聚类等。现在，你已经掌握了很多技能：你可以读取数据、进行回归计算并绘制图表。

11.3 获得其他有价值的技能

在你阅读完本书之后，你将掌握一些强大的数据科学技能，但是我们鼓励你学习更多内容。你应该考虑的一件事是提高对其他编程语言的熟悉程度。除了 Python、SQL 和 R，还有许多其他编程语言可以学习，你至少应该达到初学者或中级水平。以下是你可以考虑学习的一些其他编程语言。

C++
C++是一门具有高性能的语言，用 C++编写的代码既功能强大又运行快速。但它的学习难度比学习 Python 大许多。

Scala
Scala 用于处理大数据，即包含数百万甚至数十亿行数据的数据集。

Julia
近年来，Julia 越来越受欢迎，在数学运算的效率和速度方面赢得了大量好评。

JavaScript
JavaScript 在 Web 编程中非常常见。它使你能够创建动态的、交互式的网站。

MATLAB
MATLAB 是矩阵实验室（matrix laboratory）的缩写，其设计目的是精确地进行数学运算，包括矩阵操作。它经常被用于科学计算，但只有那些能够负担得起高昂的软件许可费用的人或机构才会使用它。

SAS、Stata、SPSS
SAS、Stata、SPSS 是专有的统计软件包。Stata 在专业经济学领域被广泛使用。SPSS 隶属于 IBM，被一些社会科学家广泛使用。SAS 被一些企业使用。就像 MATLAB 一样，所有这些语言都需要支付高昂的软件许可费用，所以我们经常说服人们使用免费的替代语言，如 Python、SQL 和 R。

除了上述编程语言之外，还有许多其他编程语言。一些数据科学家认为，数据科学家应该比任何统计学家都更擅长编程，同时也比任何程序员都更擅长统计学。谈到统计学，你可能希望进一步研究以下统计学的高级主题。

线性代数
很多统计方法，比如线性回归，本质上都是线性代数方法。当你阅读高级数据科学或高级机器学习相关的教科书时，你会看到线性代数中的符号，以及矩阵求逆等线性代数思想。

贝叶斯统计
近几十年来，一组被称为贝叶斯统计的统计技术变得很流行。贝叶斯统计技术使我们能够有效地推理对不同想法的信心水平，也使我们能够在面对新信息时更新我们的想法。它们还允许我们在统计推断中使用先验分布，并对模型的不确定性进行谨慎推理。

非参数统计

与贝叶斯统计一样，非参数统计方法允许我们以新的方式推理数据。非参数统计方法的强大之处在于，它几乎不需要我们对数据做任何假设，所以它是稳健的，适用于所有类型的数据，即使是那些"表现不佳"的数据。

数据科学不仅是统计理论，它还与部署技术有关。以下是你想要获得的与部署技术相关的一些技能。

数据工程

在本书的大多数章节中，我们为你提供了干净的数据以进行分析。然而，在许多实际场景中，你接收到的数据可能是杂乱的、不完整的、标记不良的、不断变化的或需要以其他方式仔细管理的数据。数据工程是一组处理大规模、混乱数据集的技能，它以一种谨慎而有效的方式进行工作。比如你在一家公司工作，公司内部有数据工程师负责为你清洗和准备数据，但你可能会发现在许多情况下需要你自己完成这些任务。

DevOps

数据科学家在进行一些分析之后，通常还需要进行更多的步骤才能使分析结果发挥作用。例如，如果你使用线性回归进行预测，你可能希望将回归部署在服务器上，并定期进行计算。你将如何部署它？它是否需要定期更新？你将如何监控它？在何时重新部署它？这些问题与机器学习 DevOps（也称为 MLOps）有关，如果你能够掌握一些 DevOps（MLOps）技能，你在数据科学职业生涯中将更容易取得成功。

高效地编程

一位初级数据科学家可以编写有效的代码。相比之下，一位有才华的数据科学家可以写出高效的代码。这些代码的运行速度更快，更具可读性且更加简洁。

除了上述技能，你还需要获得与你所从事的工作（或你想从事的工作）相关的应用领域的专业知识。如果你有兴趣在金融领域成为一名数据科学家，你应该学习数学金融和顶尖金融公司使用的定量模型。如果你有兴趣在制药或医疗公司工作，你应该考虑学习生物统计学，甚至纯粹的生物学，并将它作为一个深入研究的方向。你知道的越多，你在数据科学职业生涯中就越能够成功。

11.4　本章小结

在本章中，我们讨论了除 Python 之外对数据科学家有用的其他语言。我们从 SQL 开始讨论，SQL 是一种用于处理表的强大语言。我们使用 SQL 从表中选择数据，还使用它将表连接在一起。接着，我们讨论了 R，这是一种为统计学家设计的语言，可用于实现许多强大的数据分析。现在你已经完成了本书所有内容的学习，并且拥有了出色的数据科学技能。恭喜你，祝你好运，一切顺利！